◎最有希望的成功者，并不是才干出众的人，而是那些最善利用每一时机去发掘开拓的人。

——苏格拉底

◎我们应当努力奋斗，有所作为。这样，我们就可以说，我们没有虚度年华，并有可能在时间的沙滩上留下我们的足迹。

——拿破伦一世

人生哲理
枕边书

全集

吕珈锐◎主编

吉林出版集团
北方妇女儿童出版社

图书在版编目(CIP)数据

人生哲理枕边书全集/吕珈锐主编.—3 版.—长春:北方妇女儿童出版社,
2011.1(2018.11 重印)

(经典励志系列丛书)

ISBN 978-7-5385-5307-9-03

Ⅰ.①人… Ⅱ.①吕… Ⅲ.①人生哲学-通俗读物 Ⅳ.①B821-49

中国版本图书馆 CIP 数据核字(2010)第 259793 号

图书策划 刘 刚 魏广振

人生哲理枕边书全集

主 编	吕珈锐
出 版 人	李文学
责任编辑	王天明
排 版	腾飞文化
开 本	787mm×1092mm 1/10
印 张	30
版 次	2011 年 1 月第 1 版
印 次	2019 年 1 月第 5 次印刷

出 版	吉林出版集团 北方妇女儿童出版社
发 行	北方妇女儿童出版社
地 址	长春市人民大街 4646 号 邮编:130021
电 话	总编办:0431-85644803 发行科:0431-85640624
网 址	www.bfes.cn
印 刷	阳信龙跃印务有限公司

ISBN 978-7-5385-5307-9-03   定价:49.80 元

前　言

　　随着时代的进步，社会的发展，人们的生活节奏越来越快，竞争也日趋激烈，来自四面八方的诱惑也是纷至沓来……面对如此之趋势，人们陷入了迷茫之中，我们如何才能紧跟时代的脚步，如何才能在竞争中脱颖而出，如何才能摆脱各种诱惑走向卓越呢？

　　本书将告诉你：是什么决定着人生的成败！如何才能从平凡走向卓越！细读本书，它将帮你指出走向成功的正确方向，增强你应对各种人生挑战的心理承受能力，激发你成功的潜能，使你在成功路上无往而不胜！

　　这里的每一篇文章都充满了耐人寻味的哲理，每一次震撼都来自心灵的感动。细细品味，你会发现书中博大精深的哲理，就像一条河流，左岸是深入人心的真理，右岸是对每个心灵的唤醒，中间流淌的是值得你紧紧握在手中的璀璨年华！用心去感悟吧！去享受这充满真理的精神盛宴！

　　本书是为每一个人写的，它以一种令人感到惊奇诧异的冷峻、客观的态度，极其深刻地描述了人生的处世经验，为读者提供了战胜生活中的迷茫与困顿的各种妙计。通过这些具有深刻意义的人生道理，人们不仅获得了克服生活中可能出现的逆境的良方，更重要的是增强了对生活的理解和洞察力。

　　人人都憧憬成功，人人都渴望成就梦想，人人都希望找到梦想成真的捷径和秘诀。然而，什么样的人才能成就梦想？怎样才能成就梦想？读完这本书，你会惊讶地发现，原来成功的大门都是虚掩着的，成功其实离我们并不遥远，成功也不是完美者的专利，只要你想成功，只要你能处理好每一个细节，那么，你也能成功！成功的人生从你发现自己的那一天开始。

愿这里的每篇文章似暖暖春风，在你的心田徐徐吹拂，在你的人生道路上渗入生命的每个脚步，让你的心灵获得全新的洗礼，在品味中得到智慧启迪和愉悦感悟，认清人生真正的价值和快乐，创造出斑斓的五彩人生！

囿于编者水平，加之时间仓促，难免有挂一漏万之憾，敬请读者朋友们指正，在此我们深表谢意！

编　者

目　录

第一章
风轻云淡看人生

第二章

微笑能改变人生

第三章

狠抓机遇，把握成功

第四章
尊重与宽容是成功的助推器

第五章

让所有梦想都开花

第六章

行动，不要只停于空想

第九章
做人做事要懂谋略

第十章
感受生命的极致

风轻云淡看人生

我们的人生境遇大多是由我们的心态决定的。做人若能做到"宠辱不惊"的境界，就能风轻云淡地看人生，而不会为外界的烦扰之事毁了自己的快乐生活。宠辱不惊，看庭前花开花落；去留无意，望天上云卷云舒。由此可见，想要什么样的生活就要有什么样的心态。

1．人生六个坎，从从容容过

人从出生到成熟到衰老到死亡，就那么几十个春秋，也就是那么几个"坎"，眨眼的功夫就过去了。

20岁之前谈梦。人自母体分离出来，初谙世事至少要十四五年，而初谙世事并不意味着成熟，很多想法都很浪漫，有些近似童话。所以，这个季节经常做梦，梦见自己会飞，梦见自己成为心目中的偶像。同学之间、朋友之间谈论的话题也往往与现实离题万里。在这段花季年华里，一切都是浮动的，一切都是彩色的。

20岁以后谈理想。20岁是迈入大人行列的第一道门坎，以前的彩色梦幻渐渐淡化，在现实面前，开始走向成熟，也开始有了人生的目标。但20岁的抱负却又气吞山河，有些不切实际。所以，我们说人到20岁已经长大了，但绝对不意味着已经成熟。总之，20岁时，已经有了向前跋涉的目标，少了很多梦幻色彩。

上了30岁谈责任。三十而立于今人来说也许为时尚早，以现代平均寿命计，人生尚未过半，少年得志毕竟不是这个世界的多数。但30岁已是成熟的人了。至少已经确立了自己的人生坐标和基点。在这阶段，世界会把很多重担压在你的肩头，你无可逃遁也别无选择地要背着这些重担往前走。人生由此便多了一种沉甸甸的东西——责任，因之人生的内涵也丰富起来。结婚了需要有个爱巢栖息爱情，儿女出世了要拼力哺育，父母老了要尽赡养之责，还有，工作的担子也加重了……这一切责任，都得30岁的你一个一个地去履行，没人能够替代你。这个时候，一切言谈行为都变得那么实在。

40岁谈事业。迈过40岁沟坎，人已如日中天了，此刻有志者已经事业有成，即使是平凡之辈，积蓄也开始殷实。人的生理、心理也已熟透，万事都有主张，一切责任也因为时光流逝而减负了。这个时候，人通常会像爬上一道高坡一样，长长地舒了一口气。然而当回头看时，才发觉前些年为自己活得太少。于是，发展自己便成了这个阶段的主旋律。

50 岁开始谈经验。古人道"五十而知天命"，此刻对于人来说应该是尘埃落定的时候了。优胜者已经胜出，淘汰者已经出局。那么，优胜者便领受尊敬的风光，淘汰者也只好独尝出局的悲哀。无论优或劣，都会明白成败的原因。而大局已定已难更改，优胜与淘汰的总结成了宝贵的经验，化作了后人的财富。

60 岁以后谈往昔。衰老是人类不可抗拒的自然法则。人老了就力不从心了，即使想大展宏图也难于展翅了。此刻的成功者可以享受他自己创造的成果，失败者也只好独饮他自酿的苦酒了。好汉不提当年勇也好，蹉跎一生不堪回首也罢，岁月刻在自己身上和心上的痕迹是无法抹杀的。人生苦短，来日无多，不再思想前景的辉煌，但回首昔日的风光或坎坷，多少能激活生命的潜力，保持旺盛的活力。

一辈子就这样走过来了，不管辉煌还是平凡，都得一个坎一个坎地迈过。当然，怎样迈，迈得成功与否，都得由你自己来完成，而围绕着人生的一切都离不开去选择、去放弃。

大哲理
da zhe li

能够放弃是一种超脱，当你能够放弃一切做到简单、从容、快乐地活着的时候，你人生中的那道坎也就过去了。

2．坦然看人生

活得真累，有些时候我们会禁不住的这样感叹，那些不顺心的日子，我们也总感觉活得真烦。在寻找了千百种理由之后，当我们蓦然回首曾经走过的那些岁月，我们惊奇地发现，其实生活赐予我们的，并没有与别人有什么的不同，呈现在我们视野里的生活，其实都一样，不同的仅仅是我们的胸襟中缺少一份"坦然"。

当看见那些假日的钓鱼者，一大早的出门，在夕阳下却拎着空空的鱼篓回家时，一路上却留下欢声笑语。

当看见那些早出晚归的农民，在晚霞的辉映下回家时，那张写满疲倦的脸上却洋溢着朝霞一样的笑容。

当看见那些恋人在分手时，虽然脸上带着一份无奈的笑容，眼里带着一份淡淡的忧伤，但却依然潇洒地挥挥手，互道一声珍重时，不禁内心会这样的感叹，坦然真好！

突然想起来这样的一句话"天空留不下我的痕迹，但我已飞过"。其实，这不就是对坦然最好的诠释。

如果失败是一种人生经历，那么这种经历却会使我们成熟；如果说一个人的成熟必须历尽沧桑的话，那么我想，沧桑就是一种美丽。

我坦然，于是我心美丽！我心美丽，于是人生跟着美丽。

坦然，是一种失意后的乐观！坦然，是沮丧时自我的一种调整。

坦然，其实就是平淡中的一份自信！坦然是一份快乐，是一种潇洒！

在人生中，许多的成败与得失，并不是我们都能预料得到的，很多的事情也并不是我们都能够承担得起的，但，只要我们努力去做，求得一份付出后的坦然，其实得到的也是一种快乐！

生活里许多的人，我们是捉摸不定的，甚至防不胜防。但，我们不必去计较，更不必去埋怨，我们唯一做的是，当我们必须去面对他们的时候，同样地奉上我们的真心。以君子之心度小人之怀，那不正显示我们的博大的胸襟吗？

我曾经爱过也哭过，曾经功成名就过，也曾失败没落过。但，当我回首这一切的时候，我仍然感到骄傲，因为：我曾勇敢地面对了这一切，且光明而磊落！

假如生活给我们的只是一次又一次的挫折，一次又一次的失败，其实，这也没什么的，因为那只是命运剥夺了我们活得高贵的权利，但并没有夺走我们活得快乐和自由的权利。

没有蓝天的蔚蓝，我们可以有白云的飘逸。

没有大海的壮阔，我们可以有小溪的悠然。

没有草原的芬芳，我们可以有小草的青翠。

因为生活里是没有旁观者的，每个人都有一个属于自己的位置，每个人也都能找到一种属于自己的精彩。

坦然，会让我们的生活美丽而快乐！

朋友，就让我们坦然吧！

大哲理
da zhe li

我坦然，于是我心美丽！我心美丽，于是人生跟着美丽。

3．一个人最重要的是他的内心

闹钟响了，又是一个星期天的早晨。布朗本来可以好好睡一个懒觉，但是有一种强烈的罪恶感驱使他起身去教堂做礼拜。

布朗洗漱完毕，收拾整齐，匆匆忙忙赶往教堂。

礼拜刚刚开始，布朗在一个靠边的位子上悄悄坐下。牧师开始祈祷了，布朗刚要低头闭上眼睛，却看到邻座先生的鞋子轻轻碰了一下他的鞋子，布朗轻轻地叹了一口气。

布朗想：邻座先生那边有足够的空间，为什么我们的鞋子要碰在一起呢？这让他感到不安，但邻座先生似乎一点儿也没有感觉到。

祈祷开始了："我们的父……"牧师刚开了头。布朗忍不住又想：这个人真不自觉，鞋子又脏又旧，鞋帮上还有一个破洞。

牧师在继续祈祷着。"谢谢你的祝福！"邻座先生悄悄地说了一声："阿门！"布朗尽力想集中心思祷告，但思绪忍不住又回到了那双鞋子上。他想：难道我们上教堂时不应该以最好的面貌出现吗？他扫了一眼地板上邻座先生的鞋子想，邻座的这位先生肯定不是这样。

— 5 —

祷告结束了，唱起了赞美诗，邻座先生很自豪地高声歌唱，还情不自禁地高举双手。布朗想，主在天上肯定能听到他的声音。奉献时，布朗郑重地放进了自己的支票。邻座先生把手伸到口袋里，摸了半天才摸出了几个硬币，"叮啷啷"放进了盘子里。

　　牧师的祷告词深深地触动着布朗，邻座先生显然也同样被感动了，因为布朗看见泪水从他的脸上流了下来。

　　礼拜结束后，大家像平常一样欢迎新朋友，以让他们感到温暖。布朗心里有一种要认识邻座先生的冲动，他转过身子握住了邻座先生的手。

　　邻座的先生是一个上了年纪的黑人，头发很乱，但布朗还是谢谢他来到教堂。邻座的先生激动得热泪盈眶，咧开嘴笑着说："我叫查理，很高兴认识你，我的朋友。"

　　邻座先生擦擦眼睛继续说道："我来这里已经有几个月了，你是第一个和我打招呼的人。我知道，我看起来与别人格格不入，但我总是尽量以最好的形象出现在这里。星期天一大早我就起来了，先是擦干净鞋子、打上油，然后走了很远的路，等我到这里的时候鞋子已经又脏又破了。"布朗忍不住一阵心酸，强咽下了眼泪。

　　邻座先生接着又向布朗道歉说："我坐得离你太近了。当你到这里时，我知道我应该先看你一眼，再问候你一句。但是我想，当我们的鞋子相碰时，也许我们就可以心灵相通了。"

　　布朗一时觉得再说什么都显得苍白无力，就静了一会儿才说："是的，你的鞋子触动了我的心。在一定程度上，你也叫我知道，一个人最重要的是他的内心，不是外表。"

　　还有一半话布朗没有说出来，这位老黑人是怎么也不会想到的。布朗从心底深深地感激他那双又脏又旧的鞋子，是它们深深触动了自己的灵魂。

大哲理
da zhe li

　　一个人最重要的是他的内心，不是外表。有了良好的心态，就能够冲破一切阻力和障碍，不管它们来自自然环境，还是你周围的人。

4. 生活没有我们想的那样复杂

　　"没事汉，清闲人"看似没有什么"心机"，实际上隐藏着做人的大学问。

　　"没事"与"清闲"强调的是一种自由，精神上的自由。不管外界有多少有形无形的枷锁，精神意志却是自由的，"泽雉十步一啄，百步一饮，不蕲畜乎樊中，神虽王，不善也"。山鸡宁愿走十步或百步去寻到饮食，也不愿被关在笼子里做一只家鸡；帝王虽然神圣，却也没有什么好的。这一点，与西方的"存在主义"代表人物萨特似乎不谋而合。萨特在他的《苍蝇》一剧中，借众神之神朱庇特之口说："神与国王都有痛苦的秘密，那就是——人类是自由的。"

　　诚如卢梭所说："在所有的一切财富中最为可贵的不是权威而是自由，真正自由的人，只想他能够得到的东西，只做他喜欢做的事情。""放弃自己的自由，就是放弃自己做人的资格，放弃人的权利，甚至于放弃自己的义务。"当然，自由不是随心所欲，任何自由都是有限度的，有规则的，所谓"绝对的自由世界"纯属子虚乌有。

　　说到底，自由就是顺心尽兴，但顺心尽兴不是酒色财气，吃喝嫖赌，而是有所追求，不贪心，心性不可太盛，要奉献，但不亏心；要顺和，但不违心，不同流合污。所谓有追求，不贪心，心性不可太盛，就是说，人生无论宏大的还是微小的，总要或总在追求什么，完全浑浑然无所求的人几乎没有。人要生存，要生活，就要有一定的物质保证，以满足起码的生存需求。适当的物质追求也是天经地义、无可厚非的。即使功名利禄，只要是付出所得，似乎也应受之无愧。但若对于这些东西的需求，变成无止境的追求，并以此作为人格追求，价值追求，必然会致使贪心不足蛇吞象。即使一次评职称，一次调级，一次提干没能满足，甚至其中有明显不公，也不可耿耿于怀，伤心劳神而穷追不放，甚至于放肆撒泼。这样既无面子，又不宜养生。

与人相处得理时，别咬住不放，得饶人处且饶人，尤其那些非原则的小事不要太认真，闹得不欢而散对谁都不好。如此日久天长，就成为"有人缘"的好人。但是生活是复杂的，处处有矛盾，事事有原则。

经验告诉我们，心愿与现实常常阴差阳错，或歪打正着。你想当演员，各种因素却同时把你定在工人的位置上，成不了"星"还得钻地沟。但只要肯努力，抱定希望，不断充实自己，"是金子早晚会发光"，"天生我材必有用"。"哀莫大于心死"，只要"不死心"，精诚所至，金石为开，最起码也落个精神充实自由，在精神世界里汪洋恣肆、自由腾飞。

大哲理
da zhe li

其实，生活没有人们想象的那么复杂，只要你愿意做个"精神漫步者"。正如卢梭所说："人的自由并不仅仅是在于做他愿意做的事，而在于能够不做他不愿做的事。"把做事、做人分开，才会有更广阔的天地。

5. 打开心扉面对生活

有一位女孩，读高中一年级。随着青春期的到来，她慢慢地产生了摆脱父母的心理，开始有了自己的书房和小书桌，每天偷偷地写日记，藏在抽屉中，不让妈妈看。她希望用自己的内心去体验世界，可是面对纷繁的现实世界，繁杂的人际关系以及沉重的学习压力，又感到一种内心的不安全感。于是，她开始变得孤僻，害怕人际交往，在内心中产生一种莫名其妙的封闭心理。有时，一个人跑到小河边望着宁静的河水流泪，顾影自怜。她渴望与同学进行交往，羡慕其他同学快快乐乐、无忧无虑地参加集体活动，可她却又害怕主动与别人交往，还抱怨别人对她不理解、不接纳。

自我封闭是一种非常可怕的心态，与外界隔绝，孤单寂寞，生活在个人的小圈子，难以与人交往，发展到一定程度，就成为一种心理疾病。

自我封闭的原因有以下几个方面：

一是由于过分自尊的心理所致。世界著名心理学家马斯洛的自我实现心理学，提出了人的自尊需要。其实，每个人都希望自己得到公众的尊重和喜欢，但是这种自尊的需要仅仅是自己本人的一种希冀，能否在事实上得到，则取决于公众对自己言语、举止、行动的评价和肯定。如果说将自尊的需要作为一种动机去指导自己的行为，这本没有理论上的错误。问题是这种自尊心理不能过分。一个人在社交中过分自尊心理占据指导和支配地位，就会怕自己的行为是否失当，怕人们会怎么看待自己。甚至有时会因为过分自尊心理之故，而不愿与比自己强的人交往，担心相比之下，会掉自己的"价"，失去尊重。如此思来想去，就会把自己封闭起来，不与外界往来，成为孤家寡人，慢慢地就难以适应现代社会了。

二是由于自卑情绪所致。自卑是人们对自己虚设的一种自我否定，也就是说"自己瞧不起自己"，缺乏自信和自强。这种心理一般表现为害怕失败，或者说不能正确对待失败。日本有学者研究认为有自卑感的人，一般属于下列十种类型之一，或是合乎其中两种以上：

（1）为了追求超过限度的愿望而心焦气躁。

（2）由于企求赞赏的愿望太迫切，不时行之于言表。如未如愿，反过来责备别人。

（3）产生自己是十全十美的错觉，因而自以为能够产生本身产生不了的力量。

（4）企盼做出超出能力的事，由于达成无望，因而经常消极地嘲笑自己。

（5）曾经在竞争上输给别人，却一直难以忘怀。

（6）被别人的成功所压倒，叹息"鸿运"没有降临到自己头上。

（7）没有测量自己的尺度，总是以别人的尺度测量自己。

（8）逢人便说："我的工作条件不好怎能成功？"借此逃避自己的责任。

（9）经常担心被别人看穿了自己的烦恼，因此与人接触总是戒意在先。

（10）不敢面对缺乏能力的自己——刻意逃避自己，事实证明，有自卑感的人，总是畏畏缩缩，社交时自然"不战自败"。

三是受羞怯心理的影响，怕羞者常常担心自己被别人否定，他们总是把别人看做是自己的法官，这样一来，跟其他人在一起就会感到不自在。特别是和名人或比自己水平高的人交往，这种"不自在"好比芒刺在背。久而久之就会把自己封闭起来，不与他人往来。

四是愚昧无知所致。一位西方心理学家指出："愚昧是产生惧怕的源泉，知识是医治惧怕的良药。"例如他人正在谈论的一个话题，如果一个根本不知晓此类问题的人，在这种社交场合下，他若不介入谈论，就会明白地告诉他人自己是无知于此道；若是介入谈论，便会由于无知而"出丑"，所以这种进退维谷的局面，便会使他封闭自我，不参与社交，孤立于一隅。

要成功做人，就要克服上述心理障碍，正确认识自己，勇敢面对社会面对他人，走向成功人生。

（1）要有社交成功的愿望。只要你想进入大家的圈子，想成为社交的一员，想受到大家的欢迎，想有许多朋友，你就会努力去学习社交，你就会调动你的一切智慧去掌握社交的技能，你最终就会学会社交。

（2）要敢于表现自己的长处。每个人都有自己的长处，只要你相信自己有能力去和别人交往，你就会发展自己的长处，并不断地显示自己的长处，你就会吸引别人的注意，你就会找到自己的志同道合者。不要怕自己不行，要相信自己会比别人做得更好，只要你有自信，你就会使自己的长处得到充分的发挥。

（3）在别人面前承认自己的缺陷与不足，不但不会丢脸，反而会赢得别人的尊敬。每个人都有自己的短处，敢于承认自己的短处的人是最勇敢的人。很多人不敢在别人面前承认自己的缺陷和不足，害怕别人看不起他，其实"头上的烂疮疤，盖是盖不住的"，只有承认它的存在，才有改正的可能。另外，每个人都有不足，你承认自己的不足也没有什么可丢人的；相反，你承认自己的不足大家会认为你是个诚实的人，值得信赖，就会愿意结交你，和你成为朋友。

（4）多与别人交谈，敞开心扉，能容他人，他人也就能容自己。话是开心的钥匙，只要与人交谈就会收到交际的效果。多与人交谈就会渐渐地敢于说出自己的心里话，就会与人坦诚相待，就会容许别人发表自己的见解，彼此相容就会达成一致，就会建立友谊，你也就学会了交际。

大哲理
da zhe li

真诚地与别人相处，不掩藏、不惧怕、不害羞，努力走出自我封闭的阴影，其实，外面的世界是很容易接触的，外面的世界更精彩。

6．精诚所至，金石为开

任何人做人做事都有自己的目标，但要想成功就要有一如既往、不达目的不罢休的心态。

鸟无翅不能飞，人无志不成才。治学成才，贵在立志。我国古代的大教育家、大思想家孔子十分强调立志在治学成才中的作用。他说："吾十有五而志于学，三十而立，四十而不惑，五十而知天命，六十而耳顺，七十而从心所欲，不逾矩。"正因为孔子在十五岁时就立下了治学成才的雄心壮志，并且终身为之奋斗，因此取得了"三十而立，四十而不惑""七十而从心所欲"的结果，使他成为一个古今中外闻名的大教育家、大思想家。

有了远大志向，就要去实现它。德国的歌德在《浮士德》中说：始终坚持不懈的人，最终必然能够成功。但在今天的现实生活中，不少人恰恰就是缺乏这种始终向前的精神，以至终生浑浑噩噩。可见，立志对一个人的成长、对事业的发展是何等的重要。

清朝末年，清政府决定修筑京张铁路时，外国工程师声称，如果没有他们，这条铁路就不可能问世，断言："要走这条路，只能永远骑骆驼。"中国铁路工程师詹天佑挺身而出，勇敢地担起这副重担，立志依靠自己的力量在祖国的大地上铺出一条路来。当他决定京张铁路要通过尽是悬崖峭壁的吴沟地区时，外国工程师又惊奇地议论纷纷，有的甚至说："中国能修筑吴沟铁路的工程师还没有出生呢！"但是，有着强烈爱国心和自信心的詹天佑，大志既立，不怕冷嘲热讽，迎难而上。这条铁路原定六年的时间修完，在詹天佑和中国工人的努力下，只用四年时间就完工通车了，而且工程费用还结存了二十八万余两银子。这是第一条中国人自己修的铁路，它长了中华民族的志气，同时，也是詹天佑志向的成功。正是这坚定的志向，给了詹天佑顽强的毅力和必胜的信心。

为达到一个既定的目标而拼命努力，这与美国哈佛大学心理学教授霍金的理论一致。他说："人性中具有一种企图与自己集中注意力的目的物同化的倾向。"

在日常生活中，一个人想得到某种东西或达到某种目的，只要以"精诚所至，金石为开"的态度，并每时每刻地为如何得到这种东西而努力奋斗，那么，他便会在不知不觉中达到自己既定的目标。总之，除非有精诚所至的态度和为达到目标而付出的坚韧不拔的努力，否则他将是很难达到目的的。

有首诗说得好：

肯做必然成，不做必不成。

凡事若不成，乃在不做人。

大哲理
da zhe li

做人不要做那种言语的巨人，行动的矮子；那种只有三分钟热度，奋斗一阵子，在困难和挫折面前退却的人；那些朝三暮四、朝秦暮楚、兴趣经常转移的人，是不可能做出什么成绩，不可能成为杰出人才的。

7．选择快乐，笑对人生

每个成功者必须在情绪低落的时候，能激发自己的积极心态，从而达到快乐。也就是说快乐需要正确的心态才能实现。

人的一生中，难免会遇到各种各样的问题，总会遇到一些不称心的人、不如意的事。此时，应该以什么样的心态面对这一切呢？此时，如果你有快乐而又自信的好习惯，那么效果往往是出人意料的。

看一看这个故事吧：

杰里是个饭店经理，他的心情总是很好。当有人问他近况如何时，他回答："我快乐无比。"

如果哪位同事心情不好，他就会告诉对方怎么看事物的正面。他说："每天早上，我一醒来就对自己说，杰里，你今天有两种选择，你可以选择心情愉快，也可以选择心情不好。我选择心情愉快。每次有坏事情发生，我可以选择成为一个受害者，也可以选择从中学些东西。我选择后者。人生就是选择，你将选择如何去面对各种环境。归根结底，你自己选择如何面对人生。"

有一天，他忘记了关后门，三个持枪歹徒闯进来朝他开了枪。

幸运的是，事情发现较早，杰里被送进了急诊室。经过18个小时的抢救和几个星期的精心治疗，杰里出院了，只是仍有小部分弹片留在他体内。

6个月后，有位大学生见到了他，并问他近况如何，他说："我快乐无比。想不想看看我的伤疤？"那位大学生看了伤疤，然后问他当时想了些什么。杰里答道："当我躺在地上时，我对自己说有两个选择：一是死，一是活。我选择了活。医护人员都很好，他们认为我会好的。但在他们把我推进急诊室后，我从他们的眼中看到了'他是个死人'。我知道我需要采取一些行动。"

"你采取了什么行动?"

杰里说:"有个护士大声问我有没有对什么东西过敏。我马上答道,'有的'。这时,所有的医生、护士都停下来等我说下去。我深深吸了一口气,然后大声吼道:'子弹!'在一片大笑声中,我又说道:'请把我当活人来医,而不是死人。'"

杰里就这样活下来了。

这个故事要告诉我们的是:人生充满了选择,而生活的态度就是一切。你用什么样的态度对待你的人生,生活就会以什么样的态度来对待你。你消极,生活更会暗淡;你积极向上,生活就会给你许多快乐。

怎样能够使自己变成一个真正快乐的人,可真是一门高深复杂的学问。单单叫你要快乐,叫你微笑,以及大笑是没有用的。假使你是一个很不幸的人,假使你看不见你自己的前途,你对人类的善良和美好失掉信心,你觉得自己很琐碎、卑微、无聊而又堕落。你可能笑,然而你笑出来的不是快乐,至少你的笑不能使人快乐。

只有正确地对待生活,保持良好的心态才能克服以上提到的困难,从而快乐地生活。

要拥有正确的心态,还要对自己的未来负责,给自己些压力,以求发展。譬如说,有不少外地来的大学生很想留在北京深造、发展,然而中国的社会现实是对外地的学生采用"指标"的方法进行"适度控制",对社会管理者来说,这是一种可以理解的无奈的选择,然而对外地学生来说,直接留京不行,难道你就不能采取考硕士生、博士生的方式来实现自己的"宿愿"吗?这就逼你将学问做得好好的、扎扎实实的,如果真这样,"坏事"就变成了"好事",自己对自己的将来就会很有信心,也就在奋斗中找到了自我,找到了快乐。

生活本无什么非常手段,如果一个人有了强大的"实力",那么他选择和发展的机会就会大大地增大。那你的生活中就会少一份忧愁,多一份快乐。

你用什么样的态度对待你的人生，生活就会以什么样的态度来对待你。你消极，生活便会暗淡；你积极向上，生活就会给你许多快乐。

8．谦虚永远是招人喜欢的品质

每个人都有表现欲，有了成绩总希望别人知道，最好能受到赞美，这种心理很正常，但是你要知道每个人都讨厌别人的吹嘘。有涵养的人会顾着你面子，假装微笑，假装欣赏，而你可千万别认为每个人都这么有涵养。大部分时候，你不会那么幸运。很多人会在你吹嘘自己的时候很冷静地刺你一下，把你自我吹嘘时不小心露出的漏洞给捅出来。

喜欢自我吹嘘的人很容易给人以不忠实的感觉，给人留下不好的印象。如果你去面试，想得到一个好的工作，如果怕短时间内不能把你的优点和成绩全部告诉对方，于是拼命地显示自己的好，把自己大大吹嘘一番，那么经理会认为你这个人好大喜功，做事肯定不踏实。如果有这样的印象，那你肯定没戏了。

喜欢自我吹嘘的人经常会有意无意地贬低别人。有时候，你并没想到要贬低别人，但在说话时一味强调自己，旁人听了就会感觉到你在抬高自己、贬低旁人。在办公室年终小结的时候，轮到你发言，你一口气罗列了几十条成绩，有些确实是你的成绩，但肯定有些是共同的成绩，你也揽在自己名下，你的同事当面不会说你什么，但会在投票选先进的时候，给你一个零分。

喜欢自我吹嘘的人往往缺少团队协作精神。他们喜欢表现自己，喜欢抢功劳，喜欢争名夺利。在需要协作完成时，他们首先会尽可能地一个人干，不行的话，他们会在过程中有意识地分清你我，让别人清楚，哪些是自己干的。有能力干倒也无妨，最可恨的是那些干起事来缩在后面，干完事以后抢在前面的人。当然他自己不喜欢集体，集体也不会喜欢他，所以，喜欢自我吹嘘的人往往是孤独的。

喜欢自我吹嘘的人也容易自我陶醉，容易得意忘形，也容易忽视别人。稍微有点能耐的自我吹嘘者很是自以为是，在自我陶醉时，当然也最容易忘乎所以，导致做事的过程中漏洞百出。

我们都知道自我吹嘘不讨人喜欢，自我吹嘘的人也往往会在孤独中体会到这一点。所以在说话之前，首先要凡事多为别人考虑一下。千万不能在名利面前太贪，需分清彼此，最基本的是不能抢别人的功，如果能让一些给别人，那就更好了。但不管如何，切记在你张口的时候要先说别人的功和名，然后再提自己那份。

其次，要时刻提醒自己：成绩是大家有目共睹的，再说就是画蛇添足了。其实有的人被人冠以"自我吹嘘"，也是有点冤枉的，因为他们说的还都是实话，只是喜欢在别人知道以后还不厌其烦地说自己的成绩。其实，即使别人没看到，但迟早会知道，你不必担心成绩会马上消失似的。要记住：别人传你优点要比你自己去说可信一百倍。如果你能在你做了好事无人知晓的情况下，一言不发，那你就成"圣人"了。

大哲理
da zhe li

我们做事不是为了给别人看的，而是为了自我充实，自我满足。如果凡事都要别人肯定，自己才能高兴，那也太可悲了，毕竟活在别人的"眼光"里是很累的。

9. 接受批评是一种能力

　　每个人希望听到的都是赞美之词，但是在社交场合中，当你在毫无准备的情况下突然听到逆耳之言的时候，好多人就不知道该怎么办了，往往是怒在心头，有的人还会发作出来。其实，任何人都不是完美的，或多或少都有自己的缺点，不能用十全十美的标准去要求别人。当你遇到上述情况时，下面三种做法，比较适当，可以参考。

　　不失态。当逆耳之言向你袭来的时候，在某种意义上正是考验你做人态度和处世修养的时候。当然，你若能做到安之若素是最好的了。可事实上人们又往往不易做到这点，逆耳之言会在你的内心激起强烈的反应，这种反应又会表现在面部表情上。应该说这种内心和外表的变化都是正常的，但是这种变化应该有个限度，这种限度就是一个人的分寸感、素质、修养的结合体。应该把这种限度控制在一定的情理范围之内，如果超出这个范围，就是表现失常，这种失常的表现就是失态了。一个人的失态往往是在感情冲动的情况下发生的，严重者会失去自控能力。这些都是在社交场合应竭力避免的。

　　不失言。听到逆耳之言，感情一冲动，一失态，紧跟而来的就是失言。失言只能引起激烈的争论，使矛盾升级，这样很容易伤害对方的感情，同时也造成自伤。建立相互信任难，破坏这种信任则很容易，而一旦要重新建立就更难了。在人为地造成尴尬的局面时，应以一种相互谅解和理解的方式进行沟通；听到逆耳之言时，应冷静地多想想对方的话是否有道理，应采取一种得体的方式作答。

　　不失礼。失态、失言必然会带来失礼。平心而论，对你提出意见和看法，本身就是对你的一种尊重，你应该对他表示感谢。至于对你有某些误解，你可以通过努力去改变和消除，如此方显大度，不失礼于人。

控制自己的感情，以平和的心态对待逆耳之言，不意气用事，这样才能不失风度，应对得体，尊重对方也尊重自己。

10．心态决定一切

有一个穷人，他与妻子、六个孩子，还有儿媳、女婿，共同生活在一间小木屋里，局促的居住空间让他感到快要活不下去了，于是，他便去找智者求救。

他对智者说："我们全家有这么多人，却只有这一间小木屋，还整天争吵不休。我的精神快要崩溃了，这简直就是地狱，再这样下去，我就要死了。"

智者说："按照我说的去做，你的情况就会慢慢变好。"那人听了智者的话非常高兴。

智者知道他家还有一群鸡、一只山羊和一头奶牛，就对穷人说："你回家去，把这些家畜、家禽养到屋里去，让它们与人一起生活。"那人听了十分震惊，但他已经答应了要按智者说的去做，也只好这样做。

第二天，穷人愁眉苦脸地来到智者面前说："您给我出的什么主意？现在事情比以前更糟，现在我家真的成了地狱，我已经活不下去了，你还有其他方法可以帮助我吗？"

智者平静地说："好吧，你现在回去可以把那些鸡赶出房间了。"

又过了一天，穷人又来哭诉道："那只山羊撕碎了我房间里的所有东西，它让我生活在噩梦中。"智者温和地说："那你就回去把山羊牵出屋去吧。"

过了几天，穷人还是很痛苦，他对智者说："那头奶牛简直把屋子搞成了牛棚，您想想，人和牲畜生活在一起是多么的痛苦！""好的，"智者说，"赶快回家，把牛也牵出去！"当天下午，穷人就又来找智者，他这次是一路兴奋地跑着来的。他高兴地拉住智者的手说："谢谢您，是您又把甜蜜的生活还给了我。现在我的屋子显得从没有过的安静、宽敞、明亮，而且是那么的干净。您想象不到，我现在有多么开心！"

![大哲理 da zhe li]

你的处境也许很糟糕，但肯定还不是最糟糕的。在很多让人感到糟糕的生活状态中，我们往往需要做的，只是调整我们的心态，鼓起生活的信心。天下没有最糟糕的处境，只有最糟糕的心情。

11. 人生中总有不能掌控的事

在人际交往的过程中，每个人都会碰到一些性格怪异、孤僻的人，对这些人，你即使施展了浑身的解数，也无法跟他们接近，或者性格怎么也合不来，或者是猜不透他们的脾气，没准什么时候就冒犯了他们。对于与这种人交往，与其勉强不如放弃。

如果客观上即使不和这种人交往也还过得去，或者无论怎样与对方交往也得不到什么益处（包括精神和物质上的），那么就干脆和对方断交算了。因为我们不可能也没有必要跟所有的人都保持良好的关系。如果所有的事都能干好的话，那肯定是天才人物。正像当前中国的企业改革一样，如果国家去全面地抓好全国所有的大中小企业的话，势必分散精力，而且国家也不可能把所有企业都搞好。所以还不如来个"抓大放小"，抓住关系国计民生的大中型骨干企业，其他由其自谋生路，这样从整体经济效益来看，比全面抓还要好。人际交往也是这个道理，要处理好整体与局部、主要和次要的关系。

　　这种人实际上是看得出来的，你稍微有点"心机"就会发现那些无论什么时候都笑眯眯的，既不恼怒也不发火，只是缄默不语，让别人单方说话的人很难交往，因为这种人深不可测，即使你费劲地跟他结交，也是干着急，对这种人你可以敬而远之，或只表敬意而不主动接近。不过，你没有必要对其恼怒进而怀有敌意，因为被对方觉察到的话他也会对你产生敌视态度，我们又何必自己去树一个敌人呢？

　　有时在一个公司里，碰到一个自己十分讨厌但又不得不与其打交道的人，这真是件不幸的事。这时候可以采取敬而不近的策略，表面上对其十分尊敬，但没有必要对其大献殷勤，随便敷衍过去就行了。不过，还是要忍耐，等待有利时机，扮演好"喜在脸，厌在心"的角色，不能被其觉察出来。这时你可能会说："这样生活多累啊！"确实，活着不易，要活得好更是难上加难，如果只是任由自己性子去干而不"委屈一下"自己的话，是难以处理好人际关系的。

![大哲理 da zhe li]

　　虽然无论和谁交往都应该真诚对待，但如果交际对双方都没有什么好处的话，还是不交际的好，还不如把精力转移到与其他人的交往中，因为十减一还有九，百减一还有九十九，少了一个并不会破坏你的整个人际关系网。

12．做个聪明的糊涂人

　　人们一向认为混沌就是世界的本源。在东方，中国有盘古开辟天地之说，有夸父身化万物之说，说明世界原本是混沌一片，无所谓天与地，亦无所谓有真假；现代科学也论证了，最初的地球上没有空气与生命，最原始的生命体在雷电中产生，在海洋中生存发展，尔后才进化成现在这样的大千世界。

人类社会的发展也是从混沌空间走向明晰和精确的：如数字逻辑的严密、物理化学的缜密实验和论证、仪器仪表的精确完美等。但是就在这精确与严密中，人们发现了人生的苍白与无奈，连人也成了一部精确的机器，凡事斤斤计较，凡事追求因果必然。

一切都清楚明白使事实反而更加苍白无力，雾里看花的效果才是最好的。在艺术审美中，所谓的"神秘"和"空灵"，所谓的"尽在不言中"，所谓的"不着一字，尽得风流"，正是模糊朦胧产生的巨大效果。

追求精确是没有止境的。研究物质组成，人们发现了分子；深究分子组成，又发现了原子；分析原子结构，又发现了电子和原子核，今后还会有人继续研究下去，但世界的无极与太极，使人们犹如闻到香味而去追寻黄油一样，无休止地追求下去，但每前进一步都将显得更艰难和代价的昂贵，人们如一架精密仪器在为了寻求准确而工作。

但是，什么是"精确"本身就很模糊，人们认识到"精确"的无限，于是转而研究模糊，这反映了人类认知过程的巨大转变和飞跃。混沌学、模糊理论产生了。人们高兴地发现，精确远不如模糊更符合事物的本原。而且这门科学亦开始应用于洗衣机、电脑信息产业等领域，前景广阔。

由此可见，人类的总体认知过程，包括世界本身恰似一螺旋：从混沌开始，归于混沌，中间走过了数字和精确。科学正返璞归真。天道人事，从终极意义而言，无不归于混沌，归于糊涂。

自清朝文坛奇人郑板桥写下"难得糊涂"这一千古不朽的四字之后，"难得糊涂"便成了许多人的人生箴言、座右铭和行动指南。

历史发展到今天，呈现出纷繁复杂、变幻万千的万花筒般的景象，在这样光怪陆离的大千世界里，很多人处在事业未竟的悲哀、爱情失败的痛苦、人际关系复杂的苦恼与管理头绪的混乱之中，世界虽未走到尽头，但失望、沮丧的情绪却笼罩了这个纷乱的世界，于是乎，"难得糊涂"的书法作品四海泛滥，糊涂的学问五洲尊奉。然而对于糊涂学这一古老的命题阐释，正可谓"百家争鸣"、各有千秋。

其实，糊涂学并非神秘的高深莫测的学问，可以说，它是人生随处可见的学问，回望我们祖先所创造的灿烂的传统文化，他们早已为我们解决了这个困惑，提供了各有侧重而又相互贯通的答案。

儒家说："'限我'是糊涂。"

道家说："'无我'是糊涂。"

佛家说："'忘我'是糊涂。"

兵家说："'胜我'是糊涂。"

每个人对于糊涂，都有不同的理解，每个人也会悟到不同的真谛。

糊涂是大智若愚，宽怀忍让；是大勇若怯，以柔克刚；是处事不悖，达观权变；是外乱内整，内精外纯；是有所不为，而后有为；是宠辱不惊，是非心外；是得意淡然，失意泰然；是宽容忍让，不计前嫌；是不为物喜，不为己悲；是乐天知命，顺应自然；是淡泊名利，知足常乐；是与世无争，宁静致远；是居安思危，未雨绸缪；是保静养神，清心寡欲；是沉默是金，寡言鲜过；是谤我容之，侮我化之……

大哲理
da zhe li

难得糊涂，人才会清醒，才会清静，才会有大气度，才会有宽容之心。说到这里，你总该明白了吧？我们说的"难得糊涂"就是不糊涂。所以，"难得糊涂"也是做人的一种方式啊。

13．有了积极的心态就容易成功

5年前，斯蒂芬·阿尔法经营的是小本农具买卖。他过着平凡而又体面的生活，但并不理想。他一家的房子太小，也没有钱买他们想要的东西。阿尔法的妻子并没有抱怨，很显然，她只是安于天命而并不幸福。

但阿尔法的内心深处变得越来越不满。当他意识到爱妻和他的两个孩子并没有过上好日子的时候，心里就感到深深的刺痛。

但是今天，一切都有了极大的变化。现在，阿尔法有了一所占地2英亩的漂亮新家。他和妻子再也不用担心能否送他们的孩子上一所好的大学了，他的妻子在花钱买衣服的时候也不再有那种犯罪的感觉了。下一年夏天，他们全家都将去欧洲度假。阿尔法过上了真正的生活。

　　阿尔法说："这一切的发生，是因为我利用了信念的力量。5年以前，我听说在底特律有一个经营农具的工作。那时，我们还住在克利夫兰。我决定试试，希望能多挣一点钱。我到达底特律的时间是星期天的早晨，但公司与我面谈还得等到星期一。晚饭后，我坐在旅馆里静思默想，突然觉得自己是多么的可憎。'这到底是为什么！'我问自己'失败为什么总属于我呢?'"

　　阿尔法不知道那天是什么促使他做了这样一件事：他取了一张旅馆的信笺，写下几个他非常熟悉的、在近几年内远远超过他的人的名字。他们取得了更多的权力和工作职责。其中两个原是邻近的农场主，现已搬到更好的边远地区去了；其他两位阿尔法曾经为他们工作过；最后一位则是他的妹夫。

　　阿尔法问自己：什么是这5位朋友拥有的优势呢?他把自己的智力与他们作了一个比较，阿尔法觉得他们并不比自己更聪明；而他们所受的教育，他们的正直，个人习性等，也并不拥有任何优势。终于，阿尔法想到了另一个成功的因素，即主动性。阿尔法不得不承认，他的朋友们在这点上胜他一筹。

　　当时已快深夜3点钟了，但阿尔法的脑子却还十分清醒。他第一次发现了自己的弱点。他深深地挖掘自己，发现缺少主动性是因为在内心深处，他并不看重自己。

　　阿尔法坐着度过了残夜，回忆着过去的一切。从他记事起，阿尔法便缺乏自信心，他发现过去的自己总是在自寻烦恼，自己总对自己说不行，不行，不行！他总在表现自己的短处，几乎他所做的一切都表现出了这种自我贬值。

　　终于阿尔法明白了：如果自己都不信任自己的话，那么将没有人信任你！

　　于是，阿尔法做出了决定："我一直都是把自己当成一个二等公民，从今后，我再也不这样想了。"

— 23 —

第二天上午，阿尔法仍保持着那种自信心。他暗暗以这次与公司的面谈作为对自己自信心的第一次考验。在这次面谈以前，阿尔法希望自己有勇气提出比原来工资高 750 甚至 1000 美元的要求。但经过这次自我反省后，阿尔法认识到了他的自我价值，因而把这个目标提到了 3500 美元。

结果，阿尔法达到了目的。他获得了成功。

大哲理 da zhe li

世界上许多困难的事情都是由那些自信心十足的人完成的。

如果你有了强大的自信，成功离你就近了。

14．内省自察，快乐生活

人是随着时间的推移而改变的，不仅形体如此，心智也是如此。10 年前也许你认为金钱万能，只要有了钱就算是拥有了世界。5 年前你可能认为唯有事业成功，这一生才算是没有白过。现在呢？或许你会觉得唯有心境愉快才是生命的最终意义。

不管这 10 年来的改变如何，也不管改变是正面还是负面，你都得反省反省。因为至少你知道自己是个什么样的人，也会了解为什么会有这样的变化。

大多数人就是因为缺乏自省能力，不晓得自己这些年以来的转变，才会看不清楚自己的本质。而一个不晓得自身变化的人，就无法由过去的演变经验来思考自己的未来，当然只能过一天算一天。

再者，我们的一切作为都和环境息息相关，过去的变化以及未来的动向都是和环境互动的结果。要是不能以正确的看法来解读外在环境的话，当然也无从定位自身所处的立场。

如果能随时反复诘问自己过去的转变，就可以找出以往看待事物的观点是对还是错，若是正确，则往后当然可以继续以此眼光去面对这个世界，万一是错的，也可以加以修正。如此，则可以帮助你往后以正确的观点去看待周遭的事物。

有空时多想想吧！请随时自我反省，因为良好的心态有益于健康。

当然，自省不是要你一味沉浸在往日的失意里悲叹生命的不公，自省中你必须保持乐观情绪。你在工作中因一时疏忽而挨了领导的批评，上班时发现自行车的气门芯被人拔掉……人生中常有一些让人心烦的琐事。所以，自省最关键的是要善于调整心态，俗话说，"笑一笑，十年少"。积极乐观的心态不仅能使你显示青春活力，还将有助于增强机体免疫力，免受疾病的侵袭。

时刻自省能让你坦然面对现实。在快节奏的都市生活中，人们会面临种种压力，勇敢地面对现实，把压力当作是一种挑战将更有利于人的身心健康。

时刻自省能帮你抛弃怨恨，学会原谅。怀有怨恨心理的人情绪波动较大，不是整天抱怨，就是后悔；不是对人怀有敌意，就是自暴自弃，这样容易患心理障碍。所以，平时应学会能抛弃怨恨，要原谅别人，更要原谅自己。

自我反省可以让你热爱生活。当一个人患病时，热爱生活的人会多方听取医生的意见，积极配合治疗，并能消除紧张情绪。

自省中你要善于宣泄感情。不善于用语言来表达自己的忧伤或难过等感情的人容易患病，而压抑愤怒对机体也同样有害，更不能用酗酒、纵欲等不健康的生活方式来逃避现实。伤心的人痛哭一场，或与知心朋友谈谈心，或参加剧烈的体育运动后，常会感到心情舒畅，这就是宣泄感情的意义。

大哲理
da zhe li

时刻反省会让你拥有更多的爱心。拥有爱心不仅会使世界变得更美好，而且会更有助于自己的身心健康。乐于助人还可使你广交朋友，这不仅是人生的一大乐事，还会使人更长寿。

15．跨过心中那堵墙

举重项目之一的挺举，有一种"500 磅（约 227 公斤）'瓶颈'"的说法，也就是说，以人体的体力极限而言，500 磅是很难超越的"瓶颈"。499 磅的纪录保持者巴雷里，比赛时所用的杠铃，由于工作人员的失误，实际上超过了 500 磅。这个消息发布之后，世界上有六位举重好手在一瞬间就举起了一直未能突破的 500 磅杠铃。

有一位撑竿跳的选手，一直苦练都无法越过某一个高度。他失望地对教练说："我实在是跳不过去。"

教练问："你心里在想什么？"

他说："我一冲到起跳线时，看到那个高度，就觉得我跳不过去。"

教练告诉他："你一定可以跳过去。把你的心从竿上摔过去，你的身子也一定会跟着过去。"

他撑起竿又跳了一次，果然跃过。

有"心计"，可以超越困难，可以突破阻挠；有"心计"，可以粉碎障碍；有"心计"，终必会达成你的期望。

事实上，心中的那道莫测的槛儿只是自己心灵上的一个幻觉。你是不是也有这种幻觉？

一个人的生活罗盘经常失灵，日复一日，有多少好人在迷宫般的、无法预测也乏人指引的茫茫职场中失去了方向。他们不断触礁，可是别人却技高一筹地继续航行，安然度过每天的挑战，平安抵达成功的彼岸。为了维持正确的航线，为了不被沿路上意想不到的障碍和陷阱困住或吞噬，你需要一个可靠的内部导引系统，一个有用的罗盘，为你在职场困境中指引出一条通往成功的康庄大道。可悲的是，太多人从未抵达终点，因为他们借助失灵的罗盘来航行。这坏掉的罗盘可能是扭曲的是非感，或蒙蔽的价值观，或自私自利的意图，或是未能设定目标，或是无法分辨轻重缓急，简直不胜枚举。聪明人利用罗盘，可以获致恒久的成功；有智能的卓越人士，选择可靠的路线，坚定地向前行进，可以度过周围的危险，安抵终点。

小梅很小的时候就发现自己对科学的热爱，念书时，每到自然课她就如鱼得水。后来她继续升学，直到大学化学系毕业。她的第一份工作也和实验工作有关，这是让她最有归属感，也最能伸展抱负的领域。小梅不仅完成了所有老板交付的工作，还自动加倍做事，她一大早就去上班，留到很晚还不下班，就连周末都跑到实验室加班。

在这个职位做了几年以后，小梅变得不安起来，因为这个职务的挑战性，并未随着她知识的成长而拓展。由于无法找到适合她的挑战，小梅决定回到校园继续深造。在研究所攻读的小梅，学到了一种新的技术，这门新兴的科学令她十分着迷，她写的硕士论文便是以此为题。她发表的论文让她声名大噪，一毕业就接到好几家公司所提供的十分吸引人的工作机会。她接受了一家公司的邀约，因为他们让她有机会应用所学，继续进行商业性的研究。小梅很满意这个职位，表现优异且绩效卓著，她的工作为雇主带来了高经济效益的技术突破。为了奖励她卓越的成就，高层决定将小梅升为实验部门的主管，这是一个收入丰厚、位高权重，但也肩负重责大任的职位。

小梅在新的角色中负责管理其他研究人员的工作，这是她第一次担负管理工作，包括准备工作日志、指导绩效评估、处理监督事宜、企划等。她花在实验室的时间减少了，留在办公室处理公文、打电话、与人互动的机会却增多了，另外还有冗长的会议，小梅最厌恶的就是开会。她开始怀念起过去的日子，觉得那时她是多么的生气勃勃又充满了挑战，金钱和名望已不足以弥补这个遗憾。

每天都有许多困惑不安的人，鱼贯进出心理治疗师的诊疗室，因为他们根本拒绝接受人生的定律，你不可以吃着碗里，还望着盘里，鱼与熊掌是无法兼得的，这是千古不变的至理名言，小梅既想要她所热爱的有趣且富于挑战性的工作，又想要升官发财，加薪、名望、权势，但她不可能全都兼得。

小梅的罗盘就是这样坏掉的，它同时指向两个背道而驰的方向，这让

她感到困惑。小梅需要一个仅仅指向一个方向的罗盘，一个值得让她继续
前进的方向。

大哲理
da zhe li

我们太庸人自扰，因为我们拒绝面对一个简单的事实：世事
不能尽如人意。我们日复一日地作茧自缚、陷入苦恼，因为追求
一个愿望，却造成另一个愿望无法达成，还拒绝调整自己接受这
个事实。

第二章
微笑能改变人生

快乐如清风，吹走笼罩在人们心头上的乌云；

快乐如美酒，酝酿得越久味道越醇香；

快乐如小溪，只有流入大海才更能感受到自己的存在。

1. 微笑面对人生

人生如变幻莫测的天空，瞬息阳光挥洒，白云悠扬，彩虹飞架；瞬息乌云密布，电闪雷鸣，风狂雨暴。

人生如一支优美动听的乐曲，一段高昂激荡，震天动地，促人警醒；一段浑厚低沉，婉转回肠，催人泪下。

人生如四季，春天鸟语花香，生机勃勃；夏天水清叶绿，骄阳似火；秋天金黄灿烂，馨香浓郁；冬天银装素裹，深沉睿智。

人生有喜有悲、有聚有散、有乐有苦、有得有失、有沉有浮、有爱有恨、有生有死。

为人夫者有丈夫的甜蜜和苦衷，为人妻者有妻子的幸福和辛酸，做父母的有父母的自慰和艰辛，做儿女的有儿女的骄傲和屈懑。从政者有官场上的得意和危机，经商者有商海的亨运和风险，农耕者有田园的安逸和艰难，治学者有纸墨的雅趣和清贫。

人生得意时，不可欣喜若狂，目空一切；人生失意时，切忌长吁短叹，自暴自弃。人生得意时，要珍惜生活，清醒头脑，不管别人阿谀奉承还是献媚恭维；人生失意时，要热爱生活、振作精神，不管别人指手画脚还是热讽冷嘲。

也许一个梦难圆，一个理想未能实现，来一次开怀畅饮，对月长歌又何妨？

笑对人生——相信生活不会亏待每一位热爱它的人。

生命的航船难免遇到险滩恶浪，如何驾驶生命的小舟，让它迎风破浪，驶向成功的彼岸？这需要你我的勇气，不管风吹浪打，胜似闲庭信步，以百折不挠的意志去面对困难，以一种平常心去面对挫折，自信天生我材必有用，相信你会从山穷水尽疑无路峰回路转至柳暗花明又一村的境地，迎接你的必将是山巅的无限风光。人生难免会有起伏，没有经历过失败的人生是不完整的人生。没有河床的冲刷，便没有钻石的璀璨；没有地壳的底蕴，便没有金子的辉煌；没有挫折的考验，也便没有不屈的人格。正因为有挫折，才有勇士与懦夫之分，愿你我都能做不屈的斗士。记住"天将降大任于斯人也，必先苦其心志，劳其筋骨，饿其体肤，空乏其身，行拂乱其所为，所以动心忍性，增益其所不能"。这便是磨难、逆境塑造人！人的一生，需要奋斗，唯有奋斗，才有成功！幸运的花环，只属于那些做好了特殊准备的人。在奋斗中寻找乐趣，与天斗，其乐无穷。当你播撒的汗水结出丰硕果实的时候，你必然会体会到成功的欣喜，从而树立自信，更加坚定地奋斗不息。

勉励自己关怀社会，有太多事情需要我们出手帮忙。很多人对别人不尊重、对事情不负责、对自己不要求、对物不珍惜、对神不感恩、遇到挫折情绪就翻腾——这是拿情绪惩罚自己、拿错误惩罚别人。告诉自己，挫折只是一件事，不能占据你的心，否则就是把快乐拒于门外；相对的，满心的快乐，挫折就进不来。

一张笑脸，一个真挚的眼神，一句知心的话，都会给处于困境中的人以莫大慰藉，可以融化他们心中的坚冰，鼓起生活的希望，增强生活的信心，让漂泊在黑暗之中的心灵小舟找到停泊点。

大哲理
da zhe li

敞开你的心扉，微笑面对生活，用一颗心去拥抱生活，让灿烂的笑容荡漾在青春的脸庞上，向世界呐喊："活着真好，青春无悔，人生无悔！"

2．幸福的秘密

有位商人把儿子派往世界上最有智慧的人那里，去讨教幸福的秘密。少年在沙漠里走了40天，终于来到一座位于山顶上的美丽城堡，那里住着他要寻找的智者。

我们的主人公走进一间大厅，他并没有遇到一位圣人，相反，却目睹了一个热闹非凡的场面：人们进进出出，每个角落都有人在进行交谈，一支小乐队在演奏轻柔的乐曲，一张桌子上摆满了那个地区最好的美味佳肴。智者正在一个个地同所有的人谈话，所以少年必须要等上两个小时才能轮到。

智者认真地听了少年所讲的来访原因，但说此刻他没有时间向少年讲解幸福的秘密。他建议少年在他的宫殿里转上一圈，两个小时之后再回来找他。

"与此同时我要求你办一件事，"智者边说边把一个汤匙递给少年，并在里面滴进了两滴油，"当你走路的时候，拿好这个汤匙，不要让油洒出来。"

少年开始沿着宫殿的台阶上上下下，眼睛始终紧盯着汤匙。两个小时之后，他回到了智者的面前。

"你看到我餐厅里的波斯壁毯了吗？看到园艺大师花十年心血创造出来的花园了吗？注意到我图书馆里那些美丽的羊皮纸文献了吗？"智者问道。

少年十分尴尬，坦率承认他什么也没有看到。他当时唯一关注的只是智者交付给他的事，即不要让油从汤匙里洒出来。

"那你就回去见识一下我这里的种种珍奇之物吧，"智者说道，"如果你不了解一个人的家，你就不能信任他。"

少年轻松多了，他拿起汤匙重新回到宫殿漫步。这一次他注意到了天花板和墙壁上悬挂的所有艺术品，观赏了花园和四周的山景，看到了花儿的娇嫩和每件艺术品都被精心地摆放在恰如其分的位置上。当他再回到智者面前时，少年仔仔细细地讲述了他所见到的一切。

"可是我交给你的两滴油在哪里呢！"智者问道。

少年朝汤匙望去，发现油已经洒光了。

大哲理
da zhe li

  幸福的秘密在于欣赏世界上所有的奇观异景，同时永远不要忘记汤匙里的两滴油。

3．在纸上倾倒精神垃圾

  人生在世，总难免有烦恼和不安，那么请把这些精神垃圾倾倒在纸上。因为这种情绪堆积于心是有害的，反击回去或发泄给别人又会无意中使他人被中伤。

  一天，陆军部长斯坦顿来到林肯的办公室，气呼呼地说，一位少将用侮辱的话指责他偏袒一些人。林肯建议斯坦顿写一封内容尖刻的信回敬那家伙。

  "可以狠狠地骂他一顿。"林肯说。斯坦顿立刻写了一封措词激烈的信，然后拿给总统看。

  "对了，对了。"林肯高声叫好，"要的就是这个！好好教训他一顿，真写绝了，斯坦顿。"

  但是当斯坦顿念完，准备把信叠好装进信封里时，林肯却叫住他，问道："你要干什么？"

  "寄出去呀。"斯坦顿有些摸不着头脑了。

  "不要胡闹。"林肯大声说，"这封信不能发，快把它扔到炉子里去。

凡是生气时写的信，我都是这么处理的。这封信写得好，写的时候你已经消了气，现在感觉好多了吧，那么就请你把它烧掉，再写第二封信吧。"

美国钞票公司总经理胡德赫尔在他年轻时，屈居小位，抑郁无聊，公司中的上级职员对他更等闲视之，不加赏识。自恨升迁太慢，胡德赫尔在这时，愤怒得不可抑制，几至愤而辞职，但当他在提出辞职书以前，他取出笔来，尽情为公司中的上级职员下评语，他觉得蓝墨水不能宣泄他胸中的块垒，所以又改用红墨水缮写，评语写得淋漓尽致，词无遁影，真好像是须眉毕现，然后收拾纸笔，去告诉他的一位老朋友。他的老朋友也是一个妙人，他叫胡德赫尔别以墨水写出这些人的才能和缺陷，而先写出拟定一个发展自己的十年计划，胡德赫尔也照着做了，这时候，他不但胸中的怒气全消，而且也恢复了他冷静的头脑，不再存辞职的念头，照常服务，终于获得成功。

胡德赫尔后来曾说：

"自此以后，我一有郁不可耐的时候，便如法炮制，复演一回，一经事毕，心神也就随之平静，但我所写的纸片从不示人，自己收藏起来，积久以后，别人都称誉我有自制的能力，所以凡属有为的青年，都应学此方法，以约束身心。"

所以，如果我们现在正是资浅位卑的时候，也未免会有郁郁不得志之感，如徒然愤愤于色，进而更玩忽职务，这样不但遭人嫌恶，而且也是在事业上自掘坟墓，你不妨照胡德赫尔的办法，用客观的态度，加以反省，你便不会为感情所误了。纽约电气大王爱特列治在怒不可遏时，写信泄愤，一经写出，愤激的情绪，便立刻松弛下来，但这种泄愤的信，他常常把它留了下来，绝不立刻发出，腾出一些时间来想一想，这将引起什么样的后果。

另外的一个能引起我们不愉快的根源就是不安心理。有些人常会问："每天都非常的不安，这是因为我天生的个性吗？"

"对，有一种人是有与生俱来的强烈不安感。我年轻时也常被这无趣人生的不安所袭，每天都非常的不安。这是内向型的人所特有的感情。"

美国一个著名的心理学医生这样解释道："我所烦恼的不是这样的哲学问题，而是对现实的不安。担心自己的工作，担心现在的公司是否能走出不景气，担心自己的结婚是对还是错等等，这些具体的不安。"

那么，我告诉你一个方法吧！你把你的不安全部写在纸上，因为写下来之后，能了解问题出在哪里。

譬如我们在工作上有了不安，不安就会往上攀升，假设原来的不安只有10 的话，在脑中的不安就扩大为30、50、100，会有被不安控制的感觉。

但是整理后会发现，这种不安只不过是"到底能否继续"的问题。年轻的你即使担心公司是否会倒闭，也不能帮上什么忙。如果你负责的是营业方面的工作，就朝着年收入增加三倍的目标前进。

而如果是结婚的话，与其烦恼是否可以结得成婚，不如将"要找何类型的情人"这个问题写在纸上，然后列举所有的方法，一个一个地去实践看看。

把不安的问题大概地写在纸上，然后贴在墙壁上，常常去看它，集中精神来思考，会有具体的解决方法出现。

但这个方法应该用在人生想实现的希望和目标上为宜，对于哲学上不安的问题，即使写了又写，不安还是不会消失的，哲学这一面的不安，只有等着我们年龄慢慢地增长后，才能去解答。

大哲理
da zhe li

拿一张纸来，把你所有的烦恼、不安及怒气当作精神垃圾倾倒在纸上，然后烧掉它。这样既不伤人，又不害己，不失为一种高明的做人之道。

4．原谅生活是为了更好地生活

"人有悲欢离合，月有阴晴圆缺，此事古难全。"古人有古人的悲哀，可古人很看得开，他们把人世间的悲欢离合比作月的阴晴圆缺，一切全出于自然，其中有永恒不变的真理，它像一只无形的手在那里翻云覆雨，演绎着多色多味的世界，今人也有今人的苦恼，因为"此事古难全"。

苦恼和悲哀常常引起人们对生活的抱怨，哀自己的命运，怨生活的不公。其实生活仍然是生活，关键看你取什么角度。我见过几位"麻将专家"，真正意义上的赌徒，他们沉溺于这种游戏之中，自然应该受到道德谴责，可是人生又是什么？从某种意义上说，生活难道不也是一场赌局吗？用你的青春去赌事业，用你的痛苦去赌欢乐，用你的爱去赌别人的爱。要不怎么有人说："如果你觉得活得没意思了，那就该死了。"（诗人顾城的话）

在沮丧失落的时候，我们对一切感到乏味，生活的天空阴云密布，看什么都不顺眼，像 T 恤衫上印着的：别理我，烦着呢！生活中有很多时候令我们心情不好。面对高考落榜，面对失恋，面对解释不清的误会，我们的确不易很快地超脱。但是人有逆反心理，更多的时候是"多云转晴"，忧郁被生气勃勃的憧憬所取代。烦些什么？你的敌人就是你自己，战胜不了自己，没法不失败。想不开、钻死胡同，全是自己所为。

沮丧的时候，回到你生活的角落，去充电、打气。选一盒录音带，京剧、越剧、歌曲、乐曲什么都成，边听边练毛笔字，书写龚自珍的己亥杂诗"霜豪掷罢倚天寒"，多带劲！"不是逢人苦誉君，亦狂亦侠亦温文"，多亲切！你还要发泄一下，那就大声唱出来："我站在冽冽风中，恨不能荡尽绵绵心痛；看苍天，四方云动，剑在手，问谁是天下英雄……"渐渐地排遣了沮丧，焕发了新的激情，环视四周，发现一切正常，你的消沉、你的低落、你的怨愤没有任何意义，既然如此，何不让自己回归正常？凭什么总跟自己过不去呢？试试看，每天吃一颗糖，然后告诉自己——今天的日子，果然是甜的！

有时候，我们要对自己残忍一点，不必过分纵容自己的哀怜，"不识庐山真面目，只缘身在此山中"。走出去或登到顶上去，你会看到另一番景象："日照香炉生紫烟，遥看瀑布挂前川。飞流直下三千尺，疑是银河落九天。"

我们看清了自己，再来看生活，也许多了几分宽容在里面。生活本身，并不是可以实现所有幻想的万花筒，生活和我们是相互选择的，不该过分计较生活的失言，生活本来就没有承诺过什么。它所给予的，并不总是你应当得到的，而你所能取得的，是凭你不懈的真诚和执著所能得到的。

　　人类以热爱生命为目的，人类中却有另一部分人以猎取生命为职业，一位德国作家兼心理医生维克多·弗兰克，回忆自己在纳粹集中营的生活时说："人所拥有的任何东西，都可以被剥夺，唯独人性最后的自由不能被剥夺，正是这种不可剥夺的精神自由，才使得生命充满意义且有目的……那一刻我所身受的一切苦难，从遥远的科学立场看来，全都变得客观起来。我就用这种办法让自己超越。在困厄的处境，我把所有的痛苦与煎熬当成前尘往事，并加以观察，这样一来，我自己以及我所受的苦难全变成了我手上一项有趣的心理学研究题目了。"这种方式值得借鉴。当我们凭窗而坐，静观一本关于战争或其他的书时，我们有什么理由不快活，不滋润？

　　原谅生活是一种积极做人的方式，原谅生活，不是可以淡漠所有的不公，不是为了超脱凡世的恩怨，而是要正视生活的全面，以缓解和慰藉深深的不幸。相信生活，才能原谅生活，如果你的桅杆折断，不论是你自己的错，还是生活的错，都不该再悲哀地守着荡舟的孤独。

　　请重新支起新的桅杆！

　　原谅生活，是为了更好地生活。

大哲理
da zhe li

　　原谅生活是一种积极做人的方式，原谅生活，不是可以淡漠所有的不公，不是为了超脱凡世的恩怨，而是要正视生活的全面，以缓解和慰藉深深的不幸。

5. 笑脸永远迎着上司绽放

如何跟上司相处，是我们许多凡夫俗子永远的学问。

或许有人认为不用讲，直接以态度行为也可以表示恭维别人的意思，话虽不错，可是总让人觉得似乎还少了那么一点点。所以，还是当面用言词褒奖赞美的方法，最能把"恭维"的意思表达得淋漓尽致。

不过，当我们要把这个"美丽的言词"投向对方时，必须要像棒球投手那样，不能老投直球，要混合使用各种球路，这样才能收到功效。

第一个重点就是要用"敬称"。即是有关对方的事物都要使用带有恭敬意思的话语，例如：您、贵府、令尊等等。而对有关自己的事物则要使用带有谦虚意思的话语，例如：寒舍、家母、小犬等等。

使用敬称并不见得就是在恭维别人，但是能将敬称用得恰到好处，会令对方感觉很舒服，无疑也是一种恭维别人的方法。

在公司上班的人，经常会碰到上司出差回来的场面，可是很少有人会在意。其实这就是一个很好的机会。一个有礼貌的部属，这时候就应该站起来迎接上司，同时请不要忘记上前去说一声"经理（或其职称）您回来了！"然后为他提公事包，并吩咐公司的小妹或女职员，甚至亲自为他泡杯茶。这个迎接的礼貌，这句迎接的话，是尊敬的表现。上司受到部属如此地"尊敬"，心里必定是非常高兴，自然也会心存好感。

像这类的小事，往往会使上司牢记在心。所谓"不忠于小事者，必不忠于大事"，这大概是多数上位者用于评判下属的一个准则吧。

又如，中午吃饭时，不要老是只和同僚一起，不妨向上司打个招呼。或许上司有其他的事不能一起去用餐，可是这和那种当上司存在时，时间一到就和同僚吵吵嚷嚷地离席而去的情形，给人的感觉总是不一样的呀！

表面上这仅是打个招呼，事实上它却是一件无比重大的事。约上司一起用餐，并非存心要上司请客或向他揩油，最主要是制造机会接近上司并

"聆听"他的"经验之谈"。

在上位的人多少都有对下属谈话谈经验的欲望，不妨做个忠实的"听众"来听他高谈阔论，对这种肯比别人更用心"聆听"上司言论的下属，上司自然会给他更多的信任与超乎事实以上的评价。

事实上，人对那些聆听自己发言的对象都会具有好感的。聆听上司谈话时，在听讲中要随时露出感动、认同的表情，偶尔重复上司的话语，请求给予更详细的说明解释。开始时会有点别扭，几次后，自然就会适应了。

大哲理
da zhe li

> 不管时间，不论场所，即使自己身体不舒服或疲惫不堪，对上司绝不可忘记说"尊敬"的话和采取恭敬的态度，上司有所吩咐，一定要心悦诚服地以明快的声音和态度来应答。

6．如果对方想哭就让他哭

英国一个著名的芭蕾舞童星埃利，只有 12 岁，不幸由于骨癌准备截肢。手术前，埃利的亲朋好友，包括她的观众都闻讯赶来探望。这个说："别难过，没准儿会出现奇迹，还有机会慢慢站起来呢。"那个说："你是个坚强的孩子，一定要挺住，我们都在为你祈祷！"埃利一言不发，默默地向所有人微笑致谢。

她很想见到戴安娜王妃，她优美的舞姿曾得到戴妃的赞美，夸她像"一只洁白的小天鹅"。

经过别人转达她的愿望，戴安娜王妃终于在百忙之中赶来了。她把埃利搂进怀里说："好孩子，我知道你一定很伤心，痛痛快快地哭吧，哭够了再说。"埃利一下子泪如泉涌。自从得了病，什么安慰的话都有人说了，就是没有人说过这样的话，埃利觉得最能体贴理解她的就是这样的话！

据说，戴安娜虽出身富家，却没受过什么高等教育，她经常说自己笨得像头牛，智商不高。但这个故事让我们相信她的情商一定很高，这种独有的天赋让她的形象在人们心中永远那么慈善温柔，颇具亲和力，无人能够替代。

大哲理 *da zhe li*

世界上有许多聪明的人，会说许多聪明的话，但是，聪明的话说出来不一定贴切，不一定说得让人欣慰，不一定说得让人心存感激。其实这样的话都是些非常简单的话，可惜简单的话并不是人人都懂得该怎么说。

7．以笑声结束的决斗

十多年前，一位旅行家到马来半岛旅游。半岛地处热带，雨林翁郁，繁花似锦，五颜六色的奇异鸟类在空中飞翔鸣唱。海岸边，碧波起伏，沙滩如玉。岛上的土著居民一身阳光染就的健康肤色，从容而快乐。自然风光让旅行家如痴如醉，淳朴民风更让他流连忘返。特别是偶然遇到的一场奇异的决斗场面，更让他眼界大开。

决斗者是两名萨凯部落的男青年，几乎一样健壮、一样帅气。他们满脸严肃地走到决斗的地点，赤裸着上身，一副不是鱼死就是网破的神情。令旅行家大惑不解的是，决斗者的手中，既没有枪，也没有剑，而是一人握着一根孔雀翎。孔雀翎就是孔雀的尾羽。他们握住上端的羽梗，将下端圆圆的中间有一只美丽"眼睛"的尾部指向对方，找好适当距离站定。决斗开始了，只见他们举起"武器"，把那美丽的"眼睛"触向对方赤裸的上身，而且专找那些最薄弱的地方，千方百计地给对方搔痒。随着时间的推移，两人的表情也发生着微妙的变化，由怒气冲冲慢慢地变成了"忍俊不禁"，最后，一方终于难耐"折磨"，控制不住笑出声来，决斗即告结束。决斗的双方竟然怒气全消，互相拍拍肩膀，一前一后地离开了。

旅行家问导游："这是不是一场特意安排的幽默表演?"导游肯定地答复说："绝对不是。这是萨凯部落的一个传统习俗，什么时候产生的不知道，但确实已流传了好多年。在这个部落里，一个人若以为受到了别人的侮辱，便可以用决斗来泄愤。决斗的方式只有一种，就是你刚才看到的。决斗的时间没有限制，可以从早到晚，直到一方笑出了声，方告结束，先笑者为输家。笑过之后，冤家对头往往会握手言和。刚才的两个小伙子是一对情敌，为一个姑娘互不相让，所以只好决斗。决斗后胜者高兴，输者也心悦诚服，因为世代相传的游戏规则早已内化为自觉遵守的观念。这样的决斗，不仅能使难题迎刃而解，而且双方身体都不会受到伤害，更不会造成流血。"

旅行家的心灵受到了强烈的震撼，他绝对没有想到在这个近乎原始的地方，竟然存在着如此高超的生存智慧，如此充满艺术魅力的维护尊严的方式。

大哲理
da zhe li

笑是自信的表现，是积极的态度。贬低对手，不见得能抬高自己；褒扬对手，却更见自己之高明。与对手针锋相对，也不一定能够取得胜利，而笑对对手，却是一种品格，也是一种智慧。

8. 幽默，人际互动的最高境界

幽默可以松弛紧张的情绪，也可以自我解嘲，找到适当的台阶下。

将 humor 译为"幽默"的"幽默大师"林语堂先生，生前有一次乘船旅行，在船上看到一个外国人正在看他所写的那本英文版的《生活的艺术》。那老外见林语堂身着大褂，以为是个乡巴佬，就鄙视地对林语堂说："老兄，你看得懂吗？"林语堂不疾不徐地用英语对他说："虽然我看不懂，但是这本书却是我写的。"说罢掉头就走，留下一脸愕然的老外。

世界著名的大文学家歌德有一天到公园散步，迎面走来一位曾经对他的作品提出过尖锐批评的批评家。这位批评家站在歌德面前高声喊道："我从来不给傻子让路！"歌德却答道："而我正相反！"一边说，一边满面笑容地让在一旁。不论是林语堂也好，歌德也罢，他们的幽默无疑地避免了一场无谓的争吵，同时也可以消除自己的恼和怒，充分显示了他们的心胸和气量。

幽默还可以消除尴尬的场面。真正的幽默可以引来会心的一笑，带来欢笑与快乐。

有一个从俄亥俄州来的人拜访林肯总统时，外面正有一队士兵停在门外，等候林肯训话。

林肯请这位朋友随他外出，并继续和他密谈。但是，当他们行至走廊时，军队齐声欢呼起来。那位朋友这时便应该识趣地退开，但是他并没有这样做。于是，一位副官走到那人面前，嘱咐他退后几步。他这时才发现自己的失态，窘得满脸通红。但是，林肯却立即微笑地说："白兰德先生，你得知道他们也许分辨不出谁是总统呢！"在那难堪的一瞬间，林肯用他的幽默化解了这一窘迫的局面。

从前有一位画商拿着毕加索早期的画作，请求他鉴定是不是他画的。毕加索瞄了一眼，说道："这是一幅假画。"画商大吃一惊，支吾地问："这难道不是你画的吗？""是啊！这是我亲自作的假画！"毕加索不慌不忙地说。

其实，每个人都可变得幽默，它不是天才、高智商、喜剧演员的专利品。只要你常看一些笑话故事、歇后语，学习让嘴角向上翘，换个新鲜高度欣赏事物，必可找回幽默和学会幽默。

使人欢笑，使人快乐。你做愉快的事、说愉快的话，就会把欢乐散布到四周。如果你为别人做了一件好事，那么你也治愈了自己，因为欢乐是一剂精神良方，能超越一切障碍，也会伴你成功。

幽默虽好，但不能乱用，要掌握一定的技巧：

（1）不要随意幽默。幽默并不是随时随地都可以运用的，应在某些特定的场合和条件下发挥幽默。例如：在一个正式的会议上，当别人发言时，你突然冒出一两句逗人的话，也许大家都被你的幽默逗笑了，但发言的那个人肯定认为你不尊重他，对他的发言不感兴趣。

（2）幽默要高雅才好。在生活中，有不少人在开玩笑时往往把握不住分寸，结果弄得大家不欢而散，影响了彼此的感情。

（3）不幽默时无需硬要幽默。如果当时的条件并不具备，你却要尽力表现出幽默，其结果必定是勉为其难，到底该不该笑一笑？这会令彼此陷入更尴尬的境地。

大哲理
da zhe li

幽默是一种优美的、健康的品质，恰到好处的幽默更是智慧的体现。当你掌握了幽默这门社会交往的艺术时，你会发现与人沟通不再是一件困难的事情。

9. 不带着怒气做任何事

欧玛尔是英国历史上唯一留名至今的剑手。他有一个与他势均力敌的敌手，他同他斗了三十年还不分胜负。在一次决斗中，敌手从马上摔下来，欧玛尔如果持剑跳到他身上，一秒钟内就可以杀死他。

但敌手这时做了一件事——向他脸上吐了一口唾沫。欧玛尔停住了，对敌手说："咱们明天再打。"敌手糊涂了。

欧玛尔说："三十年来我一直在修炼自己，让自己不带一点儿怒气作战，所以我才能常胜不败。刚才你吐我的瞬间我动了怒气，这时杀死你，我就再也找不到胜利的感觉了。所以，我们只能明天再重新开始。"

这场争斗永远也不会再开始了，因为那个敌手从此变成了他的学生，他也想学会不带一点儿怒气作战。

愤怒常常使我们失去理智，干出蠢事。在生活中，我们也要学会不带着怒气做任何事。

10. 母爱是生命的守护神

有这样一个古老的东方故事：

从前，有个年轻人与母亲相依为命，生活相当贫困。

后来年轻人由于苦恼而迷上了求仙拜佛。母亲见儿子整日念念叨叨、不事农活的痴迷样子，苦劝过几次，但年轻人对母亲的话不理不睬，甚至把母亲当成他成仙的障碍，有时还对母亲恶语相向。

有一天，这个年轻人听别人说起远方的山上有位得道的高僧，心里不免仰慕，便想去向高僧讨教成佛之道，但他又怕母亲阻拦，便瞒着母亲偷偷地从家里出走了。

他一路上跋山涉水，历尽艰辛，终于在山上找到了那位高僧。高僧热情地接待了他。

听完他的一番自述，高僧沉默良久。当他向高僧问佛法时，高僧开口道："你想得道成佛，我可以给你指条道。吃过饭后，你即刻下山，一路到家，但凡遇有赤脚为你开门的人，这人就是你所谓的佛。你只要悉心侍奉，拜他为师，成佛是非常简单的事情！"

年轻人听了非常高兴，谢过高僧，就欣然下山了。

第一天，他投宿在一户农家，男主人为他开门时，他仔细看了看，男主人没有赤脚。

第二天，他投宿在一座城市的富有人家，更没有人赤脚为他开门。他不免有些灰心。

第三天，第四天……他一路走来，投宿无数，却一直没有遇到高僧所说的赤脚开门人。他开始对高僧的话产生了怀疑。快到自己家时，他彻底失望了。日落时，他没有再投宿，而是连夜赶回家。到家门时已是午夜时分。疲惫至极的他费力地叩动了门环。屋内传来母亲苍老惊悸的声音："谁呀？"

"是我，妈妈。"他沮丧地答道。

门很快就打开了，一脸憔悴的母亲大声叫着他的名字把他拉进屋里。在灯光下，母亲流着泪端详他。

这时，他一低头，蓦地发现母亲竟赤着脚站在冰凉的地上！

刹那间，灵光一闪，他想起高僧的话。他突然什么都明白了。年轻人泪流满面，"扑通"一声跪倒在母亲面前。

![大哲理 da zhe li]

普天下最平凡的是母亲，最伟大的也是母亲。母爱有无数的方式，简简单单的一句话，一个微笑，一个点头……在这些细节中，或深或浅，或重或轻都有爱的滋味。只要你回味和咀嚼，迟早会品尝到爱的味道。

11．用笑声解除忧愁

法国作家拉伯雷说过这样的话："生活是一面镜子，你对它笑，它就对你笑；你对它哭，它就对你哭。"如果我们整日愁眉苦脸地生活，生活肯定愁眉不展；如果我们爽朗乐观地看生活，生活肯定阳光灿烂。朋友，既然现实无法改变，当我们面对困惑、无奈时，不妨给自己一个笑脸，一笑解千愁。

笑声不仅可以解除忧愁，而且可以治疗各种病痛。微笑能加快肺部呼吸，增加肺活量，能促进血液循环，使血液获得更多的氧，从而更好地抵御各种病菌的入侵。

生理学家巴甫洛夫说过："忧愁悲伤能损坏身体，从而为各种疾病打开方便之门，可是愉快能使你肉体上和精神上的每一现象敏感活跃，能使你的体质增强。药物中最好的就是愉快和欢笑。"

笑声还可以治疗心理疾病。印度有位医生在国内开设了多家"欢笑诊所"，专门用各种各样的笑：哈哈、开怀大笑、"吃吃"抿嘴偷笑、抱着胳膊会心地微笑等等来治疗心情压抑等各种疾病。在美国的一些公园里都开辟有欢笑乐园。每天有许多男女老少在那里站成一圈，一遍遍地哈哈大笑，进行"欢笑晨练"。

笑不仅具有医疗作用，而且生活中它还能产生人们意想不到的用途。有个王子，一天吃饭时，喉咙里卡了一根鱼刺，医生们束手无策。这时一位农民走过来，一个劲儿地扮鬼脸，逗得王子止不住地笑，终于吐出了鱼刺。

雪莱说过："笑实在是仁爱的表现，快乐的源泉，亲近别人的桥梁。有了笑，人类感情就沟通了。"笑能化解生活中的尴尬，能缓解工作中的紧张气氛，也能淡化忧郁。一对夫妻因为一点生活琐事吵了半天，最后丈夫低头喝闷酒，不再搭理妻子。吵过之后，妻子先想通了，便想和丈夫和好，但又感到没有台阶可下，于是她便灵机一动，炒了一盘菜端给丈夫说："吃吧，吃饱了我们接着吵。"一句话把正在生闷气的丈夫给逗乐了，见丈夫笑了，她自己也乐了。就这样，一场矛盾在笑声中化解开来。

既然笑声有这么多的好处，我们有什么理由不让生活充满笑声呢？不妨给自己一个笑脸，让自己拥有一份坦然；还生活一片笑声，让自己勇敢地面对艰难。这是怎样的一种调解，怎样的一种豁达，怎样的一种鼓励啊！

赫尔岑有句名言说："不仅要学会在乐观时微笑，也要学会在困难中微笑。"人生的道路上难免遇到这样或那样的困难，时而让人举步维艰，时而让人悲观绝望；漫漫人生路有时让人看不到一点希望。这时，不妨给自己一个笑脸，让来自于心底的那份执著，鼓舞自己插上理想的翅膀，飞向最终的成功；让微笑激励自己产生前行的信心和动力，去战胜困难，闯过难关。

笑是生活的开心果，是无价之宝，但却不需花一分钱。所以，每个人都要学会以微笑面对生活。

12．今天整日都在笑

常常见到人"笑"——但他（她）不一定"快乐"。

笑有时沦为一种表情快乐。

不过，如果一个人快乐，他（她）的笑便十分原始、单纯。

这天阅报，见争取居港权败诉，而行街纸又将到期，面临与家人分离的不幸者中，有一名幸运儿，是13岁时被迫以猜"石头、剪刀、布"决定可否来港团聚的女孩林样明，她猜输了，所以孪生胞妹随母亲到了香港。她留在内地，同父亲一起生活。1999年持双程证来探亲后，一直不走，争取到情权居港。苦尽甘来，她"得到"了。

终于一家四口放下心头大石，买鸡加菜庆祝。父亲说：

"好开心！今天整日都在笑！"

整天，想想，又笑；看看，又笑——发自内心，连空气也在笑。

快乐时也会忍俊不禁。太快乐了，睡梦中也漾起笑意，一觉醒来，它还盘踞在脸上不走。嘴角微微上翘，鸟语花香，良辰美景，谁骂你都不生气、不回嘴——你原谅一切敌人。位位都是贵人。

这样的情景和心境，你多久没遇上了？最近一回是几时？抑或愁苦哀伤的你，不识此中滋味？

买不到，也买不起。有人笑，更多人在哭。你我愿意用所有的换取一天的笑吗？

今天你笑了没有？用真心生活，用关爱交流，用真诚沟通，用情谊浇灌……让世间的真、善、美成为联系的纽带，谁还会感到不幸福呢？那就让我们找一个幸福的理由，每一天都笑一笑吧！

13．快乐活在当下

一位名叫塞尔玛的妇女陪伴丈夫驻扎在一个沙漠的陆军基地里。丈夫奉命到沙漠里去演习。她一个人留在陆军的小铁皮房子里。天气热得受不了——在仙人掌的阴影下也有五十多度。她没有人可以谈天——身边只有墨西哥人和印第安人，而他们不会说英语。她非常难过，于是就写信给父母，说要丢开一切回家去。不久，她收到了父亲的回信。信中只有短短的两行字："两个人从牢房的铁窗望出去，一个看到泥土，一个却看到了星星。"读了父亲的来信，塞尔玛觉得非常惭愧。她决定要在沙漠中找到星星。

塞尔玛开始和当地人交朋友，她对他们的纺织、陶器很有兴趣，他们就把自己最喜欢的纺织品和陶器送给她。塞尔玛研究那些引人入迷的仙人掌和各种沙漠植物，观看沙漠日落，还研究海螺壳，这些海螺壳是几万年前当沙漠还是海洋时留下来的……原来难以忍受的环境变成了令人兴奋、流连忘返的奇景。塞尔玛为自己的发现兴奋不已，并就此写了一本书，以《快乐的城堡》为书名出版了。是什么使塞尔玛的内心发生了这么大的改变呢？沙漠没有改变，印第安人也没有改变，改变的只是她的心态。一念之差，使她把原先认为恶劣的情况变为了一生中最快乐、最有意义的冒险，塞尔玛终于找到了属于自己的星星。

快乐与痛苦是一对孪生兄弟，不同的只是在于你的选择。就好像夏天和冬天一样，如果你选择夏天，认为夏天会给你带来快乐，然而冬天定会来临，它并不会给你带来不幸和痛苦，只是因为你选择了夏天而拒绝冬天，所以才会有不幸和痛苦的产生。其实，不管是夏天还是冬天，对你来讲都没有关系，不同的只是你的感受。唯有当你不执著于其中之一时，你才能够享受两者，快乐永存。

世间许多事情本身并无所谓好坏，全在于当事人怎么看。当我们面对一件事情时，学会如何保持乐观豁达的心境而避免自寻烦恼就显得十分重要。19世纪德国哲学家叔本华说："人们不受事物影响，却受到对事物看法的影响。"实乃至理名言。生活是一种伟大的艺术，只要你学会生活，学会选择，别让世俗的尘埃蒙蔽了双眼，别让太多的功利给心灵套上沉重的枷锁，你就会发现快乐星星点点地密布在我们身边的每一个角落，几乎随手可得。

大哲理
da zhe li

快不快乐，在于你的选择，选择一种什么样的心态活着。正如林清玄所说："快乐活在当下！"

14．隐藏起来的微笑

在一个小镇上，有一个很大的花园，里面栽着许多繁茂的桃树，每年都会结出全镇最大最甜的桃子。但是，全镇的人都知道，那个花园的主人是约瑟，一个脾气非常坏的老头。他家的桃子可摘不得，哪怕是掉在地上的也不能去捡，否则就会遭到他粗暴的打骂。所以大家从来不称他为"约瑟爷爷"，而是直接称他为"老约瑟"。

一个星期天的上午，小男孩哈瑞克到他的同学威廉家去，打算和威廉一起去体育馆打羽毛球。去体育馆，必须要从老约瑟家的门前经过。当哈瑞克和威廉走到老约瑟家附近时，威廉看见老约瑟正坐在家门口晒太阳，于是建议走马路的另一边。

但是哈瑞克不同意，他说："别担心，约瑟爷爷是不会伤害任何人的，跟着我来吧。"威廉还是非常害怕，每向老约瑟家的门口走近一步，心跳就会加快一分。当他们走到老约瑟家门前时，老约瑟下意识地抬起了头，像往常一样紧锁着眉头，注视着眼前的不速之客。当他看到是哈瑞克时，原本紧绷着的脸顿时绽开了灿烂的笑容。

"哦，你好啊，哈瑞克，"他说，"你和这位小朋友要去哪里啊？"

哈瑞克也对他报以微笑，回答说："我们要一起去打羽毛球。"

老约瑟说："这听起来真是不错，你们稍等一会儿，我马上就来。"

不一会儿，他就从院子里拿出两个桃子，给他们每人一个。"这是我刚从树上摘下来的，甜着呢，快吃吧！"两个小男孩接过红红的桃子，心里高兴极了。

和约瑟爷爷告别之后，哈瑞克解释说："其实，我第一次从约瑟爷爷家门前经过的时候，发现他真的像人们传说的那样，一点儿也不友好，让我感到非常害怕。但是，我却在心里告诉自己，约瑟爷爷是面带微笑的，只不过他把那微笑隐藏了起来，别人看不见而已。所以，只要看到约瑟爷爷，我都会对他报以微笑。终于有一天，约瑟爷爷也对我微笑了一下。又过了一些时候，约瑟爷爷真的开始对我微笑了，那是一种发自内心的笑容，不仅如此，约瑟爷爷竟然还开始和我说话了。随着时间的推移，我们谈的话越来越多，我知道他还有一个儿子在很远的城市工作，并不经常回来，平时没有人跟他说话，他很孤独，所以脾气才会那么坏。"

听完哈瑞克的叙述，威廉问道："隐藏起来的微笑？"

"是的，"哈瑞克答道，"我爷爷曾经告诉过我说，所有人都会微笑，只不过有些人把笑容隐藏了起来而已。因此，我对约瑟爷爷微笑，约瑟爷爷也对我微笑。微笑是可以互相感染的。"

给别人一个微笑，就是给自己一个微笑。微笑是一张永久通行证，微笑是一颗没有保质期的开心丸，它让世界更加美好。何必吝啬你的微笑呢？

15. 保住优秀员工的面子

杰克·韦尔奇就任美国通用电气公司总裁的时候，通用电气公司正面临着一项需要慎重处理的工作：免除查尔斯·史坦恩梅兹担任的计算部门的主管职务。

史坦恩梅兹在电器方面是个天才，但担任计算部门主管却遭到彻底的失败。不过，公司却不敢冒犯他，因为公司当时还绝对少不了他这样的人才。

于是，杰克·韦尔奇亲自出马。一天，他把史坦恩梅兹叫到他的办公室，对他说："史坦恩梅兹先生，现在有一个通用电气公司顾问工程师的职务，你看这项职务由你来担任如何？我暂时还找不到合适的人来担任这项职务。"

史坦恩梅兹一听，十分高兴地说："没问题，只要是公司决定的，我就乐意接受。"

对这一调动，史坦恩梅兹十分高兴。他知道，换职务的原因是公司觉得他担任部门主管不称职。但他对杰克·韦尔奇处理这一问题的方式颇感满意。

通用公司的高级人员也很高兴。杰克·韦尔奇巧妙地调动了这位最暴躁的大牌明星的工作，而且杰克·韦尔奇的做法并没有引起一场大风暴——因为他让史坦恩梅兹保住了面子。

正视"面子"问题的积极作用，有利于改善员工的形象，激励员工发挥自身潜力。

16. 在挫折中选择快乐

有时候，当我们确实处于恶劣的客观环境中，无力无望改变现实，那如何使自己不沉溺于败局，而保持开朗和拥有力量呢？

请看下面的一个例子：

弗洛伊德认为人的性格在幼年时期就已经定型，而且会影响人的一生，日后改变的可能性微乎其微。林克却否定了他的这种说法。

林克身为犹太裔心理学家，第二次世界大战期间被关进纳粹集中营，遭遇极其悲惨。他的父母、妻子和兄弟均死于纳粹的魔掌下，唯一的亲人就是剩下一个妹妹。他本人更是受到严刑拷打，朝不保夕。

有一天，他赤身独处于囚室之中，忽然之间顿悟，产生了一种全新的感受——日后命名为"人类终极的自由"。当时他只知道这种自由是纳粹德寇永远也无法剥夺的。从客观环境上来看，他完全受制于人，但自我意识却是独立的，超脱于肉体束缚的。他可以自行决定外界的刺激对本身的影响程度。换句话说，在刺激与反应之间，他发现自己还有选择如何反应的自由与能力。

他在脑海里设想各式各样的情况。譬如，获释后将如何站在讲台上，把在这一段痛苦折磨中学得的宝贵教训传授给自己的学生。凭着想象与记忆，他不断锻炼自己的意志，直到心灵的自由终于超越了纳粹的禁锢。他的这种超越也感染了其他的囚犯，甚至狱卒。他协助狱友在苦难中找到生存的意义，寻回自尊。处在最恶劣的环境中，林克运用难得的自我意识天

— 52 —

赋，发掘了人性中最可贵一面，那就是人有"选择的自由"。这种自由来自人类特有的四种天赋。除了自我意识，我们有"良知"，能明辨是非和善恶；还有"想象力"，能超出现实之外，更有"独立意志"，能够不受外力影响，自行其是。

林克在狱中发现的人性准则，正是我们营造自治自立人生的首要准则——自由择志。自由择志的含义不仅在于采取行动，还代表人必须为自己的行为负责。个人行动取决于人本身，而不是外在环境。理智可以战胜情感，人有能力、也有责任创造有利的外部环境。

当我们对外部自由无能为力时，也不要放弃，要培养自我的心灵自由，将自我引向积极和美好的一面。始终在内心积聚力量，等待时机，最终为自己赢来好的外在环境。

生活总是这个样子，想美好的事情，你就会找到快乐，走向成功；想失意的事情，就会走向失望的深渊，无力面对生活，无力面对失败！

大哲理
da zhe li

　　一定要记住，你有选择的力量。选择健康、快乐和幸福，你的潜意识就会接受，并使你成为这样的人；选择做一个健康、快乐、友善的人，整个世界就会跟着反应。

17．用微笑把痛苦埋葬

　　二战期间，一位名叫伊丽莎白·康黎的女士，在庆祝盟军于北非获胜的那一天，收到了国际部的一份电报——她的独生子在战场上牺牲了。

　　他是她最爱的儿子，那是她唯一的亲人，那是她的命啊！她无法接受这个突如其来的严酷事实，精神接近崩溃的边缘，她心灰意冷，痛不欲生，决定放弃工作，远离家乡，然后默默地了此余生。

当她清理行装的时候，忽然发现了一封几年前的信，那是她独生子到达前线后写来的。信上写道：

"请妈妈放心，我永远不会忘记你对我的教导，不论在哪里，也不论遇到什么灾难，都要勇敢地面对生活，像真正的男子汉那样，能够用微笑承受一切不幸和痛苦，我永远以你为榜样，永远记着你的微笑。"

她热泪盈眶，把这封信读了一遍又一遍，似乎看到儿子就在自己的身边，用那双炽热的眼睛望着她，关切地问："亲爱的妈妈，你为什么不照你教导我的那样去做呢？"伊丽莎白·康黎打消了背井离乡的念头，一再对自己说：告别痛苦的手只能由自己来挥动，我应该用微笑埋葬痛苦，继续顽强地生活下去，我没有起死回生的能力改变它，但我有能力继续生活下去。

后来，伊丽莎白·康黎写了很多作品，其中《用微笑把痛苦埋葬》一书，颇有影响。

大哲理
da zhe li

　　人，不能陷在痛苦的泥潭里不能自拔，遇到不可能改变的现实，不管让人多么痛苦不堪，我们都要勇敢地面对，用微笑把痛苦埋葬。有时候，生比死需要更大的勇气与魄力。

第三章
狠抓机遇，把握成功

　　所有的成功人士都多谋善决，雷厉风行，从
不拖泥带水。这样的人工于"心计"，懂得做事
先下手为强，后下手遭殃。所以，他们勇往直
前，想得到做得到，从不落人之后，这样他们就
总能追上机会并把它抓住，从而把握成功。

1．只有抢先，才会抓住

2002 年 9 月底，正在联邦德国考察的天津市技术改造办公室的同志从一位来访的德国朋友那里得知，有家"能达普"摩托车厂倒闭了。我方立即向该厂表示：我们准备买下这个厂，但需回国后研究确定，一周之内，必有回言。与此同时，印度、伊朗等几个国家的商人也准备购买该厂。

回国后，天津市政府领导拍板决定全部购买"能达普"厂的设备和技术，并立即通知德方。随即组成专家团，准备赴德进行全面技术考察，商谈购买事宜。就在这时，联系人从联邦德国发来急电：伊朗人抢先一步，已签署了购买"能达普"的合同，合同上规定付款期限为 10 月 24 日，如果 24 日下午 3 时，伊朗汇款不到，合同便告失效。

事情有点猝不及防。天津市领导分析了整个情况后认为，国际贸易竞争中也存在偶然因素，虽然伊朗商人在签订合同方面抢先，但能否付款尚属悬案。如果伊朗方面逾期付款，我方还有争取主动的机会。10 月 22 日上午 10 时，天津市作出决定，立即派团出国，从伊朗人手中抢回这条生产线。代表团用了 11 个小时办完了要办 15 天的出国手续，10 月 23 日，飞到了慕尼黑，他们立即与德方联系。10 月 24 日下午 3 时，当打听到伊朗方面款项尚未到的消息时，中国代表成员立即奔赴"能达普"摩托车厂。中国人的突然出现，德方人员甚感吃惊。慕尼黑市债权委员会主管倒闭企业事务的米勒先生面带笑容地接待了中国代表团。他说："伊朗商人因来不及筹款已提出延期合同的要求。如果你们要购买，请现在就谈判签订合同。"原来，债权委员会已规定，"能达普"的财产必须于 10 月 30 日前出售完毕，以保证债权人的利益。如果逾期，将被迫拍卖，就是把全部固定资产拆散零卖，不仅使厂方蒙受巨大经济损失，而且使这个有 67 年历史的、生产名牌产品的厂化为乌有。我方意识到对方急于出卖的迫切心理，但又不能干闭着眼睛买外国设备的蠢事。经过几个回合的交涉，终于达成了中国专家先进行全面技术考察后再谈判的协议。

25 日早晨，中国专家来到"能达普"厂，对全厂的设备、机械性能、工艺流程进行全面考察，最终结论是：该厂设备先进，买下全部设备非常合算。25 日下午 2 时整，合同谈判在中国专家驻地正式举行。经过紧张的讨价还价，在次日凌晨签订了合同。天津专家团以 1600 万马克（合五百多万美元）的价格，买下了"能达普"厂的 2229 台设备和全套技术软件。后来得知，这个价格比伊朗商人所要支付的价格低 200 万马克，比另一些竞争对手准备支付的价格低 500 万马克。

大哲理 *da zhe li*

> 做事就是这样，如果你不下手，别人就会抢先一步，想把事情做好，就得多想点"心计"，先下手为强，把办事的主动权握在自己手里。

2．条件是可以努力创造的

杰米先生是个普通的年轻人，大约二十几岁，有太太和小孩，收入并不多。

他们全家住在一间小公寓，夫妇两人都渴望有一套自己的新房子。他们希望有较大的活动空间、比较干净的环境、小孩有地方玩，同时也增添一份产业。

买房子的确很难，必须有钱支付分期付款的头款才行。有一天，当他签发下个月的房租支票时，突然很不耐烦，因为房租跟新房子每月的分期付款差不多。

杰米跟太太说："下个礼拜我们就去买一套新房子，你看怎样？"

"你怎么突然想到这个？"她问，"开玩笑！我们哪有能力！可能连头款都付不起！"

但是他已经下定决心："跟我们一样想买一套新房子的夫妇大约有几十万，其中只有一半能如愿以偿，一定是什么事情才使他们打消这个念头。我们一定要想办法买一套房子。虽然我现在远不知道怎么凑钱，可是一定要想办法。"

下个礼拜他们真的找到了一套两人都喜欢的房子，朴素大方又实用，头款是1200美元。现在的问题是如何凑够1200美元。他知道无法从银行借到这笔钱，因为这样会妨害他的信用，使他无法获得一项关于销售款项的抵押借款。

可是皇天不负有心人，他突然有了一个灵感，为什么不直接找承包商谈谈，向他私人贷款呢？他真的这么做了。承包商起先很冷淡，由于他一再坚持，终于同意了。他同意杰米把1200美元的借款按月交还100美元，利息另外计算。

现在他要做的是，每个月凑出100美元。夫妇两个想尽力法，一个月可以省下25美元，还有75美元要另外设法筹措。

这时杰米又想到另一个点子。第二天早上他直接跟老板解释这件事，他的老板也很高兴他要买房子了。

杰米说："彼恩先生，你看，为了买房子，我每个月要多赚75美元才行。我知道，当你认为我值得加薪时一定会加，可是我现在很想多赚一点钱。公司的某些事情可能在周末做更好，你能不能答应我在周末加班呢？有没有这个可能呢？"

老板对于他的诚恳和雄心非常感动，真的找出许多事情让他在周末工作十小时，他们因此欢欢喜喜地搬进新房子了。

大哲理
da zhe li

如果你有了强烈的愿望，就要积极地迈出实现它的第一步，千万不要等待或拖延，也不必等待具备所有的条件。记住：你可以创造一些条件！

3．深思善谋，无所畏惧

决策果断是一种优良品质，它甚至可以影响你的一生决定你的成败。

缺乏这种品质的人，做事没有"心计"，遇事优柔寡断，在做决定时，往往犹豫不决，而在做下决定之后，又不能坚决执行。缺乏迅速果敢和灵活应变能力的人，只能错失良机。

在《三国演义》一书中，关于诸葛亮果断多谋的故事，有很多描述。

西蜀的街亭被司马懿夺走之后，司马懿又率大军 50 万去夺取诸葛亮驻守的西城。当时城中只有 2500 名老弱残兵，这等于一座空城。面对强大的敌人，战也不能战，守也守不住，又不能逃跑。在这千钧一发的困境中，诸葛亮毫不犹豫地隐匿兵马，城门大开，令少数几个老兵装作平民百姓打扫街道。他自己登上城楼，面对城外而坐，弹琴，饮酒，怡然自得，一派永庆升平的景象。正是这场"空城计"，使司马懿仓惶逃走，诸葛亮扭转了战局，由败转胜。诸葛亮决策果断，堪称典范。

成就果断品质的因素有很多种：

第一，有广博的知识和丰富的经验。谋略与知识是密不可分的，只有知识广博才可能足智多谋。诸葛亮在未出茅庐之时，就上知天文下晓地理，对大势了如指掌，并根据当时的形势制定了东联孙吴，北拒曹魏，三分天下有其一的对抗战略。可见他能果断地制定"空城计"的谋略也就不足为奇了。

诸葛亮设计"空城计"，也正是他经过深思熟虑后对司马懿心理状态的正确判断。正如诸葛亮后来所说："此人料吾生平谨慎，必不弄险，见如此模样，疑有伏兵，所以退去，非吾行险，概因不得已而用之。"

第二，果断的前提是充分熟悉客观情况、认真研究和掌握交往对象的各种情况。曹操率领百万大军进犯江东孙权疆界，东吴朝野上下，主战主降者各执一词，孙权也犹豫不决。出使东吴的诸葛亮，详细分析了曹操的各种情况。诸葛亮认为,曹操号称百万之师,其实不过四五十万,而且降兵将多,军心不稳,没有战斗力;曹兵皆北方人,不服南方的气候、水土,不习水战,难以致胜。这样的分析,使孙权点头折服,接受了诸葛亮的孙刘联手抗曹的谋略。这从降到战的转变,正是通过全面分析和充分掌握作战方的情况而制定的。

第三,对较为复杂的交往活动,为了实现谋略,往往需要同时设想多种方案,以便于主体能选择最有利的交往方案。

第四,要把握时机,果断地做决定。俗语说:"机不可失,时不再来。"交往的谋略要配合一定的机会,一定的谋略需要在特定时间和地点,在特定条件下才能成功,此外谋略也是随着时间、地点、条件的变化而变化的。

大哲理
da zhe li

做事果断不同于冒失或轻率,果断是经过了深思熟虑、充分估计客观情况之后迅速做出有效的决定;在条件不足,有时间等待时,积极准备;在情况发生变化时,又善于根据新情况,及时制定新的应对策略。

4．要敢于一跃而下

当人们在冷天游泳时,大约有三种适应冷水的方法。有些人先蹲在池边,将水撩到身上,使自己能适应之后,再进入池子游;有些人则可能先站在浅水处,再试着步步向深水走,或逐渐蹲身进入水中;更有一种人,做完热身运动,便由池边一跃而下。

据说最安全的方法,是置身池外,先行试探;其次则是置身池内,渐次深入;至于第三种方法,则可能造成抽筋甚至引发心脏病。

但是恰好相反，最感觉冷水刺激的也是第一种，因为置身较暖的池边，每撩一次水，就造成一次沁骨的寒冷，倒是一跃入池的人，由于马上要应付眼前游水的问题，反倒能忘记了周身的寒冷。

与游泳一样，当人们要进入陌生而困苦的环境时，有些人先小心地探测，以做万全的准备；但许多人就因为知道困难重重，而再三延迟行程，甚至取消原来的计划；又有些人，先一脚踏入那个环境，但仍留许多后路，看着情况不妙，就抽身而返；当然更有些人，心存破釜沉舟之想，打定主意，便全身投入，由于急着应付眼前重重的险阻，反倒能忘记许多痛苦。

在生活中，我们该怎么做呢？如果是年轻力壮的人，不妨做“一跃而下”的人。虽然可能有些危险，但是你会发现，当别人还犹豫在池边，或半身站在池里喊冷时，那敢于一跃入池的人，早已自由自在地来来往往，把这周遭的冷，忘得一干二净了。

大哲理
da zhe li

在陌生的环境，由于这种敢于一跃而下的人较别人果断，比别人快，较别人敢于冒险，因此，能把握更多的机会，所以往往是成功者。

5．看准的事就行动

目前，社会上最受欢迎的是那些有巨大创造力与非凡经营能力的人。唯有那些有独创性、肯研究问题、善经营管理、有准确判断力的人才能够成就伟大的事业。

一个能迅速而又准确地对事物作出判断的人，他比那些犹豫不决、模棱两可的人的发展机会多得多。所以，请尽快抛弃那些不良习性吧！它只会浪费你的精力。

一个希望能成大事的年轻人，一定要有坚强的意志。在工作之前，必须要确信自己的主意，即使遇到任何困难与阻力，发生任何错误，也不可轻易放弃。我们处理事情时，应该事先仔细地分析考虑，对事情本身及其环境作一个正确的判断，然后再制定决策；而一旦付诸实施，就要全力以赴地去做。

判断力不准确和缺乏判断力的人通常很难决定真正开始做一件事，即使决定开始做了，也往往很难收场。他们的大部分精力和时间，都消耗在犹豫和迟疑当中，这种人即便具备其他获得成功的条件，也不会真正获得成功。

大凡成大事者须当机立断，把握时机。一旦对事情考察清楚，并制订了周密计划后，他们就不再犹豫、不再怀疑，而能勇敢果断地立刻去做。因此，他们对任何事情往往都能做到驾轻就熟，马到成功。

造船厂里有一种力量强大的机器，能把一些破烂的钢铁毫不费力地压成坚固的钢板。善于做大事的人就与这部机器一般，他们做事异常敏捷，只要他们决心去做，怎样复杂困难的问题到了他们手里都会迎刃而解。

如果一个人目标明确、胸有成竹，那么他绝不会把自己的计划拿来与人反复商议，除非他遇到了在见识、能力等各方面都高过他的人。一个头脑清晰、判断力很强的人，一定会有自己坚定的主张，他们绝不会糊里糊涂，更不会投机取巧，他们也不会犹豫不前，也不会一遇挫折便赌气退出，只要作出决策、计划好的事情，他们一定会勇往直前。

英国当代著名军人基钦纳就是一个很好的例子。这位沉默寡言、态度严肃的军人勇猛如狮、出师必胜，他一旦制订好计划，确定了作战方案，就会集中心思运用他那惊人的才干，镇定指挥，他绝不会再三心二意地去与人讨论、向人咨询。在著名的南非之战中，基钦纳率领他的驻军出发时，除了他的参谋长外谁也不知道要开赴哪里。他只下令，要预备一辆火车、一队卫士及一批士兵。此外，基钦纳声色不动、滴水不漏，更没有拍电报通知沿线各地。那么，他究竟要去哪里呢？士兵们也不知道。战争开始后，有一天早晨六点钟，他忽然神秘地出现在卡波城的一家旅馆里，他打开这家旅馆的旅客名单，发现几个本该在值夜班的军官的名字。他走进那些违反军纪的军官的房间，一言不发地递给他们一张纸条，上面签署了自己的命令："今天上午十点，专车赴前线；下午四点，乘船返回伦敦。"基钦纳不听军官们的解释和辩白，更不听他们的求饶，只用这样一张小纸条，就给所有的军官下了一个警告，起到了杀一儆百的作用。

基钦纳将军有无比坚定的意志和异常镇静的态度，但他深知自己在战时所负有的重大使命。因此，他为人处世严谨而端正，公正无私，指挥部下时也从不偏袒，做任何事情非至成功绝不罢手。从这些地方，就可以看出基钦纳将军的伟大魄力和远大抱负。

这位驰骋沙场、百战百胜的名将非常自信，做起事来专心致志，富有创意和魄力，也极富判断力，行动果断，为人机警，反应敏捷，每遇机会都能牢牢把握充分利用。他的确是一个向往获得全面成功者的最好典范！

![大哲理 da zhe li]

有些人最终无法成大事，并不是缺乏创立一番事业的能力，而是因为他们做事毫无"心计"，判断力差，并且不能把握时机。

6．命运掌握在自己手中

在一次火灾事故中，消防员从废墟里找出了一对孪生兄弟——波恩和嘉琳，他们是此次火灾中仅生存下来的两个人。

兄弟俩很快被送往当地的一家医院，虽然两人死里逃生，但大火已把他俩烧得面目全非。

"多么帅的两个小伙子！"

医生为兄弟俩惋惜。

波恩整天对着医生唉声叹气：自己成了这个样子，以后还怎么出去见人，还怎么养活自己？

波恩对生活失去了信心，他总是自暴自弃地说："与其赖活着，还不如死了算了。"

嘉琳努力地劝波恩："这次大火只有我们得救了，因此我们的生命显得尤为珍贵，我们的生活最有意义了。"

兄弟俩出院后，波恩还是忍受不了别人的讥讽偷偷地服了安眠药离开了人世。

而嘉琳却艰难地生存了下来，无论遇到多大的冷嘲热讽，他都咬紧牙关挺了过来，嘉琳一次次地暗自提醒自己："我生命的价值比谁都高贵。"

有一天，嘉琳还是像往常一样送一车棉絮去加州。天空下着雨，路很滑，嘉琳把车开得很慢。此时，嘉琳发现不远处的一座桥上站着一个人。嘉琳紧急刹车，车滑进了路边的一条小沟里。嘉琳还没有靠近年轻人的时候，年轻人已经跳下了河。

于是嘉琳下车跳进河去救他，年轻人被他救起后，又连续跳了 3 次，直到嘉琳自己差点被大水吞没。

嘉琳救的这位年轻人竟是亿万富翁，富翁很感激嘉琳，便和嘉琳一起干起了事业。

嘉琳从一个积蓄不足 10 万元的司机，发展到拥有一个 3. 2 亿元资产的运输公司。

几年后医术发达了，嘉琳用挣来的钱修整好了自己的面容。

大哲理
da zhe li

我们常常做同样一件事就会成为习惯，而一旦形成习惯，它就会控制我们。所以，命运要靠我们自己把握，它掌握在我们自己手中。

7．走在时代的浪尖上

第二次世界大战之后，是美国经济平稳、快速的发展时期。大多数美国人也开始利用这一段有利时机大力发展自己的事业。

在这种背景下，威尔逊从军队退役回家，正在家乡做着小商品零售业务，但由于经营不得法，生意很不好，在短短的一年中，他已赔掉了十几万美元。

有一天，心情极度沮丧的威尔逊正在孟斐斯市郊区散步。突然，他看到这里有一块荒废的土地，由于地势低洼，既不宜于耕种，也不宜于盖房子，所以无人问津。就在这时，一个绝佳的投资计划在他的头脑中形成了。于是，他连忙向当地土地管理部门打听，看看能否以低价收购这块土地。

得到有关部门的肯定答复之后，他立即结束了自己零售商的业务，以低廉的价格买进这块低洼的地皮。

可是，包括他母亲在内，所有的亲朋好友都对他买进这样的一块地皮表示怀疑。他们对威尔逊说："我们不了解你这样做的用意究竟何在？"

"我不太会做零售生意。"威尔逊说，"我想再干我的老本行——盖房子。"

"做你老本行我不反对，"他母亲也在一旁插嘴说，"可是，像你这样乱投资，买这块地皮简直是毫无道理。虽说价钱的确很便宜，但买下这样的一块废弃而毫无价值的土地在手上，再便宜又有什么用呢？况且，那块地皮太大，整个算起来也要不少的钱，利息的负担也是一笔很大的损失。"

"亲爱的妈妈，这种事我无法向您解说，请您不要再操心了。我做了这么多年的生意，我的判断不会比您差，有一天，您就会了解我的做法。"

"我倒不是干涉你的决定。"母亲接着说，"我只是提醒你，你的资金不多，要做最有效的利用。"

"是啊，"威尔逊的太太也在一旁帮腔，"你已经赔掉了十几万了，不能再胡乱冒险，难道我们这么多人的智慧不如你一个人？"

"这不是人多少的问题，亲爱的。"威尔逊笑着说，"因为你们都太不懂这一行生意，所以说的大都是外行话。就像你常跟孩子们说的故事中那个所罗门王一样，他一个人的智慧大，还是大家的智慧大？"

"你又要讲歪理了。"他太太被他逗乐了，也笑着说："可惜你不是所罗门王。"

"在你们当中，谈地皮造房子，我就是所罗门王。"

"反正你决定的事，别人想反对也是白搭。"他母亲接过话头，叹息着说，"你小时候就是这个样子，不知你哪一年才能改得缓和一点，听听你老婆的话？"

亲友们都起哄般笑了起来，年轻的威尔逊太太羞红了脸，低垂下头。

"我要是不听她的话，她怎么会跟我结婚？"威尔逊打趣地说。

亲友们被他逗得更乐了，在笑声中，一场争执云消雾散。而三年之后，事实证明了威尔逊这次的投资是何等正确。

战后美国经济的繁荣，使孟斐斯市的人口大增，市区也迅速扩大起来。威尔逊买的那块地皮成了城市主干线延伸后的黄金地带，这时候人们才看出此地的环境是如何优美。

宽大的密西西比河从它旁边流过，望着那滚滚逝去的流水，再颓丧也会被大自然雄奇壮丽的景色激起满腔的雄壮豪迈之情。

威尔逊的这块地皮此时已身价百倍，但他并不急于脱手，也未在上面建造房屋，这似乎又是一个令人高深莫测的做法。

他的太太实在沉不住气了，私下里问他："这块地皮你究竟作何打算？就这样摆在那里也总不是长远之计吧？"

"我知道。"威尔逊说，"可是，到现在为止，我还没有想出一个适当的利用方式来，因为那地方实在是太美了。"

"为什么不盖公寓楼，然后出售呢？"

"那太可惜了。"威尔逊说，"你想想看，如果在孟斐斯市进口的地方盖上一座公寓，住进一些三教九流的人物，对这个都市不是一种羞辱吗？我想，我要做的事，应当是既对得起自己，又对公众有益的事。"

"你想的太多，"威尔逊的太太笑着说，"我不再催促你赶快将这块地处理掉了。我突然觉得我对这块地发生了一些微妙的感情，我相信你会最终做出最适当的处置。"

　　夫妇之间，最难得的就是这种"超越言语"之外的了解，难怪威尔逊跟他太太的感情会始终融洽无间。因为随着时间的流逝，他们彼此之间已到了心领神会的地步。

　　不久，威尔逊终于在这个地方创办了著名的假日旅馆。

　　在他看来，住惯了高楼大厦，吃腻了加工食品的城市居民们，大都有厌烦都市生活的心理，因此他们乐于在节假日期间回到大自然怀抱中，呼吸一些新鲜空气，一面观赏大自然的美丽风光，一面在这青山绿水之间放松自己疲惫的身心。

　　而在威尔逊的假日饭店中，他为人们所提供的，具有浓郁乡土气息的地道的农庄建筑，再加上农家生产的蔬菜、瓜果等食品，都为久居都市的人带来了一股清新的气息。

　　因此，它一诞生，就受到了人们热烈的欢迎，很快，威尔逊首创的这家假日饭店就发展到相当大的规模，也为他自己带来了巨大的经济利益。威尔逊也实现了他自己的诺言，既方便了他人，又为自己带来了利润。

大哲理
da zhe li

　　在瞬息万变的商业市场上，有利的商机随时都可能变为不利的，不利的商机也有可能在短时间内变为有利的机遇。关键在于，做事要有"心计"，自信而不固执，冒险而不冲动，执著而不盲目，如此才能像威尔逊一样成就一番大事业。

8. 被上帝咬过的苹果

　　有一个盲人，小时候深为自己的缺陷烦恼沮丧，认定这是老天在惩罚他，自己这一辈子算完了。后来，一位老师开导他说："世上每个人都是被上帝咬过一口的苹果，都是有缺陷的人。有的人缺陷比较大，是因为上帝特别喜爱他的芬芳。"他很受鼓舞，从此把失明看作是上帝的特殊钟爱，开始振作起来，向命运挑战。若干年后，他成了一个著名的盲人推拿师，为许多人解除了病痛。他的事迹被写进当地的小学课本。

　　世界文化史上有著名的三大怪杰，文学家弥尔顿是瞎子，大音乐家贝多芬是聋子，天才的小提琴演奏家帕格尼尼是哑巴，如果用"上帝咬苹果"的理论来推理，他们也都是由于上帝特别喜爱，被狠狠地咬了一大口的缘故。

　　就说帕格尼尼吧，4岁时出麻疹，险些丧命；7岁时患肺炎，又几近夭折；46时视力急剧下降，几乎失明；50岁时又成了哑巴，上帝这一口咬得太重了，可是也造就了一个天才的小提琴家。帕格尼尼3岁学琴，即显天分；8岁时已小有名气；12岁时举行首次音乐会，就大获成功。之后，他的琴声几乎遍及世界，拥有无数的崇拜者，他在与病痛的搏斗中，用独特的指法弓法和充满魔力的旋律征服了整个世界。著名音乐评论家勃拉兹称他是"操琴弓的魔术师"，歌德评价他"在琴弦上展现了火一样的灵魂"。

　　有人说，上帝像精明的生意人，给你一分天才，就搭配几倍于天才的苦难；这话真不假。上帝吝啬得很，绝不肯把所有的好处都给一个人，给了你美貌，就不肯给你智慧；给了你金钱，就不肯给你健康；给了你天才，就一定要搭配点苦难……当你遇到这些不如意时，不必怨天尤人，更不能自暴自弃，顶好的办法，就是像那个老师说的那样去自励自慰：我们都是被上帝咬过的苹果，只不过上帝特别喜欢我，所以咬的这一口更大罢了。

把人生缺陷看成"被上帝咬过一口的苹果"，这个思路太奇特了，尽管这有点自我安慰的阿Q精神。可是，人生不如意事十之八九，这个世界上谁不需要找点理由自我安慰呢？而且，这个理由又是这样的善解人意，幽默可爱。

![大哲理 da zhe li]

也许每个人都是上帝精心设计的一个作品，他巧妙地安排好了一切。只不过有许多时候，上帝是把苦难放在表面，而把才华用各种方式藏了起来。

9. 机会来了不放过

时下，经济运行体制在走向市场经济，告别计划经济。但长期以来形成的产品经济模式和官商经营作风，仍像幽灵一样纠缠着许多经营者。致使许多企业内部人员缺乏灵敏的市场触觉，不能把握变幻莫测的市场动态，决策时犹豫不决，不敢"狠"，决策之后又办事拖拉，不能"狠"；有时由于企业的"婆婆"多，要左请示，右汇报，一个决策要经过没完没了的讨论研究和批准；也有一些企业家目光短浅，不肯吃眼前的小亏，这样往往坐失良机。

人们明白，时光不会倒流。"时间就是金钱"，在激烈的市场竞争中，这句话虽已成为老生常谈，却是铁的原则。每一个商战机会，都伴随着一定的时效性，所以精明有"心计"的经营者一旦发现这样的机会，就会以最快的速度、最"狠"的手段开发它，利用它。

机不可失，时不再来。商战中，有"心计"的经营者总感觉到，机遇总是那么来去匆匆，一闪即逝。商战机遇不能停留，不能重演，一旦失去，无法补偿，无法追回。

《韩非子》一书中，有一则"郑人卖豕"的故事，就是描写郑国一个商人由于不懂抢时间做生意的道理，把一桩好买卖白白丢掉的经过。它从反面论证了"商贵神速"的道理，同时也说明缓慢拖沓的严重危害。

一次，一位郑人前去离家较远的集镇上卖猪。当他走到时，已是红日西坠，暮色苍茫了。恰好有一个收购毛猪的商贩见到他赶着一群猪从街头走到客店门前，心想买猪的生意来了，如能马上成交这笔生意，明日就能赶回家中，还误不了拿到早市去贩卖。猪贩子急忙找到卖猪人进行洽谈。哪料想卖猪人见有人来买猪，却十分生气地嚷起来："你这伙计好不懂事，我从很远的地方来这里，天又这么晚了，哪里有工夫和你说话呢？"说着，狠狠地瞪了猪贩子一眼。猪贩子再三央求卖猪人："生意人的目的是为了成交买卖，哪里还能分天色早晚！"但郑人仍毫不理会这一套，气呼呼地把猪赶进了客店。结果，一桩到手的生意硬是让他给瞪去了。至于猪进了店需要花费多少店钱和饲料，他却压根儿也没想一想。

做生意的目的，是为了尽快把商品推销出手，加速资金周转，多赚钱。拖延一天时间，就会多占压一天资金。商品长期压在手中，资金则会减少生息。郑人由于时间观念淡漠，不了解时间在经商中的重要作用，更不会用时间去实施竞争战术，他甚至抹杀了时间和经营的关系，把卖猪与时间早晚对立起来。就这样，找上门来的买卖被他一阵吹胡子瞪眼给搅黄了。

有丰富实践经验的生意人是绝不会这样愚蠢的，他们把争取时间作为在竞争中取胜的一大法宝。故事中那位猪贩子似乎很懂得快购快销的"狠"劲可以尽早生利的道理。他早一点买进，就可以赶早市，等于争取了一天时间，也等于资金周转加快了一天。利润率是与资金周转成正比的，周转快则利润就高，加快一天周转，就等于多赚了一天的资金利息。快购快销具有推动资金增值的神奇力量。

上面提到要快速而又心"狠"地抓住有利的销售时机，这种销售时机，对生意人来说就是讲一种机遇。机遇是乔装的财神，它会迎面而来，也会擦肩而过。要觉察它，却不那么容易，必须培养敏锐的洞察力，具备了这种能力，才能准确地抓住机会。

"他的运气比我好。"看到别人事业发达，人常常为自己的不景气而发出这样的喟叹。事实上，问题不在于机遇不垂青于他，而在于他缺乏一种灵敏攫取的意识，贻误了时机，以致抱恨终生。

在商场上，时机对于任何人，都是一视同仁的，而人对时机的利用则不尽相同。有人视而不见，无动于衷；有人见之不放，机遇独得；有人优柔寡断，坐失良机；有人伺机奋起，一鸣惊人。其关键还在于如何捕捉时机，能不能利用时机。

不过，时机的显露常常是朦胧而模糊的，唯有目光敏锐的人，才能透过现象看到本质，抓住拓展事业的绝好机会。反过来说，正是因为时机不易判断和把握，也才给精于此道的人带来大发利市的机会。如果人人都看得出，拿得准，那也就不叫什么时机了，至少坐失良机的人也少了。认准了，就千万不要放过。

商战如兵战。经营者在风云变幻的商海竞争中，一旦，时机到来，就必须当机立断，该攻就攻，甚至要连续攻击；该收场就收场，哪怕是匆匆忙忙。当断不断，该及时收而不收，不该攻时而攻，不该收场时收了场，同样会遭到损失。商战的残酷，客观上要求经营者对世态商情作清醒判断，当机立断，不允许拖拖拉拉而坐失良机，更要求经营者是一位观察家，第一素质就是眼力。这不仅表现在对市场风云变化的直觉上，而且体现在运筹帷幄决胜千里的韬略中。

大哲理
da zhe li

欲想商战获胜，就要善择良机，就要随时把握客观形势及其各种力量的对比变化，透过现象看本质。抓住机会才能心想事成。

10. 机遇不会光临没准备的人

纵观古今中外凡是成大事者之所以能够获得命运的青睐，是因为他们能牢牢抓住机遇。

机遇只偏爱那些做事有"心计"为事业的成功作了最充分准备的人。

只有做事有"心计"的人才懂得积累实力，而当他们自身的实力积累到一定的程度时，机遇便会自动登门拜访。

如果机遇可被每个人轻而易举地抓到，尤其是那些做事毫无"心计"得过且过的人，那么这种机遇便显得没有多少价值了。

的确，只有爱思考的做事有"心计"的人才能获得机遇，给人生点亮一盏明灯。

"机遇只偏爱有准备的头脑"这是一句早为人们耳熟能详的名言，其中所包含着的朴素真理再次为人力资源以及人才调查中心的分析报告所证实。

我们发现成大事的人之所以能够获得命运的青睐，能在机遇来临之时牢牢地抓住机遇，就是因为他们较之常人为此进行了更为漫长和充分的准备。他们就像一颗颗种子，在黑暗的泥土中蓄积营养和能量，一旦听到春风的呼唤，他们就会破土而出，长成挺拔俊秀的栋梁之材。

这就很好地解释了这样一些问题，即为什么有的人总能得到比别人更多的机遇？为什么面对同样的机遇有人成功了有人却失败了？为什么有些资质原本不好的人却能得到命运的垂青，而某些天资甚佳者却最终庸碌无为？为什么成功者总显得比别人幸运？……

这些问题的回答可归结为一句话，那就是：机遇只偏爱那些为了事业的成功作了最充分准备的人。换句话说，只有在"万事俱备"的情况下，东风才显得珍贵和富有价值。

从某种意义上讲，机遇是被人创造出来的，是人的主观能动性和外界环境变化的客观必然性的结合。主观方面条件的增强会影响到客观环境的变化，使好的机遇更容易产生。同样，当一定的客观机遇已经出现后，那些不断在提高自身素质方面进行努力的人则要较之常人更容易接近和抓住这些机遇。

许多成大事者就是创造机遇的高手，他们总是在努力，总是在奋斗，开始时他们是在找寻机遇，而一旦当他们自身的实力积累到一定的程度时，机遇便会自动登门拜访。随着他们自身才能的不断提高，知名度的不断增加，其所面临的发展机遇也会相应地有质和量的提高。可以说，没有他们的这些主观努力，就不会有这么多的良好机遇。从这个角度上说，机遇是那些有准备的人创造出来的，是对其努力的一种肯定和回报。

如果机遇可被每个人轻而易举地得到，那么这种机遇便显得没有多少价值了。事实上，机遇往往是一种稀缺的、条件苛刻的社会资源，要得到它，必须要付出相当的代价和成本，必须具备相应的足以胜任的资格，而这一切都离不开长期艰苦的准备。

这就是机遇为什么更偏爱有准备的人的原因。

我们还发现，虽然命运有时是不公正的，那些毫无准备的人却获得了某种机遇，但从长远来看，这些人很少能有所建树。而在我们视力所及的当代名人的成功史上，无不记载着人们为迎接机遇所做的种种准备。

但有时命运是常爱捉弄人的，由于客观原因的限制，并不是每个人都能从事自己心爱的职业。

当面临这种情况时，有人将之视为不幸，而有人却将之视为机遇，他们能重新调整自己的人生目标，不怨天尤人，也不消沉沮丧，而是以"既来之，则安之"的心态，干一行，爱一行，把精力投入到所从事的新领域，从而开创出一番崭新的事业。

我们发现"把不幸也当做是一种机遇"这种积极的人生态度是成功者的一大秘诀。

有的人一生中曾有过许多很好的机遇，但他们不懂得充分利用这些机遇，结果丧失了使自己的事业"更上一层楼"的机会。也有的人抓住了机遇，但是并未理解到这一机遇的全部内涵，因此他们有可能取得一定的成功，但仍不免留下诸多的遗憾。

的确，只有爱思考的人、做事有"心计"的人，才能充分地获得机遇，给人生点亮一盏明灯。

许多成功者不仅是开拓机遇、捕捉机遇的能手，而且还有发掘高潜能、高效运用机遇的能力。他们的成功启示我们，一定要提高机遇的利用率，把机遇发挥到最大值。

11．做个抓机会的有心人

如果你想成大事，就必须研究你自己和你自己的需要，做个有心人。不要等待千载难逢的机会，要用点"心计"去抓住平凡的机会使之不平凡。

机会，在我们的周围到处都有。自然界的力量愿为人类服务。千百年来，闪电一直想引起人类对电的注意，电可以替我们完成那些枯燥乏味的工作，从而使我们抽出身来开发上帝赋予的能力。潜在的能力到处都有，专等有"心计"的人去发现。

首先观察世人有何需求，然后去满足这一需求。一个善于观察的人发现自己的鞋跟被拉了出来，因为买不起一双新鞋，便思忖："我要做个可以镶到皮革里的带钩的金属圈。"当时他贫困潦倒，连割房前的草都要向别人借镰刀，而就靠这项小发明他成了一位富翁。

新泽西的纽瓦克有一位善于观察的理发师，他觉得理发的剪刀有待改进，便发明了理发推子，由此发了大财；缅因州有位男子不得不帮助卧病在床的妻子洗衣服，他感到传统的洗衣方法既耗费时间，又消耗体力，便发明了洗衣机，这样他也成了富翁；有一位先生受尽牙痛之苦，心想应该有一种方法把牙塞上来止痛，便发明了黄金塞牙法。

成就大事业或有重大发明创造的人并非财大气粗之辈。第一台轧棉机是在一个小木屋里制造出来的；美国第一艘汽船是由费奇在费城一座教学的器具室组装起来的；麦考密克在小磨房里研制出著名的收割机；第一个干船坞模型是在一间阁楼内制作的；位于马萨诸塞州沃塞斯特的克拉克大学创办者克拉克靠着马厩里制作玩具马车开始发财；爱迪生早在作报童时，就已藏在行李车厢内开始了他的实验。

　　米开朗基罗在佛罗伦萨街边的垃圾堆里捡到一块被人扔掉的大理石，这块大理石是被一个不熟练的工人在切割过程中损坏的。无疑也有其他艺术家注意到了这块品质优良的大理石，但因其被损坏，所以只剩下了痛惜。只有米开朗基罗看到这块废弃的大理石中的天使，用凿子和锤子创作出人类历史上一件最优秀的雕像——《年轻的大卫》。

　　帕特里克·亨利年轻时被人视为懒惰的废物，务农、经商均一事无成。他学习了六个星期的法律便挂出营业招牌，在打赢第一场官司后，他终于觉得自己即使在家乡弗吉尼亚也能获得成功。英国当局通过印花税条例后，亨利被选入弗吉尼亚州议会，提出了反对这一不公平征税的法案。他终于成为美国最出色的演说家。

　　伟大的自然哲学家法拉第是铁匠的儿子，年轻时写信给汉佛里·戴维申请在英国皇家学会谋职。戴维就此咨询了一位朋友："这有一封名叫法拉第的年轻人来的信，他一直在听我的课，想让我为他在皇家研究院找个工作，我该怎么办？""怎么办？""让他去刷瓶子，他要是能有什么出息，就会立即去干；他要是不会有出息，就会拒绝。"这位年轻人在工作中曾利用抽出来的时间在药房的顶楼内用旧坩埚和玻璃瓶做实验，由此看来，刷瓶子的工作也有机会，而正是这样的机会使他终于成为伍尔维奇皇家学会教授。廷德尔谈起这位年轻人时说："他是人类历史上最伟大的实验哲学家。"法拉第成为那个时代的科学奇人。

　　有一个传说，讲的是一位艺术家一直想找一块檀香木用来雕刻圣母像。就在他近乎绝望，以为自己的构思即将落空时，他做了一个梦，梦中被吩咐用一块烧火用的橡木雕刻圣母像。醒来后他立即照办，用一段普通的木柴创作出一个雕刻史上的杰作。许多人一心想找到檀香木用来雕刻，因此错过了许多宝贵的机会，实际上，我们用烧火用的普通木材就可以创作出杰作。有人虚度人生，从来看不到成就一番大事业的机会，而有人却站在旁边，在同样的条件下发掘机会，取得辉煌的成绩。

我们不可能人人都像牛顿、法拉第或爱迪生那样有伟大的发现，也不可能像米开朗基罗或拉斐尔那样有传世之作，但我们可以抓住平凡的机会并使之不平凡，进而使我们的人生变得更壮丽。

如果你想成大事，就必须研究你自己和你自己的需要，你会发现千百万人也有同样的需要。

成功与失败只有一线之隔，不经意中我们就会跨过界线，其实我们也常常站在这条界线上，自己却浑然不知。多少人只要他们再付出一点努力，再多一点耐心，他们就会取得成功，而在这紧要关头他们却主动放弃了。

那些失意的人，那些遭贬斥的人，可能认为机会永远失去了，自己永远也站不起来了，要是他们知道反向思维的力量，也许他们会轻而易举地重新开始。

"能不能穿过那条小路？"拿破仑问那些从可怕的圣伯纳德关隘探路归来的工程师。"也许能。"他们吞吞吐吐地回答，"在可能的范围之内。""那么就前进。"这位矮个子男人全然不听他们所描述的种种不可逾越的困难。英国人和奥地利人对他要翻过阿尔卑斯山的想法嗤之以鼻，因为"没有车轮从那里碾过，也不可能从那里碾过"，更何况这是一只 6 万人的队伍，拖着笨重的大炮，成吨的弹药和行李以及大量的军需品。

当这项"不可想象的"壮举被完成后，人们才意识到这项壮举真的能完成。从前，将军们总是借口说这些困难是不可逾越的，而不去克服困难，还有许多人虽有充足的补给，顽强的战士和必需的工具，却唯独缺乏拿破仑的气魄和决心。

大哲理
da zhe li

　　不要等待千载难逢的机会，而应抓住平凡的机会使之不平凡。

12．希尔顿的眼力

希尔顿就是一个非常聪明而又懂得把握和利用机会的人，他作为希尔顿饭店的创始人，早期就是因为买下华尔道夫旅馆而闻名的，这是旅馆业经营者至高无上的光荣。

从那以后，希尔顿成立了"希尔顿旅馆公司"和"希尔顿国际公司"，担任董事长和总裁，在他的名下有近百家旅馆，从天涯到海角，都挂着希尔顿的旗帜。他现有在海外的旅馆，比在美国本土的还多。

在很久以前，拥有华尔道夫旅馆是希尔顿多年来的梦想，他把它看成是世界上最伟大的旅馆。那些优雅的大房间，曾经住过许多皇族。当别人打电话过来找"国王"，华尔道夫的电话接线生必须问"请问是哪一个国王"。但是这家旅馆却破产了。他 1942 年购买华尔道夫股票时，每股才值 4.25 美分，糟糕到如此境地。但希尔顿真正决定要买华尔道夫是 1949 年的事。

然而，希尔顿的理事会的那些理事，不能分享他的狂热，大都表示反对。身为希尔顿旅馆公司的董事长，没有理事的同意，他也不能以公司的名义买下。

希尔顿没有因此退却，因为他知道拥有这样一家旅馆，将会为他带来多大的价值和地位。他想："我可以像 30 年前在得克萨斯州西斯柯那样做，我可以自己买下来，把我的看法推销给那些能够有我这种想法的人。"

因此，希尔顿开始以过去的那种熟悉的老方式着手去做，他打电话给拥有华尔道夫股票中的老大。

"我今天就能开个价钱，"希尔顿说，"我什么时候过来呢？"

当天下午，他走进那老大的办公室，要以 12 元一股买下近 25 万股——这是控制股的数目。

"这个价格 24 小时之内有效。"希尔顿说。然后，他给了一张 100 万美元的支票押金。

那老大说："给你 48 小时吧?!"希尔顿答应了。

那人接受了希尔顿的价格。而希尔顿要买下华尔道夫,还差 300 万美元。

希尔顿便去找别人筹钱。他对他们说："你要投下 25 万美元,跟我一起买下华尔道夫吗?我不想让给你,实在没有办法的话也可能要让给你。"那些人都说："好的。"

希尔顿本想一如平时遵守他的生活方式:下午六点停止工作,晚上去跳舞,打高尔夫球。但是为了筹足余下的最后款项,他不得不打断他的娱乐。

正在筹钱的当儿,希尔顿的理事们说："你这样做是不应该的。既然你已做到这种地步,这个旅馆必须属于希尔顿旅馆公司才行。"

于是,公司便筹出余下的钱,了却了希尔顿的心愿。

1954 年,希尔顿又以巨额资金买下了史达勒连锁旅馆。但差点儿就迟了。

当时,"盛布和那普公司"的舍肯多夫也想买下史达勒连锁旅馆,而且投下标,押下了 100 万美元。

史达勒先生离开康乃尔大学之后,史达勒夫人就控制了公司不少股票,她也控制了孩子们的股票。该公司内部有个问题,便是冲突甚大。因此,在希尔顿决定捷足先登以后,马上打电话给在纽约的佐毕斯——当时希尔顿公司的副董事长。希尔顿问道："史达勒夫人在什么地方?"

"她在这儿,不过她正要走。"

"留住她,我要见她。我会立刻动身。"这时希尔顿还在加利福尼亚州。

佐毕斯回电话说："她会在这儿等你。"

希尔顿记起控制股份的人总共有 3 个,于是希尔顿想:啊,我不能在这胡搞,如果我想得到这些连锁旅馆,动作就要快。

回到纽约,他对史达勒夫人说："你会支持我的投标吗?我给你的这个标,将会比你目前得到的更好。"

她说："好的。"没想到这样顺利,妙极了。

希尔顿的出价与舍肯多夫的一样，高达 1.1 亿美元，但他拿出了 7000 万美元作押金，而不是 1.1 亿美元。

因此，希尔顿又完成了当时历史上最大的一笔房地产交易，希尔顿正是借此良机，实现了事业道路上的辉煌转折，从此闻名于世。

大哲理
da zhe li

机会永远只属于那些做事有"心计"、善于运用头脑去思考的人。

13. 看到别人看不到的财富

作为一个颇有"心计"的企业管理者要想使自己经营的事业赢得市场，就必须使自己的"生意"给人们带来利益。凡是能给人们带来利益，提供服务的"生意"应该说是有市场的。那么怎样为人类提供一种服务，带来一些利益呢？用浅野总一郎的话说就是利用一切东西。世界上没有一件无用的东西，经营者想经营企业都必须学会"善假于物"。

日本水泥大王、浅野水泥公司的创建者浅野总一郎，他23岁时穿着破旧不整的衣服，失魂落魄地从故乡富士山走到东京来。因身无分文，又找不到工作，有一段时间每天都陷在半饥饿状态之中。"干脆卖水算了。"他灵机一动，便在路旁摆起了卖水的摊子，生财工具大部分都是捡来的。"来，来，来，清凉的甜水，每杯1分钱。"浅野大声叫喊。果然，水里加一点糖就变成钱了。头一天所卖的钱共有6角7分。这最简单的卖水生意使这位吃尽千辛万苦的青年，不必再挨饿了。浅野日后成为大企业家，就是由于他对任何事都能够好好地加以利用。也就是说：人在困境时是一个绝好的机会，反而能给予他一个转机，使他涌上来无比的勇气，使他更加聪明，更加能勇往直前。因此对人生厄运不恐惧，应感谢才是。浅野又说："在这个世界上没有一件无用的东西，任何东西都是可以利用的。"浅野卖了2年水，25岁时已赚了一笔为数不少的钱，于是开始经营煤炭零售店。30岁时，当时的横滨市长听到浅野很会使无用的东西产生价值，就召见他说："你是以很会利用废物闻名的，那么人的排泄物你也有办法利用吗?"浅野说："收集一二家的粪便不会赚钱，但是收集数千人的大小便就会赚钱。"市长问："怎么样收集呢?"浅野说："做个公共厕所，我做给你看，好不好?"这样，浅野就在横滨市设置63处日本最初的公共厕所，因而他就成了日本公共厕所的始祖。厕所做好之后，浅野把汲粪便的权利以每年4000日元的价格卖给别人，2年后设立1家日本最初的人造肥料公司。也许你会感到震惊，设立日本最大的水泥公司——浅野水泥公司的资金，是从这些公共厕所的粪便上赚来的!

大哲理
da zhe li

毫无"心计"之人的日光总是盯着"黄金""白银"做着发财的美梦，而做事非常有"心计"的浅野总一郎抓住眼前切实的时机，开垦发展事业的沃土，终于成就了自己的辉煌。

14．看到小亏背后的大便宜

日本绳索大王岛村芳雄当年到东京一家包装材料店当店员时，薪金只有1.8万日元，还要养活母亲和3个弟妹。因此，他时常囊空如洗。但他却是个极其有"心计"的人，他时刻都在寻找一个机会作为成功的突破口。

有一天，他在街上漫无目的地散步时，注意到女性们：无论是花枝招展的小姐，还是徐娘半老的妇人，除了都带着自己的皮包之外，还提着一个纸袋，这是买东西时商店送给她们装东西用的。他自言自语："嗯! 这样提纸袋的人最近越来越多了。"岛村芳雄这样一想，整个的心就被纸袋和绳索占住了。两天后，他到一家跟商店有来往的纸袋工厂参观。果然，正如他所料，工厂忙得不可开交。参观之后，他怦然心动，毅然决定无论如何非大干一番不可。将来纸袋一定会风行全国，做纸袋绳索的生意错不了的。岛村芳雄这样想。岛村芳雄虽然雄心勃勃，但身无分文，无从下手。他知难而上，决心紧紧地抓住这个机会。以后几天，资金问题一直困扰着他，最后他决定到各银行试一试。一到银行，他就对纸袋的使用前景，纸袋绳索制作上的技巧，他的原价推销法及这事业的展望等说得口干舌燥，但每一家银行听了他的打算之后，都冷冷淡淡地不愿理睬他，甚至有的银行以对待疯子的态度来对待他。他决定把三井银行作为目标，连续不断地前去展开波状攻击。然而疯人般的热心，在三井银行也没有得到同情，起初态度冷淡连他的话都不愿听的职员们，过了几天，对他的蔑视的态度就逐渐表面化，终于耐不住厌烦地大发脾气，一看到他就怒目而视。有时他一来，大家就发出一阵哄笑来取笑他，有时干脆把他赶了出去。

皇天不负苦心人，前后经过 3 个月，到了第 69 次时，对方竟被他那煞费苦心，百折不挠的精神所感动，答应贷给他 100 万日元。当朋友和熟人知道他获得银行贷款 100 万日元后，纷纷给他 20 万日元。就这样，他很快就筹集了 200 万日元的资金。于是，岛村芳雄辞去了店员的工作，设立凡芳商会，开始绳索贩卖业务。他深信，虽然他的条件比别人差，但用自己新创的"原价推销商法"干下去，一定能在竞争激烈的商业界站稳脚跟。

首先，他前往产麻地冈山的麻绳厂，将该厂生产的每条 45 厘米长的麻绳以 5 角钱大量买进，然后按原价转卖东京一带的纸袋工厂。这种完全无利润反赔本的生意做了 1 年之后，"岛村的绳索确实便宜"的名声远扬，成百上千的订货单就从各地源源而来。接着，岛村按部就班地采取他的行动。他拿着购物品收据前去订货客户处诉说："到现在为止，我是没赚你们 1 分钱，如果这样让我继续为你们服务的话，我便只有破产这条路可走了。"客户为他的诚实所感动，心甘情愿地把交货价格提高为 5 角 5 分钱。同时，岛村又到冈山找麻绳厂的厂商商洽："您卖给我每条 5 角钱，我是一直照原价卖给别人的。因此才得到现在这么多的订货，如果这样无利而赔本的生意让我继续下去的话。我只有等关门倒闭了。"

冈山的厂商一看他开给客户的收据存根，大吃一惊，像这样自愿不赚钱做生意的人，他们生平头一次遇到。于是就不加考虑，一口答应供给他的麻绳每条只收 4 角 5 分钱。如此每条赚 1 角钱，每天的利润就有 100 万日元。创业 2 年后，他就名满天下，同时把凡芳商会改为公司组织。创业 13 年后，他每天的交货量至少有 5000 万条，其利润实在难以计算。现在的袋子绳索更是讲究，有塑胶带，缎带，绢带等，每条卖价 5 日元左右。这些高级品的利润更为可观。

市场竞争制胜之道何在？从岛村的成功中我们可以发现：第一，要有先见之明，要善于捕捉时机；岛村芳雄早就预料到纸袋流行的时代一定会到来。第二，"吃亏就是占便宜。"岛村的原价推销法只赔不赚，亏了自己，"肥"了他的客户，使客户从他那尝到了"甜头"。于是，岛村芳雄获得了成百上千的订单。而吃亏经营感动了为岛村芳雄供货的厂商，使他们主动压低供价；也感动了客户，使他们主动要求抬高购买价格。

大哲理
da zhe li

有"心计"的生意人在做事时最需要的是什么？是时机。岛村芳雄的原价推销法使他得到了商业界的信任，顾客自动替他宣传，使他无往而不利，在几年间就从一个穷光蛋，摇身一变成为日本绳索大王。

15. 抓住腾飞的翅膀

做事成功者也许并不都是他周围的人中最聪明的，但他们都应是做事有"心计"且执著的人。要获得成功，并非必须具备很高的智商，天分不是关键。很有才干的人也并非一定能够成功，因为天生的才能不能保证一定能获得成功。有些杰出毕业生进入政府部门而从未得到晋升；有些在中学毕业时被认为"最有可能获得成功"的学生以后再也没有消息。

不知你是否曾注意过马路边长出的小树苗？是否曾想过，这样一个小东西怎么会冲破坚硬的路基而长了出来，而且是在这么恶劣的条件下活着？而成功者就像马路边上长出的小树，在艰难困苦的奋斗过程中，他们学会了培养"冲破阻碍"的能力，他们是靠勤奋工作和不断尝试才一点一点地取得成功的。

另一方面，他们善用"心计"发现了一切可利用的机会，在人群中脱颖而出，被人们看到、听到和熟悉。确实，在成功的道路上，天赋、勤奋、毅力和方法非常重要，但机遇也必不可少。再好的种子，如果落在沙漠上，也是很难发芽成长的。

一个人能否有所成就，往往与是否得到良师指导、知音赏识、伯乐提携等机遇大有关系，仅靠勤奋是不够的，还要有"心计"，发现机会并抓住它，才有可能腾飞。

毋庸置疑，机遇在成功的路上是极其重要的。但是，和天资、禀赋一样，机遇也毕竟只是提供一个机缘、一个条件、一种可能。这种机缘要变成现实，还要通过自己的艰苦努力。因为，努力奋斗不仅可以充分利用机会，它还可以为自己抓住机会，创造机会。

生活中处处都有机会，只要你有"心计"处处留心、并善于抓住它，你就有希望获得成功。莎士比亚曾经写道："人间万物都有一个涨潮的时刻，如果把握住潮头，就会领你走向好运。"那么，如何抓住机遇，插上腾飞的翅膀呢？下面几点经验可供借鉴：

（1）要有强烈的成功的欲望，愿望是成功的一半。许多人对目标追求的愿望愈强烈，他的行动就愈加坚定，美国画家查理·巴索帝是个很好的例子。

查理在得克萨斯州度过了他的童年时光。他从小就开始画卡通画，向往着将来成为一名职业卡通画家。但长大后，他却发现这似乎并不是理想中的职业。于是，他就到一所专为调皮捣蛋儿童设立的学校里当了一名教师。在这所学校里，他的画成了那些顽童的宠物。

校长很看重查理的画，为他提供了去纽约的经费，使他得以在那些杂志编辑面前展示他的画。查理原先的欲望又重新萌发了，并且更加强烈，这种强烈的愿望又驱使他辞职回家，潜心提高自己的绘画技术水平。如今，他的卡通画已经出现在众所周知的画刊、杂志上，如《纽约人》《今日美国》等。

人生在世，总会有成功的机会，但是大多数人都没有成功，因为他们不愿付出代价。他们有能力，但缺乏成功的愿望。实际上，成功的愿望仅仅是观念的一部分。如果你具备了这一品质，培养起成功的愿望，形成了成功的观念，你就可能无所不能，最终成为一个胜利者！

（2）要自信。运气好的人一般都是自信的，相信自己什么都能行。胆小怕事的人往往觉得运气不好，幸运可能会使人产生勇气，勇气又会帮助你得到好运。

一个曾为自己是文盲而感到非常痛苦和自卑的妇女，在她女儿出生以后，这种自卑感更强烈，作为母亲，还能为自己的孩子做些什么？

有一次，她在电视上看到有关当地举办识字班的通知，刚开始她不敢去报名，最后还是克服害怕在公众面前出丑的羞怯心理，用颤抖的手拨通了报名电话。经过一年的学习，她说："我简直不敢相信，现在我已经能为女儿读故事书了，也再不会为邮件的到来而感到束手无策了。"

（3）永远不要说"为时太晚"。辛迪是家公司的兼职雇员，干得不错。后来，丈夫同她一起从事这一工作。然而不幸降临——女儿染上重疾，房子起火，许多同事退职，工作经常处于停滞状态，他们的两辆轿车卖掉了，钱也花得一干二净，情况越来越糟。

真是祸不单行，婆婆又突然生病，对已45岁的辛迪来说，一切都从头开始似乎太难。可辛迪并不认为自己老了，而是坚信一切都还来得及，在这种信念的支持下，她重新振作起来与丈夫商量对策：由她继续从商，丈夫到外面去工作。他们一点一点地工作，终于时机到来熬过难关。现在，辛迪已成为某一知名公司的总经理，她的经验就是，从现在开始一切都还来得及，永远不要认为已经太晚了。

大哲理
da zhe li

有了上述准备，当机会降临时，相信你会果敢行动，抓住机遇，踏上成功之路。

第四章

尊重与宽容是成功的助推器

尊重与宽容是解除疙瘩的最佳良药，宽广胸襟是交友的上乘之道，尊重又会让你赢得更多的友谊。

1.忍者无敌

20世纪80年代，加拿大前总理特鲁多在下野后向邓小平请教复出的"秘诀"，邓小平的答案是："忍耐和信仰"。正是凭着这个"秘诀"，他三次被打倒，三次复出，而且一次比一次获得更大成功，被西方人称为"打不倒的东方小个子"。忍可以顶得住任何砖石的磨砺，可以经得起任何风雨的冲击。

忍，是一种韧性的战斗，是一种永不败北的做人策略，是战胜人生危难和险恶的有力武器。

正是这个"忍"字，使一度被打倒的邓小平再度复出；也正是这个"忍"字，教会了加拿大那位前总理人生的秘诀，使他在下野以后又重新焕发了政治生机，重新获得了总理的宝座。

在中国，"忍"字更是成了众多有志之士的人生哲学。越王勾践也罢，韩信也罢，都曾忍受过别人的胯下之辱，最终渡过了难关，成就了大业。清·金兰生《格言联璧·存养》中说："必能忍人不能忍之触忤，斯能为人不能为之事功。"战国时期，有一位出生于魏国的范雎，因家境贫穷，开始时只在魏国大夫须贾手下当门客。有一次，须贾奉命出使齐国，范雎作为随从前往。到了齐国，齐襄王迟迟不接见须贾，却因仰慕范雎的辩才，叫人赏给范雎十斤黄金和酒，但范雎辞谢了。须贾却由此产生了疑心，认为是范雎把秘密情报告诉齐国，才得了礼物。回国后，须贾将自己的疑心告诉了魏国宰相魏齐。魏齐下令把范雎传来，用竹板责打他，打折了肋骨，打落了牙齿。范雎假装死了，被人用箔卷起来，丢在厕所里。接着魏齐设宴喝酒，喝醉了，轮流朝范雎身上小便。后来，范雎设法逃出魏国，改换姓名，辗转到了秦国，当了秦国的宰相。

忍，实在是医治磨难的良方。忍人一时之疑，一时之辱，一方面是脱离被动的局面，同时也是一种意志、毅力的磨炼，为日后的发奋图强、励精图治、事业有成奠定了正常情况下所不能获得的基础。

现实生活本身并不全然是理性的，其中也充斥着很多无奈的逻辑。譬如，某些人的性格带有攻击性，这就意味着另一些人往往无端地遭到挑衅。如果我们对所有的"攻击"，都施之以"反击"的话，那我们生活的环境将充满火药味，于健康何益？

忍让者，忍耐也，谦让也。一般说来，社交过程中产生什么矛盾的话，双方可能都有责任，但作为当事人应该主动地"礼让三分"，从自身方面找原因。忍让，实际上也就是让时间、让事实来"表白"自己。在社交中采取忍让的态度可以让很多事情"冷处理"，可以摆脱相互之间无原则的纠缠和不必要的争吵。这使我们想起了歌德的"一则笑话"：歌德有一天到公园散步，迎面走来了一个曾经对他作品提出过尖锐批评的批评家。这位批评家站在歌德面前高声喊道："我从来不给傻子让路！"歌德却答道："而我正相反！"一边说，一边满面笑容地让在一旁。歌德的幽默避免了一场无谓的争吵。有了歌德这样的"一笑"，就可以避免各种矛盾冲突，也可以消除自己的恼怒。从某种意义上说，它既可以为自己摆脱尴尬难堪的局面，顺势下台，又能显示出自己的心胸和气量。

俗话说："不如意事常八九。"期望爱情甜蜜者，难免有失恋的苦恼；一向和谐的家庭，也短不了"炒勺碰锅沿"的争吵；被认为可信赖的朋友，偶尔的误会竟产生隔膜；为事业而奋斗拼搏，也许遭到平庸者的嫉妒……生活中的这些个"不如意"，常常检验着一个人的修养水平：有的泰然处之，从容对待，以真诚化干戈为玉帛；有的则怒形于色，耿耿于怀，因偏狭积小怨为仇端。学会忍让，这看似极简单的事儿，却有化解你生活中各样烦恼的神力，从而使你人生路上充满信心、愉快和阳光。

那么如何才能达到"忍"的最佳境界？

（1）经常明确地意识到目标的存在，使自己为了达到这个目标，而不断提高运用头脑思考的能力。

（2）尝试着去了解自己做每一件事情的意义所在。一旦能够理解了以后，对工作所持的态度，就会从"应该做"进入"必须做"这种积极性的意识形态。如此一来，必能减少工作时的紧张感和压迫感，而愉快地完成工作。否则，一味地强迫自己去做不喜欢的事情，非但会增加不少的麻烦和痛苦，而且，精神上很容易疲劳而变得毫无效率可言。

（3）培养安于困境的习惯。一个人在面对困难的处境时，常常会表现出逃避的倾向。但是为了能够做自我控制，就必须忍耐这种困境所带来的痛苦。那么时间一久，自然会在不知不觉间，培养出一种安于困境的耐力，而能够全神贯注在自己的工作上。

（4）学习抑制冲动的情绪。这件事乍看之下，似乎很难。但是，只要我们稍微冷静地加以分析，很容易便可以发现，要抑制冲动的情绪，事实上是很简单的。不过，对于比较强烈的冲动或欲望，还是应该选择一个适当的时机，使它们有机会尽量地发泄出去，比较妥当。

像这样，按照上面所叙述的方法，经常不断地做自我训练的话，很快地，你将会在潜意识之中，很自然地进入"忍"的做人最佳境界之中。

大哲理
da zhe li

忍，是一种韧性的战斗，是一种永不败北的做人策略，是战胜人生危难和险恶的有力武器。

2．一切都将会过去

古希腊有一位国王，拥有至高无上的权势、享用不尽的荣华富贵，但他并不快乐。他可以主宰自己的臣民，却难以操控自己的情绪，种种莫名其妙的焦虑和忧郁让他闷闷不乐、寝食难安。

于是，他召来了当时最负盛名的智者苏菲，要求他找出一句人间最有哲理的箴言，而且这句浓缩了人生智慧的话必须有一语惊心之效，能让人胜不骄、败不馁、得意而不忘形、失意而不伤神，始终保持一颗平常心。苏菲答应了国王，条件是国王将佩戴的那枚戒指交给他。

几天后，苏菲将戒指还给了国王，并再三劝告他：不到万不得已，别

— 88 —

轻易取出戒指上镶嵌的宝石，否则，它就不灵验了。

没过多久，邻国大举入侵，国王率部拼死抵抗，但最终整个城邦沦陷于敌手，于是，国王四处亡命。

有一天，为逃避敌兵的搜捕，他藏身在河边的茅草丛中，当他掬水解渴，猛然看到自己的倒影时，不禁伤心欲绝——谁能相信如今这个蓬头垢面、衣衫褴褛的人，就是那个曾经气宇轩昂、威风凛凛的国王呢？

就在他双手掩面欲投河轻生之际，他想到了戒指。他急切地抠下了上面的宝石，只见宝石里侧镌刻着一句话——这也会过去！

顿时，国王的心头重新燃起希望的火花。从此，他忍辱负重、卧薪尝胆，重招旧部并东山再起，最终赶走了外敌，赢回了王国。

而当他再一次返回王宫后，所做的第一件事便是将"这也会过去"这句五字箴言，镌刻在象征王位的宝座上。

后来，他被誉为最有智慧的国王而名垂青史。据说，在临终之际，他特意留下遗嘱：死后，双手空空地露出灵柩之外，以此向世人昭示那句五字箴言。

大哲理
da zhe li

一切都是暂时的，转瞬即逝……因此，身处逆境时，要学会坚忍和等待，要相信逆境只是暂时的。一切都将会过去。

3．应有的品质和高尚的品质

从前有一个富翁，他有三个儿子，在他年事已高的时候，富翁决定把自己的财产全部留给三个儿子中的一个。可是，到底要把财产留给哪一个儿子呢？富翁于是想出了一个办法：他要三个儿子都花一年时间去游历世界，回来之后看谁做到了最高尚的事情，谁就是财产的继承者。

一年时间很快就过去了，三个儿子陆续回到家中，富翁要三个人都讲一讲自己的经历。大儿子得意地说："我在游历世界的时候，遇到了一个陌生人，他十分信任我，把一袋金币交给我保管，可是那个人却意外去世了，我就把那袋金币原封不动地交还给了他的家人。"二儿子自信地说："当我旅行到一个贫穷落后的村落时，看到一个可怜的小乞丐不幸掉进湖里了，我立即跳下马，从湖里把他救了起来，并留给他一笔钱。"三儿子犹豫地说："我，我没有遇到两个哥哥碰到的那种事，在我旅行的时候遇到了一个人，他很想得到我的钱袋，一路上千方百计地害我，我差点死在他手上。可是有一天我经过悬崖边，看到那个人正在悬崖边的一棵树下睡觉，当时我只要抬一抬脚就可以轻松地把他踢到悬崖下，我想了想，觉得不能这么做，正打算走，又担心他一翻身掉下悬崖，就叫醒了他，然后继续赶路了。这实在算不了什么有意义的经历。"富翁听完三个儿子的话，点了点头，然后只说了一句话："我的全部财产都是老三的了。"

大哲理 *da zhe li*

诚实、见义勇为都是一个人应有的品质，称不上是高尚。有机会报仇却放弃，反而帮助自己的仇人脱离危险的宽容之心才是最高尚的。

4．屋宽不如心宽

有一个富翁，家有万金，广厦千间，妻妾成群。忽一日，富翁得一怪病，寻医问药，屡治不愈。眼见生命危在旦夕，只好请来当地的一位智者。

智者刚进屋，却转身就走。家人在后面紧追不舍。智者说："你家主人已经病入膏肓，无药可救，你不必再追我了。"家人不解地问："我家老爷才病数日，怎么就病入膏肓了呢？"智者说："你家主人已病多年，只是他自己不知道而已。"家人问："怎么会得这种病？"智者说："常年露宿，感受风寒。"

家人很纳闷："我家老爷金屋银山，屋宇无数，怎么会因露宿而受风寒呢？看来这不过是他的疯言疯语罢了。"但富翁听完智者的话，忽有感悟，说："此话并非疯话，他是在说我纵有广厦千间，但因心灵空虚，一生浑浑噩噩，没有一个好归宿，结果如同街头露宿者。"

大哲理
da zhe li

一个人可以因为住宅的豪华而生活舒适，却不能因其而享受快乐。因为心灵的空虚是无法用豪宅来填补的。

5．给人留面子，给自己找台阶

小李在电气部门的时候，是个一级天才，但后来调到计算部门当主管后，却发现非其所长，不能胜任，但公司又不愿伤他自尊，毕竟他是个不可多得的人才——何况他还十分敏感。于是，公司又给了他一个新头衔：电气咨询主任工程师，工作性质仍与原来一样，而让别人主管计算部门。

小李当然很高兴，因为他既得到了提升，又从事自己喜欢的工作。

公司领导也很高兴，因为他们终于把这位易怒的"明星"遭调成功，而没有引起什么风暴——因为他仍保留了面子。

在我们国家，保留他人的面子是非常重要的事情。而人们却很少会考虑到这个问题。人们常喜欢摆架子、我行我素、挑剔、恫吓、在众人面前指责孩子或雇员，而没有考虑到是否伤了别人的自尊心。其实，只要多考虑几分钟，讲几句关心的话，为他人设身处地地想一下，就可以避免许多不愉快的场面。

所以，当你必须指责孩子、处理解雇或惩戒事项的时候，不要忘了给人留面子这一点。

美国的一位会计师曾说："解聘别人并不有趣，被人解雇更不有趣。我们的业务是季节性的，所以，在所得税申报热潮过了之后，我们得让许多人走路。

"我们这行有句笑话说：没有人喜欢挥动斧头。因此，大家变得麻木不仁，只希望事情赶快过去就好。通常，例行谈话是这样的：'请坐，史密斯先生。忙季已经过去了，我们已没有什么工作可以给你做。当然，你也清楚我们只是在旺季的时候雇用你，因此……'

"这种谈话会让当事人失望，而且有种损及尊严的感觉。所以，除非不得已，我绝不轻言解雇他人，而且会婉转地告诉他：'史密斯先生，你的工作做得很好（如果他是做得很好）。上次我们要你去纽约，那工作很麻烦，而你处理得很好，一点也没有差错，我们要你知道，公司很以你为荣，也相信你的能力，愿意永远支持你，希望你别忘了这些。'结果，被遣散的人觉得好过多了，至少不觉得'损及尊严'。他们知道，假如我们有工作的话，还是会继续留他们做的。或是等我们又需要他们的时候，他们还是很乐意再回来的。"

大哲理
da zhe li

沟通过程中要改变人而不触犯人或引起人的反感，给人留面子是最好的做人办法。

纵使别人犯错，而我们是对的，如果没有为别人保留面子就会毁了一个人。

6. 宽恕之心

我们常在自己脑子里预设一些规定，认为别人应该有什么样的行为。如果对方违反规定，就会引起我们的怨恨。其实，因为别人对"我们"的规定置之不理，就感到怨恨，不是很可笑吗？

大多数人都一直以为，只要我们不原谅对方，就可以让对方得到一些教训，也就是说："只要我不原谅你，你就没有好日子过。"其实，倒霉的人是我们自己：一肚子窝囊气，甚至连觉也睡不好。

下次觉得怨恨一个人时，闭上眼睛，体会一下你的感觉，感受一下你的身体，你会发现：让别人自觉有罪，你也不会快乐。

一个人爱怎么做就怎么做，能明白什么道理就明白什么道理。你要不要让他感到愧疚，对他都差别不大，但是却会"破坏你的生活"。万事不由人，台风带来暴雨，你家地下室变成一片泽国，你能说"我永远也不原谅天气吗？"如果海鸥在你的头上排泄，你会痛恨海鸥吗？既然如此，又为什么要怨恨别人呢？我们没有权力控制风雨和海鸥，也同样无权控制他人。老天爷不是靠怪罪人类来运作世界的——所有对别人的埋怨、责备都是人类造出来的。

谈到宽恕，首先就要原谅父母。天下没有十全十美的父母，他们当然并不完美。而且当年你还小的时候，市面上也还没有现在流行的《一百分父母》之类的育儿经，令尊令堂除了自己摸索门路外，还有许许多多的事要操心！不论他们有什么不对的地方，都已经是陈年往事了。只要你一天不能原谅父母，就一天不能心安理得地过日子。

你或许会问："如果有人做了非常恶劣的事，我还要原谅他吗？"

我有一个朋友，名叫山迪·麦葛利格。1987年1月，一名精神病患者持枪冲进他家，射杀了他三个花样年华的女儿。这场悲剧使山迪陷入痛苦的深渊，几乎没有人能体会他的悲痛与愤怒。

随着时间的流逝，他在朋友的劝慰下体会到，要使自己的生活步上常轨，唯一的办法是抛开愤怒，原谅那名凶手。目前，山迪把所有时间都用来帮助别人获得心灵的平静及宽恕他人。从他的经验可以证明，即使是遭逢剧变所引起的怨恨，在人性中也依然可以释怀。如果你问山迪，他会告诉你，他抛开愤怒是为了自己，希望自己好好活下去。

我发现，和山迪经验相似的人大致可以分成两种：第一种人始终生活在愤怒及痛苦的阴影下，第二种人却能得到超乎常人的同情心与深度。

令人心碎的事、大病、孤寂和绝望，每个人都难以幸免。失去珍贵的东西之后，总有段伤心的时期。问题是，你最后到底变得更坚强还是更软弱？

大哲理
da zhe li

一只脚踩扁了紫罗兰，它却把香味留在那脚跟上。这就是宽恕。

7. 付出者一定收获更多

两个钓鱼高手一起到鱼池垂钓。这两人各凭本事，一展身手，隔了不多久，都大有收获。忽然间，鱼池附近来了十多名游客。看到这两位高手轻轻松松地就把鱼钓上来，不免感到几分羡慕，于是都到附近去买了一些钓竿来试试自己的运气如何。没想到，这些不擅此道的游客，怎么钓也是毫无成果。

那两位钓鱼高手，两个人的个性相当不同。其中一人孤僻而不爱搭理别人，独享钓鱼之乐；而另一位高手，却是个热心、豪放、爱交朋友的人。爱交朋友的这位高手，看到游客钓不到鱼，就说："这样吧！我来教你们钓鱼，如果你们学会了我传授的诀窍，而钓到一大堆鱼时，每十尾就分给我一尾，不满十尾就不必给我。"双方一拍即合，很快达成了协议。

　　教完这一群人，他又到另一群人中，同样也传授钓鱼术，依然要求每钓十尾回馈给他一尾。一天下来，这位热心助人的钓鱼高手，把所有时间都用于指导垂钓者，获得的竟是满满一大箩鱼，还认识了一大群新朋友，同时，左一声"老师"，右一声"老师"地被人围着，备受尊崇。

　　同来的另一位钓鱼高手，却没享受到这种服务人们的乐趣。当大家圈绕着其同伴学钓鱼时，那人更显得孤单落寞。闷钓一整天，检视竹篓里的鱼，收获也远没有同伴的多。

大哲理
da zhe li

　　很多时候，人们既想获得骄人的成就，又不想付出太多的艰辛和努力，因此，很多时候只能羡慕或者嫉妒他人，在羡慕和嫉妒中消耗自己的时间和精力，最后自己无非成为愤青或者说唠叨者而已，这一切都是你的选择。

8. 不要抱怨生活

　　秋天的黄昏，比尔信步走向郊外。他发现秋天的足迹在乡村所烙下的景象远比城市美好。

　　在城市里，生活即使舒适，但有时仍感贫乏；工作即使忙碌，但有时也觉空虚；有快乐也有彷徨；有希望也有失望；总是难得如意。因此，寻访乡野便成为解决烦恼的一种途径。乡间，正是丰收的季节，田垄上堆着已收割的稻子，农人提着镰刀正要归去，他们松松斗笠，用颈上的毛巾擦着汗，然后嬉笑着走向冒着炊烟的家。

　　几个黑黝黝的乡童，用竹竿打着番石榴树上的果实，在溪水里清洗一下，便津津有味地吃起来。

比尔在溪边的一棵树底下坐下，皮鞋上沾满泥巴。一个鬓发已白的老农走过来和他搭讪。老者的态度纯朴而友善，使人不必存有丝毫顾忌。听了他的谈话，比尔更加羡慕乡村的生活了。

老农说："我们农夫感觉快乐，是因为我们能够适应田间的工作，而且喜欢它。"

比尔不禁自问：如果我到乡下长久生活，也能适应吗？我能忍受风吹日晒？能放弃城市里一些现代的享受？能吃得消使手磨出茧的工作吗？

老农又说："我很乐观，我对生活从不曾抱怨过，我吃自己种的蔬菜和水果，觉得那是世上最好的食物。"

比尔似有所悟地点点头。

大哲理
da zhe li

如果你不能适应生活，不能调整心态，你永远都会有烦恼。

9. 帮助别人解脱

在纪伯伦年轻的时候，曾经拜访过一位圣人。这位圣人住在山那边一个幽静的林子里。正当纪伯伦和圣人谈论着什么是美德的时候，一个土匪瘸着腿吃力地爬上山岭。他走进树林，跪在圣人面前说："啊，圣人，请你解脱我的罪过，我罪孽深重。"

圣人答道："我的罪孽也同样深重。"

土匪说："但我是盗贼。"

圣人说："我也是盗贼。"

土匪又说："但我还是个杀人犯，多少人的鲜血还在我耳中翻腾。"

圣人回答说："我也是杀人犯，多少人的热血也在我耳中呼唤。"

土匪说："我犯下了无数的罪行。"

圣人回答："我犯下的罪行也无法计算。"

土匪站了起来,他两眼盯着圣人,露出一种奇怪的神色。然后他就离开了,连蹦带跳地跑下山去。

纪伯伦转身去问圣人:"你为何给自己加上莫须有的罪行?你没有看见此人走时已对你失去信任?"

圣人说道:"是的,他已不再信任我。但他走时毕竟如释重负。"

正在这时,他们听见土匪在远处引吭高歌,回声使山谷充满了欢乐。

大哲理
da zhe li

有时,在与人交往中,我们需要做的是安慰别人,而不是标榜自己。为了能够让别人快乐,自己忍受一些误解,又有什么关系呢?

10. 尊重你自己的价值

一个在德国留学的学生,毕业后开始四处求职,期望着能尽快找到一份正式的工作,以安定下来。但汉堡的就业形势并不乐观,加上他刚刚毕业,缺乏工作经验,所以一直没有找到一份合适的工作。

三个月后,他开始心灰意冷,委曲求全。凭借二级建筑装饰设计师的资格证书,他被一家小的私营建筑装饰设计企业接纳了。

那家私营企业的规模很小,他的工资也比较低,月薪只有2800欧元,但他已经很知足了,毕竟得来不易,于是他就安心地工作起来。

可刚工作了一周,工会的人就找到了他,开始咨询他的工资情况,他如实地回答了。最后,工会的工作人员提醒他说:"李先生,按照政府和工会的规定,像您这样的二级建筑装饰设计师应该得到3500欧元的月薪。"

但他笑着回答说："感谢你们的关心，我现在完全可以接受这个较低的工资，我需要这份工作。"

工会的工作人员满脸失望地走了。

第二天，政府部门的工作人员来了，他们并没有约见他，而是直接找到了他所在的私营公司的老总，希望公司能将他的工资提升到政府规定的3500欧元。因为政府认为，低工资不仅没有遵守国家的法律，违反了人权，而且违背了一个二级建筑装饰设计师的真实劳动价值。

最后，老总表示无法满足这个要求，只好把他解雇了，他为此哭笑不得。工会和政府的负责人还很严肃地提醒他："请您尊重您的价值，因为它已经得到了社会的认可。当您贬低或破坏您的价值时，就等于贬低或破坏整个行业在这个社会上的价值。"

就这样，他只好又去领政府的失业金。过了好长一段时间，他才找到一份符合自己身份和价值的工作。

虽然上一次的政府干涉没有给他带来直接的帮助，但他仍然很是感动，因为他们让他清醒地认识到了自己的价值，让他找回了自信，更让他明白了这样一个道理：无论在什么时候，自己都应该尊重自己的价值，不能因为一时的困境而贬低和破坏自己的价值，因为你的破坏之举将伤害到整个行业的价值乃至社会的规则。

因为，唯有懂得尊重自己的价值的人，才能真正得到社会的尊重！

大哲理
da zhe li

无论在什么时候，自己都应该尊重自己的价值，不能因为一时的困境而贬低和破坏自己的价值。唯有懂得尊重自己的价值的人，才能真正得到社会的尊重！

11．谦虚谨慎是人的第一美德

谦虚谨慎是成功人士必备的品格，具有这种品格的人，在待人接物时能温和有礼、平易近人、尊重他人，善于倾听他人的意见和建议，能虚心求教，取长补短。对待自己有自知之明，在成绩面前不居功自傲；在缺点和错误面前不文过饰非，能主动采取措施进行改正。谦虚谨慎永远是一个人建功立业的前提和基础。

不论你从事何种职业，担任什么职务，只有谦虚谨慎，才能保持不断进取的精神，才能增长更多的知识和才干。因为谦虚谨慎的品格能够帮助你看到自己的差距。永不自满，不断前进可以使人冷静地倾听他人的意见和批评，谨慎从事。否则，骄傲自大，满足现状，停步不前，主观武断，轻者使工作受到损失，重者会使事业半途而废。

具有谦虚谨慎品格的人不喜欢装模作样，摆架子、盛气凌人，能够虚心向群众学习，了解群众的情况。美国第三届总统托马斯·杰斐逊提出："每个人都是你的老师。"杰斐逊出身贵族，他的父亲曾经是军中的上将，母亲是名门之后。当时的贵族除了发号施令以外，很少与平民百姓交往，他们看不起平民百姓。然而，杰斐逊没有秉承贵族阶层的恶习，主动与各阶层人士交往。他的朋友中当然不乏社会名流，但更多的是普通的园丁、仆人、农民或者是贫穷的工人。他善于向各种人学习，懂得每个人都有自己的长处。有一次，他和法国伟人拉法叶特说：你必须像我一样到民众家去走一走，看一看他们的菜碗，尝一尝他们吃的面包，只要你这样做了的话，你就会了解到民众不满的原因，并会懂得正在酝酿的法国革命的意义了。由于他作风扎实，深入实际，他虽高居总统宝座，却很清楚民众究竟在想什么，他们到底需要什么。这样，他就在密切群众关系的基础上，进而造就他成为一代伟人。

居里夫人以她谦虚谨慎的品格和卓越的成就获得了世人的称赞，她对荣誉的特殊见解，使得很多喜欢居功自傲、浅尝辄止的人汗颜不已。也正因为她的高尚品格的影响，以后她的女儿和女婿也踏上了科学研究之路，并再次获得了诺贝尔奖，成为令人敬仰的两代人三次获诺贝尔奖的家庭。

 大哲理
da zhe li

谦虚谨慎的品格，还能使一个人面对成功、荣誉时不骄傲，把它视为一种激励自己继续前进的力量，而不会陷在荣誉和成功的喜悦中不能自拔，把荣誉当成包袱背起来，沾沾自喜于一得之功，不再进取。

12．给生命留些空白

一位成功的女士非常喜欢狮子。

她发现，跟凡事都追求完满的人类相比，狮子太懂得空白的妙处了，它简直就是一位天才的艺术家、睿智的哲学家。

给这位女士印象最深的，不是狮子如何勇猛格斗、如何疯狂捕食，她最感兴趣的倒是它们吃饱肚子后与世无争、懒洋洋打瞌睡的样子。在这种情况下，即使猎物从它鼻子底下走过，它也绝不为之所动。因为它已经酒足饭饱，不再需要食物了。

狮子随身带着一个属于它自己的仓库，那个仓库就是它的肚子，"纵有弱水三千，只取一瓢而饮"，假如狮子会说话，它肯定会这样发表感慨，也就是说，它懂得给生命留一些空白。

人类则不同，人类沉迷于自己的贪欲，建了相当于自己肚子无数倍的仓库，这个仓库大得他自己带不动，于是又把它转换成钞票，储藏了钞票就储藏了一切。

"多多益善，多多益善。"他们这样叫嚷。

与此相反，还有一些人反对物质上的贪欲。

他们认为物质世界跟精神世界是格格不入的，他们以对精神的追求来取代对物质的追求。

而精神，无不打着知识与道德的幌子。

"多多益善，多多益善！"他们同样这样叫嚷。

同是贪欲，把物质换上精神、换上知识与道德的行头，似乎就能堂而皇之高人一等了。而最后的结果往往是殊途同归，绕了一个大弯又转了回来，对知识和道德的贪欲反而成为某些人追求物质财富的一种手段。

物质世界是无限的，精神世界也是无限的，而我们的肉身和精神却是有限的。以自己有限的生命去追逐无限的世界，岂不是踏上一条不归路，把自己埋葬在苍茫的无限之中，反而失去自身的本性了吗？有多少可有可无的追求，就有多少可有可无的缺憾、可有可无的失败、可有可无的磨难和可有可无的耻辱，这样反而把本来可以成功的人生变成了失败的人生，把本来可以快乐的人生变成了痛苦的人生，把本来可以轻松的人生变成了沉重的人生，把本来可以健康的人生变成了病态的人生。

物欲横流诚然不可取，但是清心寡欲也非常要不得，因为清心寡欲往往会演变成另一个层面上的贪欲。

作为一个健康人，他只追求他必不可少的东西，而且也以够用为限。

物质上，他有所求有所不求；知识上，他有所知有所不知；道德上，他有所为有所不为。

对于可有可无的一切，如果能做到这一步，就真的快达到狮子的智慧境界了，只要肚子吃饱，不论财富、名声、知识还是道德的猎物从鼻子底下跑过，都视而不见。

优秀的画家不会把画涂得太满，他懂得，空白也是艺术的一部分；优秀的建筑家不会把楼盖得太挤，他懂得，绿地也是建筑的一部分。既然如此，我们为什么不学习狮子，给自己的生命也留一些空白呢？

有一个成功的女士，被拿来作为案例分析，大家希望从她的人格特质中找到足以让大家学习的关键。

研究许久，结果发现这位成功女士除了有一般的成功条件，例如积极、努力不懈、判断力强之外，还有一项特质，就是她具备了"不过分的

— 101 —

野心"。

　　一般人一想到野心，脑海里的画面大多只会浮现斗争、强势、霸道的字眼，或是大队人马以势如破竹的气势、凶狠残暴的决心攻打敌方，所以总给人一种侵略者的感觉。

　　虽然野心是让一个人勇往直前的最佳动力，但是如果表现得太过火，或企图心过于旺盛，就会变成杀人不眨眼的恶魔。

　　不过分的野心就是把驱使自己不断进步的那一股动力控制在最完美的状态，不像那些自以为可以称霸天下的人，只会使尽蛮力地逼迫别人，却没想到这么做也等于断了自己的后路。

　　大哲理
　　da zhe li

　　想要让自己过得更好、工作表现更好、获得别人更多的赞美，是之常情，但是当你正面的企图心变成负面的野心时，你就要重新检视自己的心态和步调，才不至于演变到不可收拾的地步。

第五章
让所有梦想都开花

花草的种子先要穿越沉重黑暗的泥土才得以
在阳光下发芽微笑，小鸟要跌打、失去了无数根
羽毛才能够锤炼出凌空的翅膀。作为一个小小的
泥人，它只有以一种奇迹般的勇气和毅力，才能
够让生命的激流荡清灵魂的浊物，然后，找到自
己本来就有的那颗金质的心。

1. 不要向人生认输

有人曾经做过这样一个实验：他往一个玻璃杯里放进一只跳蚤，发现跳蚤立即轻易地跳了出来。再重复几遍，结果还是一样。一测试，原来跳蚤跳的高度一般可达它身体的 400 左右。

接下来实验者再次把这只跳蚤放进杯子里，不过这次是立即同时在杯上加一个玻璃盖，"嘣"的一声，跳蚤重重地撞在玻璃盖上。跳蚤十分困惑，但是它不会停下来，因为跳蚤的生活方式就是"跳"。一次次被撞，跳蚤开始变得聪明起来了，它开始根据盖子的高度来调整自己跳的高度。再一阵子以后呢，发现这只跳蚤再也没有撞击到这个盖子，而是在盖子下面自由地跳动。

一天后，实验者开始把这个盖子轻轻拿掉了，它还是在原来的这个高度继续地跳。三天以后，他发现这只跳蚤还在那里跳。

一周以后发现，这只可怜的跳蚤还在这个玻璃杯里不停地跳着，其实它已经无法跳出这个玻璃杯了。

难道跳蚤真的不能跳出这个杯子吗？绝对不是。只是它的心里面已经默认了这个杯子的高度是自己无法逾越的。

大哲理
da zhe li

几次失败以后，便怀疑自己的能力，他们不是千方百计去追求成功，而是一再地降低成功的标准，即使原有的一切限制已取消，就像刚才的"玻璃盖"虽然被取掉，但他们早已经被撞怕了，或者已习惯了，不再跳上新的高度了。人们往往因为害怕去追求成功，而甘愿忍受失败者的生活。

2．了解自己的能力

有一位武术大师隐居于山林中。

听到他的名声，人们都千里迢迢来寻找他，想跟他学些武术方面的窍门。

他们到达深山的时候，发现大师正从山谷里挑水。

他挑得不多，两只木桶里水都没有装满。

按他们的想象，大师应该能够挑很大的桶，而且挑得满满的。

他们不解地问："大师，这是什么道理？"

大师说："挑水之道并不在于挑多，而在于挑得够用。一味贪多，适得其反。"

众人越发不解。

大师从他们中拉了一个人，让他重新从山谷里打了两满桶水。那人挑得非常吃力，摇摇晃晃，没走几步，就跌倒在地，水全都洒了，那人的膝盖也摔破了。

"水洒了，岂不是还得回头重打一桶吗？膝盖破了，走路艰难，岂不是比刚才挑得还少吗？"大师说。

"那么大师，请问具体挑多少，怎么估计呢？"

大师笑道："你们看这个桶。"

众人看去，桶里画了一条线。

大师说："这条线是底线，水绝对不能高于这条线，高于这条线就超过了自己的能力和需要。起初还需要画一条线，挑的次数多了以后就不用看那条线了，凭感觉就知道是多是少。有这条线，可以提醒我们，凡事要尽力而为，也要量力而行。"

底线越低越好，因为这样低的目标容易实现，人的勇气不容易受到挫伤，相反会培养起更大的兴趣和热情，长此以往，循序渐进，自然会有质的改变。

3．珍惜现在拥有的一切

"你有没有幸福到感觉害怕的程度呢？"那天，男友突然抬头问了我这个问题，当时，我正努力地跟眼前"吱吱"作响的牛排奋战。

"当然有喽！"我回答得理所当然。

"什么时候？"他慢条斯理地擦了擦嘴，又丢给我另一个问题。

"和你在一起的时候啊！"我笑了笑，然后继续低下头切牛排。他笑着看了我一眼，然后就沉默不语了。

我承认自己在说谎，但是许多时候，善意的谎言可以让人逃脱无孔不入的现实，以及早已坏死、却难以舍弃的回忆。他很清楚，我的回答只是在逃避，但是也体贴地没有戳破这薄如宣纸的谎言；毕竟说谎从来不是我所擅长的。

但是，我真的曾经幸福到感觉害怕——很害怕，高举双手小心翼翼地捧着幸福——那好像水晶一样透明、易碎的幸福。

很奇怪，往往越是自己在乎的东西，越容易消失，这几乎已经成了我生命中的定律；在我弄脏了几个钟爱的洋娃娃、走失了几只心爱的小狗、丢失了几对最喜欢的耳环，还有跟几个最爱的男人分手之后，我开始对此深信不疑。

为什么我可以肯定他是我这一生最爱的男人呢？奇怪的是，只要一想起他温柔的眼神，我就知道，我再也不能拥有那样的悸动了。

是的，我曾经幸福到害怕自己遭天谴，尤其当我可以伸手触及他的笑脸时，我真想哭。

记得我曾经问过他，世界上有那么多银行，有没有哪一家银行可以存储幸福？可以让人把用不完的幸福储存起来，我不会贪心地要求得利息，只要让自己不是一下就被满满的幸福"淹没"就好。

"傻瓜，世界上哪有这样的银行呢，如果你真需要的话，那我就当你的幸福银行吧，在你有任何需要时，我的幸福银行随时都会为你提供所需服务。"他微笑地说这句话的表情，我至今也无法从脑海中抹去，就算在回忆已经痛苦到让我窒息时，我依然没有办法舍弃——那是我的宝贝。

或许，我不该再回想起这个给过我所有快乐和痛苦的男人，一个不守信用的男人。

幸福银行宣告倒闭。在我 22 岁那年的春天，车祸，很简单的两个字，然而如今让我说出口，我仍然无法停止颤抖，两个字可以剥夺一个人的所有希望。那年，我有深切的体会。只要是活着的人就有义务背负记忆往前走，我很清楚，清楚地感受到痛苦，直到麻木。

就算这个世界的科技文明再发达，我也无法找回那家独一无二的幸福银行了，我很清楚。

于是，只能回忆。

朋友，你眼下很幸福吗？如果是，请努力珍惜和呵护吧，趁自己现在拥有。

大哲理
da zhe li

幸福是无法储存的，只能精心的呵护。所以如果你现在过得很幸福，那你就好好珍惜；其实人的一生就是要忘记过去，珍惜现在，把握未来。

4．在生命的背后

离开意大利撒丁岛时，来自德国的莉娜把那件天蓝色的泳装扔进了大海，喷涌而出的泪水滑过脸颊。她赤裸着上身，任凭阳光和海风抚摩自己丰满而健美的乳房。而陪她来度假的姐姐，忧郁地按下了相机的快门，在胶片上留下了这惊艳的一瞬。

数个月前的一天，刚刚离婚不久的莉娜和女儿絮絮叨叨地通着电话，月光有些意味深长地从窗外透过来，女儿娇嗔的声音唤醒了她内心深处的母爱，她的手几乎是下意识地触摸了一下自己的乳房，她感觉到了异样，乳头下面仿佛有个肿块。

第二天，她就去了一家诊所做检查，当一脸严肃的放射科医生说是"需要照一张更大的片子"时，她渐渐感到紧张，事情正如她预感的一样糟糕，刚刚 29 岁的她竟然得了可怕的乳腺癌。

莉娜在是不是做手术时犹豫了很久，她感到害怕，一想到医生要切掉她的一只乳房，她就不寒而栗。这段日子持续了差不多一年，直到在胳膊上又发现了另一个肿块，她才不敢掉以轻心了。在医院给她做检查的医生说："莉娜，你得珍惜自己的生命。"这句话震撼了莉娜，她下决心进行手术。而这次意大利之行，是她最后一次用完美的身躯与大海亲近。

当她从麻醉中醒来，看着纱布裹着的伤口，一种奇异的放松感涌上心头。令人难堪的夏天过去之后，莉娜终于习惯了人们注视她胸部的奇异目光。为了鼓励那些和她有同样经历的女性直面人生，她让《明星》杂志在封面刊登了自己赤裸着上身的照片。莉娜自信地微笑着，少了一只乳房的女人依然美丽。

因为恐惧而差点被死亡吞没的莉娜感到由衷的庆幸，病魔并没有想象中的那么可怕，是信心和勇气让自己获得了再生。

在失去与得到之间，莉娜真正理解了生命的意义。

生命是一首激昂的歌，生命这首歌是自己谱曲，自己作词，自己唱响的。只有信心满怀地去踏踏实实地做，才能唱出生命的凯歌。

放开你的喉咙，满怀信心地歌唱吧，向着未来的梦，向着胜利的峰，向着人生的河……

5．稳步走向成功

报纸上曾经报道一位拥有 100 万美元的富翁，原来却是一位乞丐。在许多人心中难免怀疑：依靠人们施舍一分、一毛的人，为何却拥有如此巨额的存款？事实上，这些存款当然并非凭空得来，而是由一点点小额存款累聚而成。一分到十元，到千元、到万元，到百万，就这么积聚而成。若想靠乞讨很快存满 100 万美元，那是几乎不可能的。

为了要达成主目标，不妨先设定"次目标"，这样会比较容易于达到目的。许多人会因目标过于远大，或理想太过崇高而易于放弃，这是很可惜的。

曾经有一位 63 岁的老人从纽约市步行到了佛罗里达州的迈阿密市。经过长途跋涉，克服了重重困难，她到达了迈阿密市。在那儿，有位记者采访了她。记者想知道，这路途中的艰难是否曾经吓倒过她？她是如何鼓起勇气，徒步旅行的？

老人答道："走一步路是不需要勇气的。我所做的就是这样。我先走了一步，接着再走一步，然后再一步，我就到了这里。"

若设定了"次目标",便可较快获得令人满意的成绩,能逐步完成"次目标",心理上的压力也会随之减小,主目标总有一天也能完成。

6. 把命运交给自己

"不必守候,不必为谁停留。"小马怀着这种信念,毅然决然地迈出第一步,第二步,第三步……河水不太深,也不太浅,小马最终还是过去了,昂首阔步地,宛如一个凯旋的战士。它成功了,尽管也曾为牛大伯和小松鼠的话困惑过,尽管也曾踟蹰徘徊于河边,但它毕竟理智地握住了自己命运的缰绳,获得了胜利。

也许你会问,这年轻美好的生命究竟是否值得为此去"孤注一掷",那么我要告诉你,既然人生赐予我们搏的本能,搏的机会,既然不想养就鸡的钝羽而想铸成鹰的力翅,何不放开手脚去搏击风云?更何况,这又哪里是"孤注一掷"呢?

有人说,多数人凭经验生活,只有少数人靠思想驾驭。也许每一个人都渴望自己是生活中的强者,但强者必须有强者的素质。只有那些用思想驾驭人生的人才能成为真正的强者。

对于《命运》交响曲这部阔大雄奇堪与宇宙媲美的作品,竟由一位完全耳聋的人写成之众所周知的事实,直至今天,我们仍有无从想象之感。对于贝多芬,一位音乐家,耳聋给他带来的绝境,我想就如失明之于梵高,断腿之于罗纳尔多一样不可思议。然而更不可思议的是,那势在必然的绝境居然没有出现,取而代之的却是他达到并永立于人类音乐史的峰巅。这种奇迹,对一个没有真正感悟到人生真谛的人来说,简直是天方夜谭。然而贝多芬却听到命运的敲门声，并且扼住了命运的咽喉。我想，这也许才是他真正的伟大之处吧！

不知是谁说过这么一句话：前面的路就像河水一样总也看不清楚深浅，不知道属于自己的将是泥沼断壁还是金光大道。但是，我坚信：命运掌握在自己手中。虽然一次次失败，一次次痛苦，一次次迷惘，却依然豪气万丈；拍拍身上的灰尘，继续我们的征程，抱着一份刘禹锡"直与天地争春田"的豁达上路。幸福不是毛毛雨，梦也不是红蜻蜓。自己的梦应该自己去圆。勇往直前吧，小马！不必守候，不必为谁停留，前面将是片一望无垠的、绿绿的草原……

大哲理
da zhe li

一个为别人意见所左右，永远生活于他人阴影之中的人注定一事无成，只有认准了正确的方向又义无反顾地前行，才能登上人生之巅——命运应该交给自己！

7. 打造一颗坚强的心

一个失意的年轻人向一位哲人请教成功的秘密。哲人递给他一颗花生说："用力捏捏它。"年轻人用力一捏，花生的壳便碎了，剩下了花生仁。然后，哲人教他再搓搓它，结果，红色的皮也被搓掉了，只留下了白白的果实。

哲人再教他用力捏捏，年轻人迷惑不解，但还是照着做了。可是，不论他如何用力，却怎么也捏不碎这粒花生仁。哲人同样教他再搓搓它，结果仍是徒劳无功。

最后，哲人语重心长地告诫年轻人："虽然屡受打击与磨难，失去了很多的东西，但始终都要拥有一颗坚强不屈的心，这样才会有美梦成真的希望啊！"

很多人一时失意了，受到挫折了，或者失去了一些珍贵的东西就心灰了，志穷了。有的，还要怨天尤人，愤世不公，却很少想过是否给自己打造了一颗坚强不屈的心。如果，一个人连一颗敢于面对重重磨砺和困难的心都没有，那么，还有谁会赋予你成功的希望呢？

大哲理
da zhe li

影响我们成功的绝不是环境，或者遭遇，而是我们是否持有一颗坚强的心，一种不屈的信念。

8. 太周密就会束缚住手脚

15 年前，比尔已经决定自己要做一个电脑程序员。他的妻子认为这是个好想法并且想知道他想到哪儿上学。

"我还不知道，"比尔回答说，"但是我明天将查查这些学校。"

比尔开始一一查找——甚至包括英国的一些学校。他尽可能地到那些学校同学校的师生交谈。很快他对每个学校和它们的课程设置积累了大量的信息。他也开始积累所有有关公司需求和行业走向的信息。

规划是一件很复杂的事。每一所学校都有其长处和短处，比尔一一审查。他觉得放弃每一种可能性都是可惜的。

毕竟他对具体的选择不是无所不知。当然，要把每一所学校的不同与整个行业、经济和社会的需求和走向相联系。比尔全面地审查，花了大量的时间去评估那些需求和趋势。当然在他挑选学校时，必须考虑如何养家糊口和与家人保持联系。在得到每一个新信息和考虑新因素时，比尔都要通盘考虑他的行动计划，花几星期、几个月甚至几年的时间对它所需要的和可能造成的后果进行调整和评估。比尔想找到成为电脑程序员的最好办法，整个 1 年他都在考虑。然后是整个 2 年、3 年、4 年……

一旦你对自己的目标有一个明晰的概念，你必须构造某一个你认为能够保证目标实现的行动计划。例如，如果你决定去西雅图，你必须决定怎么到那儿。你是开小车，坐巴士，坐飞机，坐船，坐火车还是它们的综合？你将采取哪一条线路？什么时候动身？什么时候抵达？等等。计划是一个处方，这个处方描述了制作《烹饪》杂志封面上令人垂涎欲滴的菜肴的方法。这个处方将告诉你需要什么原料、什么时候添加和怎么处置它们。但是，这个处方并没有为你制作菜肴，它仅仅告诉你如何去制作。

比尔当然认识到，要成为一个电脑程序员，他需要将目标分成几个必须采取的步骤。毕竟他不能仅仅走入霍尼韦尔公司，坐在电脑桌前并宣称自己是个程序员。比尔失误之处在于：他把这些行为划分为太小的单元。受要挑选最好的计划的标准所驱使，比尔忙于收集和分析堆积如山的信息和可能性之中。比尔最终形成的计划将是全面、清楚和天衣无缝的，这当然不错，但也有可能到他做出选择时，电脑将过时。比尔在细节中迷失了。

如此细致、周密的计划可能会造成需要和实现的大量延误，除此之外，如此狭隘、详细的计划在稍后还可能成为僵硬和失望的源泉。计划的目的是将你的行为引向某个具体的结果。但是，因为没人确切地知道未来，最详细的计划会很容易变得不合时宜。世界的不确定性决定了意外结果的存在：比尔选择的学校改变了入学要求；他计划从师的老师退休；他的妻子怀孕（并且是双胞胎）；他在现在的工作岗位上被升职或他发觉他对电脑已失去兴趣。这时怎么办？由于对他所追求的未来的可能性进行无尽的细分，将使他在一条不再与他现状相符的道路上走下去。

大哲理
da zhe li

在为自己确定目标后，有必要将这个目标分成几个必须采取的步骤，以使目标有可能实现。

9. 清扫心灵的垃圾

英国诗人威廉·费德说过："舒畅的心情是自己给予的，不要天真地去奢望别人的赏赐。舒畅的心情是自己创造的，不要可怜地乞求别人的施舍。"

南宋僧人也曾作一偈："身是菩提树，心如明镜台。时时勤拂拭，勿使惹尘埃。"心如明镜，纤毫毕现，洞若观火，那身无疑就是"菩提"了。但前提是"时时勤拂拭"，否则，尘埃厚厚，似茧封裹，心定不会澄碧，眼定不会明亮了。

一个人，在尘世间走得太久了，心灵无可避免地会沾染上尘埃，使原来洁净的心灵受到污染和蒙蔽。心理学家曾说过："人是最会制造垃圾污染自己的动物之一。"的确，清洁工每天早上都要清理人们制造的成堆的垃圾，这些有形的垃圾容易清理，而人们内心中诸如烦恼、欲望、忧愁、痛苦等无形的垃圾却并不那么容易处理了。因为，这些真正的垃圾常被人们忽视，或者，出于种种的担心或阻碍不愿去扫。譬如，太忙、太累……或者担心扫完之后，必须面对一个未知的开始，而你又不确定哪些是你想要的。万一现在丢掉的，将来想要时却又捡不回来，怎么办？

的确，清扫心灵不像日常生活中扫地那样简单，它充满着心灵的挣扎与奋斗。不过，你可以告诉自己：每天扫一点，每一次的清扫，并不表示这就是最后一次。而且，没有人规定你一次必须扫完。但你至少要经常清扫，及时丢弃或扫掉拖累你心灵的东西。

每个人都有清扫"心地"的任务，对于这一点，古代的圣者先贤看得很清楚。圣者认为，"无欲之谓圣，寡欲之谓贤，多欲之谓凡，得欲之谓狂"。圣人之所以为圣人，就在于他心灵的纯净和一尘不染，凡人之所以是凡人，就在于他心中的杂念太多，而他自己还蒙昧不知。所以，圣人了悟生死，看透名利，继而清除心中的杂质，让自己纯净的心灵重新显现。

我们都有清理打扫房间的体会吧，每当整理好自己最爱的书籍、资料、照片、唱片、影碟、画册、衣物后，你会发现：房间原来这么大，这么清亮明朗！自己的家更可爱了！

人的一生，就像一趟旅行，沿途中有数不尽的坎坷泥泞，但也有看不完的春花秋月。如果我们的一颗心总是被灰暗的风尘所覆盖，干涸了心泉、黯淡了目光、失去了生机、丧失了斗志，我们的人生轨迹岂能美好？而如果我们能"时时勤拂拭"，勤于清扫自己的"心地"，勤于掸净自己的灵魂，我们也一定会有"山重水复疑无路，柳暗花明又一村"的那一天。

— 勤于清除心中的垃圾，如果不把污染心灵的废物一块一块清除，势必会造成心灵垃圾成堆，而原来纯净无污染的内心世界，亦将变成满池污水，让你变得更贪婪、更腐朽、更不可救药。

10．是金子总会发光的

维斯卡亚公司是美国 20 世纪 80 年代最为著名的机械制造公司，其产品销往全世界，并代表着当今重型机械制造业的最高水平。许多人毕业后到该公司求职遭拒绝，原因很简单，该公司的高技术人员爆满，不再需要各种高技术人才。但是令人垂涎的待遇和足以自豪、炫耀的地位仍然向那些有志的求职者闪烁着诱人的光环。

詹姆斯和许多人的命运一样，在该公司每年一次的用人测试会上被拒绝申请，其实这时的用人测试会已经是徒有虚名了。詹姆斯并没有死心，他发誓一定要进入维斯卡亚重型机械制造公司。于是他采取了一个特殊的策略——假装自己一无所长。

他先找到公司人事部，提出为该公司无偿提供劳动力，请求公司分派给他任何工作，他都不计任何报酬来完成。公司起初觉得这简直不可思议，但考虑到不用任何花费，也用不着操心，于是便分派他去打扫车间里的废铁屑。一年来，詹姆斯勤勤恳恳地重复着这种简单但是劳累的工作。为了糊口，下班后他还要去酒吧打工。这样虽然得到老板及工人们的好感，但是仍然没有一个人提到录用他的问题。

1990年初，公司的许多订单纷纷被退回，理由均是产品质量有问题，为此公司将蒙受巨大的损失。公司董事会为了挽救颓势，紧急召开会议商议解决，当会议进行一大半却尚未见眉目时，詹姆斯闯入会议室，提出要直接见总经理。在会上，詹姆斯把对这一问题出现的原因做了令人信服的解释，并且就工程技术上的问题提出了自己的看法，随后拿出了自己对产品的改造设计图。这个设计非常先进，恰到好处地保留了原来机械的优点，同时克服了已出现的弊病。总经理及董事会的董事见到这个编外清洁工如此精明在行，便询问他的背景以及现状。詹姆斯面对公司的最高决策者们，将自己的意图和盘托出，经董事会举手表决，詹姆斯当即被聘为公司负责生产技术问题的副总经理。

原来，詹姆斯在做清扫工时，利用清扫工到处走动的特点，细心察看了整个公司各部门的生产情况，并一一作了详细记录，发现了所存在的技术性问题并想出解决的办法。为此，他花了近一年的时间搞设计，做了大量的统计数据，为最后一展雄姿奠定了基础。

大哲理
da zhe li

> 詹姆斯不愧是一个聪明人，他知道："是金子总会发光的。"他在推销自己的过程中能够不争一时的先后，才华不外露，锋芒内敛；他目光远大，为自己的发展准备了充分的条件，因此最终获得了成功。

11．人生不可以没梦想

在一些著名人物的传记中，我们经常可以看到：他们往往要等上很多年，才能够获得成功。英国作家托尔金把自己半辈子的心血都花在他的三部曲史诗《行会首领》上。法国的萨特几乎用了 10 年的时间来写他的第一本书。在 10 年的时间当中，萨特只专心撰写这唯一的一本书，三易其稿，可是最后却遭到了所有出版商的拒绝。试想一下：如果没有一个远大的愿望和梦想支撑着他们，他们能有这么大的动力吗？如果他们没有自己的梦想作为动力，他们又怎么会牺牲自己生命中这么多宝贵的时间呢？

很多艺术家们长达几年地专攻一幅画作、一本小说或一部戏剧，他们过着完全没有保障的生活，常常陷入贫困、经济拮据，但是所有这一切他们都可以置之不顾，只为了能够使自己的梦想成真。演员、歌唱家和舞蹈家也是如此，虽经几年的奋斗仍然不成功，但是他们却从不轻易放弃自己的理想，他们当中有许多人是过了很久才成名的。如果问他们：付出这么多艰辛值得吗？他们会回答说：必要的话，还将一直这么做下去。一个人丰富的内心世界和梦想在他人的眼里也许会显得"很古怪"，但是这恰恰是一个人真正拥有的财富。

大哲理
da zhe li

凡是努力工作、具有创造力的人，其最终目的就是为了实现自己的愿望。如果一个人没有了自己的愿望，那他就根本不可能有什么动力。

12. 点亮心中自信的明灯

心理学认为，自卑是一种过多地自我否定而产生的自惭形秽的情绪体验。其主要表现为对自己的能力、学识、品质等自身因素评价过低；心理承受能力脆弱，经不起较强的刺激；谨小慎微，多愁善感，常产生猜疑心理；行为畏缩、瞻前顾后等。自卑心理可能产生在任何年龄段和各种各样的人身上，比如说，德才平平，生命仍未闪现出"辉煌"与"亮丽"，往往容易产生"看破红尘"的感叹和"流水落花春去也"的无奈，以至把悲观失望当成了人生的主调；经过奋力拼搏，工作有了成绩，事业上创造了"辉煌"，但总担心"风光"不再，容易产生前途渺茫、"四大皆空"的哀叹；随着年龄的增长，青春一去不回头，往往容易哀怨岁月的无情和生发出红日偏西的无奈……这种自卑心理是压抑自我的沉重精神枷锁，是一种消极、不良的心境。它消磨人的意志，软化人的信念，淡化人的追求，使人锐气钝化，畏缩不前，从自我怀疑、自我否定开始，以自我埋没自我消沉告终，使人陷入悲观哀怨的深渊不能自拔，真是害莫大焉！

自卑的对立面是自信，自信就是自己信得过自己，自己看得起自己。别人看得起自己，不如自己看得起自己。美国作家爱默生说："自信是成功的第一秘诀。"又说："自信是英雄主义的本质。"人们常常把自信比作发挥主观能动性的闸门，启动聪明才智的马达，这是很有道理的。确立自信心，就要正确地评价自己，发现自己的长处，肯定自己的能力。人们常说人贵有自知之明，这个"明"，既表现为如实看到自己的短处，也表现为如实分析自己的长处。如果只看到自己的短处，似乎是谦虚，实际上是自卑心理在作怪。"尺有所短，寸有所长。"每个人都有自己的优势和长处。如果我们能客观地估价自己，在认识缺点和短处的基础上，找出自己的长处和优势，并以己之长比人之短，就能激发自信心。要学会欣赏自己，表扬自己，把自己的优点、长处、成绩、满意的事情，统统找出来，在心中"炫耀"一番，反复刺激和暗示自己"我可以""我能行""我真行"，就能逐步摆脱"事事不如人，处处难为己"的阴影的困扰，就会感到生命有活力，生活有盼头，觉得太阳每天都是新的，从而保持奋发向上的劲头。"天生我材必有用"。自己给自己鼓掌，自己给自己加油，自己给自己戴朵花，自己给自己发锦旗，便能撞击出生命的火花，培养出像阿基米德"给我一个支点，我将撬动整个地球"的那种豪迈的自信来！

自信不是孤芳自赏，也不是夜郎自大，更不是得意忘形，毫无根据的自以为是和盲目乐观；而是激励自己奋发进取的一种心理素质，是以高昂的斗志、充沛的干劲、迎接生活挑战的一种乐观情绪，是战胜自己、告别自卑、摆脱烦恼的一种灵丹妙药。

大哲理
da zhe li

自信，并非意味着不费吹灰之力就能获得成功，而是说战略上要藐视困难，战术上要重视困难，要从大处着眼、小处动手，脚踏实地、锲而不舍地奋斗、拼搏，扎扎实实地做好每一件事，战胜每一个困难，从而一次次地走向成功。

13．缺陷不是你的过失

从前有个人，相貌极丑，街上行人都要掉头对他多看一眼。他从不修饰，到死都不在乎衣着。窄窄的黑裤子，伞套似的上衣，加上高顶窄边的大礼帽，仿佛要故意衬托出他那瘦长条似的个子，走路姿势难看，双手晃来荡去。

他是小地方的人，直到最后，甚至已经身任高职，举止仍是老样子，仍然不穿外衣就去开门，不戴手套去歌剧院，总是，讲不得体的笑话，往往在公众场合忽然忧郁起来，不言不语。无论在什么地方——在法院、讲坛、国会、农庄，甚至在他自己家里——他处处都显得不得其所。

他不但出身贫贱，而且身世蒙羞，是母亲的私生子，他一生都对这些缺点非常敏感。

没人出身比他更低，但也没人比他升得更高。

他后来任美国总统，这个人就是林肯。

一个人有这么大的弱点而不去补偿，难道也能得到林肯那样的成就吗？

原来，林肯并不是用每一个长处抵每一个短处以求补偿，而是凭伟大的睿智与情操，使自己凌驾于一切短处之上，置身于更高的境界。只有在一个方面，就是教育方面，直接补偿自己的不足。他拼命自修来克服早期的障碍。他非常孤陋寡闻，在20岁以前听牧师布道，他们都说地球是扁的。他在烛光、灯光和火光前读书，读得眼球在眼眶里越陷越深；眼看知识无涯而自己所知有限，总是感觉沮丧。他填写国会议员履历，在教育项下填的是："有缺点。"

他一生就是对一切他所缺乏的全面补偿。他不求名利地位，不求爱情和婚姻美满，集中全力以求达到更高的目标，他渴望把他的独特思想与崇高人格里的一切优点奉献出来，造福人类。

可是，常人必须选择可以达到的目标，不可好高骛远，妄自追求达不到的目标。

现在要讨论的问题是：假定你有一两种自卑感，而想加以利用，转弱为强，办得到吗？

不错，并不容易。但是办不到吗？就过去的经验来说，并非如此。有几位伟人（男女都有）生平就是一部奋斗史，显示出借补偿作用而获得成就的可能性有多大。读达尔文、济慈、康德、拜伦、培根、亚里士多德的传记，就不会不明白，他们的品格和一生，都是个人缺陷形成的。像亚历山大、拿破仑、纳尔逊，是因为生来身材矮小，所以立志要在军事上获得辉煌成就；像苏格拉底、伏尔泰，是因为自惭奇丑，所以在思想上痛下工夫而大放光芒。

唯一的阻碍，不是我们不能改变自己，也不是改变的困难，而是我们不要改变。只要别人或是别的事物改变了，你就会看到，我们把自己调整得多好。

现在就是开始的时候了，明白了你自己的这个窍门，你便可以过大好的新生活。你不再会让自卑感作祟而使自己觉得难堪，你会决定，像一般成功快乐的人那样，好好地发挥自卑感原有的作用。虽然起初不大有把握，可是你会发现你自己不再受它的驱使，而是在利用它，将来过上更多彩更丰富的生活。

大哲理
da zhe li

> 缺陷不是你的过失。先天的不足，你可以通过后天的努力给予
> 补偿。做人，没有必要去纠缠一些无法改变的过去。

14．多点超脱，莫让名利遮住眼

俗话说：人过留名，雁过留声。谁也不想默默无闻地活一辈子，所谓人各有志就是这个意思。

唐朝诗人宋之问，有一个外甥叫刘希夷，很有才华，是年轻有为的诗人。一日，希夷写了一首诗，曰《代白头吟》，到宋之问家中请舅舅指点。当希夷诵到"古人无复洛阳东，今人还对落花风。年年岁岁花相似，岁岁年年人不同"时，宋之问情不自禁连连称好，忙问此诗可曾给他人看过，希夷告诉他刚刚写完，还不曾与人看。宋之问遂道："你这诗中'年年岁岁花相似，岁岁年年人不同'两句，着实令人喜爱，若他人不曾看过，让与我吧。"希夷言道："此二句乃我诗中之眼，若去之，全诗无味，万万不可。"晚上，宋之问睡不着觉，翻来覆去只是念这两句诗。心中暗想，此诗一面世，便是千古绝唱，名扬天下，一定要想法据为己有。于是起了歹意，命手下人将希夷活活害死。后来，宋之问获罪，先被流放到钦州，又被皇上勒令自杀，天下文人闻之无不称快！刘禹锡说："宋之问该死，这是天之报应。"

自古以来胸怀大志者多把求名、求官、求利当作终生奋斗的三大目标。三者能得其一，对一般人来说已经终生无憾；若能尽遂人愿，更是幸运之至。然而，从辩证法角度看，有取必有舍，有进必有退，就是说有一得必有一失，任何获取都需要付出代价。问题在于，付出的值不值得。为了公众事业，民族和国家的利益，为了家庭的和睦，为了自我人格的完善，付出多少

—— 121 ——

都值得，否则，付出越多越可悲。我们所说的忍名让利，正是从这个意义上提出的人生命题。

客观地说，求名并非坏事。一个人有名誉感就有了进取的动力；有名誉感的人同时也有羞耻感，不想玷污自己的名声。但是，什么事都不能过于追求，只要过分追求，又不能一时获取，求名心太切，有时就容易产生邪念，走歪门。结果名誉没求来，反倒臭名远扬，遗臭万年。君子求善名，走善道，行善事。

小求虚名，弃君子之道，做小人勾当。古今中外，为求虚名不择手段，最终身败名裂的例子很多，确实发人深思；有的人已小有名气，还想名声大震，于是邪念膨胀，连原有的名气也遭人怀疑，更是可悲。

在中世纪的意大利，有一个叫塔尔达利亚的数学家，在国内的数学擂台赛上享有"不可战胜者"的盛誉，他经过自己的苦心钻研，找到了三次方程式的新解法。这时，有个叫卡尔丹诺的找到了他，声称自己有千万项发明，只有三次方程式对他是不解之谜，并为此而痛苦不堪。善良的塔尔达利亚被哄骗了，把自己的新发现毫无保留地告诉了他。谁知，几天后，卡尔丹诺以自己的名义发表了一篇论文，阐述了三次方程式的新解法，将成果攫为己有。他的做法在相当一个时期里欺瞒住了人们，但真相终究还是大白于天下了。现在，卡尔丹诺的名字在数学史上已经成了科学骗子的代名词。

宋之问、卡尔丹诺等也并非无能之辈，在他们各自的领域里都是很有建树的人。就宋之问来说，纵不夺刘希夷之诗，也已然名扬天下。糟的是，人心不足，欲无止境！俗话说，钱迷心窍，岂不知名也能迷住心窍。一旦被迷，就会使原来还有一些才华的"聪明人"变得糊里糊涂，使原来还很清高的文化人变得既不"清"也不"高"，做起连老百姓都不齿的肮脏事情，以致弄巧成拙，美名变成恶名。

求名并无过错，关键是不要死死盯住不放，盯花了眼。那样，必然要走到沽名钓誉、欺世盗名之路。

有时，既未沽，也未钓，更未盗，美名便戴到了自己的头顶，这又当如何呢？

著名的京剧演员关肃霜，有一天在报纸上看到一篇题为：《关肃霜等九名演员义务赡养失子老人》的报道，同时收到了报社寄来的湖北省委顾问李尔重写的《赞关肃霜等九同志义行之歌》的诗稿校样，这使她深感不安。

原来，京剧演员于春海去世后，母亲和继父生活无靠，剧团的团支部书记何美珍提议大家捐款义务赡养老人，这一活动持续了二十三年，关肃霜开始并不知晓，是后来知道并参加的。但报导却把她说成了倡导者，这就违背了事实。关肃霜看到报导后，立即委托组织给报社复信，请求公开澄清事实。李尔重也尊重关肃霜的意见，将诗题改成"赞云南省京剧院施沛、何美珍等二十六同志"。

第二次世界大战期间，美军与日军在依洛吉岛展开了激战，最后将日军打败，把胜利的旗帜插在了岛上的主峰，心情激动的陆战队员们，在欢呼声中把那面胜利的旗帜撕成碎片分给大家，以作终生的纪念。这是一个十分有意义的场面，后赶来的记者打算把它拍照下来，就找来六名战士重新演出这一幕。其中有一个战士叫海斯，是一个在战斗中表现极为普通的人，可是由于这张照片的作用，使他成了英雄，在国内得到一个又一个的荣誉，他的形象也开始印在邮票、香皂等上面，家乡也为他塑了雕像。

这时他的心是极为矛盾的：一方面陶醉在赞扬中，一方面又怕真相被揭露；同时，由于自己名不符实，又总是处在一种内疚、自愧之中。在这样的心理状态下，他每天只好用酒来麻醉自己。终于，在一天夜里，他穿好军装，悄悄地离开了对他充满赞歌的人世。

同样得到了飞来之美名，关肃霜和海斯的态度不同，结局也各异。还是东坡先生说得好："苟非吾之所有，虽一毫而莫取。"美名美则美矣，只是对于那些还有一点正义感，有一点良知的人，面对不该属于他的美名，受之可以，坦然却未必办得到！得到的是美名，得到的也是一座沉重的大山，一条捆缚自己的锁链，早晚会被压垮，压得喘不上气来。像关肃霜，就活得真实、活得轻松、活得自在、活得安然。

如果真有人对此能坦然受之，那这个人的品质也就算很有问题了！

大哲理
da zhe li

做人最好少一点欲念，多一点超脱，到了你出名的那一刻，你定会成功的，莫为名利遮住眼。

15．只忙重要的事

日本作家川端康成自获诺贝尔奖之后，受盛名之累，常被官方、民间，包括电视广告商人等，拉着去做这做那。文人难免天真，不擅应酬，心慈面软，不会推托；做事又过于认真，不懂敷衍；于是陷入忙乱的俗事重围，不知如何解脱，终于自杀，了此一生。据报道，川端临终前，曾为筹措笔会经费而心力交瘁。心情十分低落，可能是促使他厌世自杀的原因之一，这当不是妄测之词。

固然，对一位作家来说，能获得诺贝尔奖，这口井已经算是凿得够深了。但如果他不被卷入使他烦倦不堪的琐事，而能依然宁静度岁，以他东方式的丰富晶莹的智慧，或可有更具哲理的创作留传于世。

《湖滨散记》的作者梭罗，为了要写一本书，而去森林中度过两年的隐士生活。自己种豆和以玉蜀黍为食，摆脱了一切剥夺他时间的琐事俗务，专心致志，去体验林间湖上的景色和他心灵所产生的共鸣。从中发现许多道理，而完成了这本名著。

常有人叹息生活忙乱，负担沉重。

当然，人生有许多推不开的负担，但是，在这些负担之中，有许多是不必要的。由于太贪多、太求全，或太急切反而使自己顾此失彼。

许多人在除了自己分内该忙的事情外，更要忙些不该忙的。如忙应酬，忙为了增加物质享用或虚荣而去赚钱，忙着奔走钻营去求地位。对自己已经着手的工作易于失去兴趣，因而时常见异思迁。

![大哲理 da zhe li]

"能者多劳"，是对一个有才干的人的赞誉，却也是对他的一种悲悯。

第六章
行动，不要只停于空想

"天下没有免费的午餐"，一切成功都要靠
自己的努力去争取。机会需要把握，也需要
创造。

1. 正视失败

加拿大商人蓝伯特曾经在商界一帆风顺，在不到四十岁时，就白手起家，建立起了自己的事业王国。永不言败是蓝伯特的信条，他也一直以此为目标努力着。然而，公司管理上的漏洞导致一次巨额投资的失误，使他遭受了沉重的打击，公司最后也以破产告终。此后，蓝伯特日渐消沉，听不进任何规劝，对破产耿耿于怀，十分害怕听到别人提起自己的失败。

几个月后，在一个朋友的帮助下，蓝伯特得知有家法国公司在寻找商业合作伙伴。经过亲友、合伙人的几番劝说，蓝伯特启程前往巴黎，但实际上，他本人对这次合作没有任何信心。到了巴黎才知道，对方公司的负责人在英国，蓝伯特便在对方公司派来的陪同人员布鲁诺的带领下，乘坐直达伦敦的海底隧道列车，前往伦敦。

下了火车，蓝伯特才注意到，伦敦的终点站竟然取名为"滑铁卢站"。"伦敦的滑铁卢站？"蓝伯特大惑不解，虽然知道这条隧道是英、法两国合造的，但怎么都令人觉得，英国这边的车站取名滑铁卢站，不是什么友好的表现。而更不可思议的是，法国人怎么也竟然容忍了这个名字？蓝伯特向布鲁诺提出自己的疑问，布鲁诺心平气和地说："那有什么关系？既然失败过就要承担失败造成的后果，永远提醒自己记住曾经失败过，不忘前耻，才能激发更强烈的进取心。蓝伯特听后深有感触。

后来，与该公司负责人的会面非常成功，蓝伯特成了该公司在加拿大的唯一合作伙伴。在蓝伯特的办公室里，也多了一幅描绘伦敦滑铁卢车站的风景画。

大哲理
da zhe li

接受失败的事实是人们应该而且必须要做到的。从不失败只

是一个神话，只要你能够正视失败，总结经验、吸取教训，你就
会在失败中成长，最终走向成功。

2．一颗百折不挠的心

　　有一个年轻人渴望自己能够成功，但是在他短短的人生旅途中已经遭
受了接二连三的打击和挫折。他处于崩溃的边缘，几乎就要绝望了。苦闷
的他仍然心有不甘，在彷徨和迷茫中，去请教一位智者。见到智者后，他
很恭敬地问："我一心想有所成就，可总是失败，遇到挫折。请问，我怎
样才能成功呢？"

　　智者笑笑，转身拿出一个东西递给年轻人，他吃惊地发现躺在自己手
心的竟然是一颗花生。智者问道："你有没有觉得它有什么特别之处呢？"
年轻人凑上前去仔细地观看了一番，但是仍然没有发现它和别的花生有什
么差别。"请你用力捏捻它。"智者见年轻人没有说话，接着说。年轻人伸
出手用力一捏，花生壳被他捏碎了，只有红色的花生仁留在了手中。"请
你再搓搓它，看看会发生什么事。"智者又说，脸上带着微笑。年轻人虽
然不解，但还是照着他的话做了，就在他轻轻地一捻之中，花生红色的种
皮也脱落了，只留下白白的果实。

　　年轻人看着手中的花生仁，不知智者是何意。"再用手捏它。"智者
又说。

　　年轻人用力一捏，但是他感觉到他的手指根本就无法将它毁坏。

　　"用手搓搓看。"智者说。年轻人又照做了，当然，什么也没搓下来。

　　"虽屡遭挫折，却有一颗坚强的百折不挠的心，这就是成功的一大秘
密啊！"智者说。年轻人蓦然顿悟，自己遭遇过几次挫折就要崩溃绝望了，
这样脆弱的心理又怎么能够成功呢？从智者那里出来，他又挺起了胸膛，
向前方迈开了脚步。

人生旅途有太多难以避免的磨难，我们要牢牢地拥有一颗百折不挠的心。只要拥有了这样一颗坚韧不拔的心，我们就能在生命的大海上扬帆远航、乘风破浪。

3．荣耀只能依靠奋斗争取

在美国耶鲁大学三百周年校庆之际，全球第二大软件公司"甲骨文"的行政总裁、世界第四富豪艾里森应邀参加典礼。艾里森当着耶鲁大学校长、教师、校友、毕业生的面，说出一番惊世骇俗的言论。他说："所有哈佛大学、耶鲁大学等名校的师生都自以为是成功者，其实你们全都是失败者，因为你们以在有过比尔·盖茨等优秀学生的大学念书为荣，但比尔·盖茨却并不以在哈佛读过书为荣。"

这番话令全场听众目瞪口呆。至今为止，像哈佛、耶鲁这样的名校从来都是令几乎所有人敬畏和神往的，艾里森也太狂了点儿吧，居然敢把那些骄傲的名校师生称为"失败者"。这还不算，艾里森接着说："众多最优秀的人才非但不以哈佛、耶鲁为荣，而且常常坚决地舍弃那种荣耀。世界第一富比尔·盖茨，中途从哈佛退学；世界第二富保尔·艾伦，根本就没上过大学；世界第四富，就是我艾里森，被耶鲁大学开除；世界第八富戴尔，只读过一年大学；微软总裁斯蒂夫·鲍尔默在财富榜上大概排在十名开外，他与比尔·盖茨是同学，为什么成就差一些呢？因为他是在读了一年研究生后才恋恋不舍地退学的……"

艾里森接着"安慰"那些自尊心受到一点伤害的耶鲁毕业生，他说："不过在座的各位也不要太难过，你们还是很有希望的，你们的希望就是，经过这么多年的努力学习，终于赢得了为我们这些人（退学者、未读大学者、被开除者）打工的机会。"

几乎所有的人常会有一种强烈的"身份荣耀感",但如果过分迷恋这种仅仅是因为身份带给你的荣耀,那么人生的境界就不可能太高,当我们陶醉于自己的所谓"成功"时,我们已经被真正的成功者看成了失败者。

4. 甩掉烦恼

小时候母亲给我讲了一个叫"蓝鸟"的故事:

一个美丽可人的小女孩正在舒适温暖的家中做功课,突然窗口飞来了一只毛色鲜丽的蓝鸟,蓝鸟不停地在歌唱,它的歌声缤纷悦耳,使人仿佛看到一座镶满了不同玉石的宝山,璀璨夺目。小女孩被蓝鸟深深地吸引着,不由自主地放下了功课,走出了温暖的家门,追随着蓝鸟及它那一路上透迤着的美丽歌声。不久,蓝鸟飞回林中转瞬便失去了踪影,小女孩在林中流连,不断呼着蓝鸟的名字,希望再听见它那使人心生喜悦的歌声。可惜的是,蓝鸟不再出现,小女孩失望得悲伤痛哭,一直等到太阳快要下山了,才无奈地回家了。

家里亮着温柔灯光,爸妈一见到小女孩立即破涕为笑,把她拥在怀里久久不放,说:"在家里舒舒服服的,为什么到处乱跑使爸妈担心呢?"小女孩说为了去找蓝鸟,妈妈指指窗口说:"唉!傻孩子,蓝鸟不是整天都在家里唱个不停吗?"

原来,很多时候所谓快乐和内心的清明其实一直未曾离开我们。只是我们身在这红尘万丈、光影斑斓的人间,不免会被种种五光十色的影像眩惑而终致迷失了自己。我们本来一如明镜般洁净无染的水晶之心,便会慢慢地为红尘中的风雨所浊蚀、所熏染、所蒙蔽、所牵引,使我们只能在经验的世界中不由自主地随包罗万象的处境而不停转动。我们没有一刻能停下来喘息，以曾经清凉剔透的心来观照生命中圆融无碍的云月溪山，或静静地欣赏这炙热人间中美丽绽放的出水莲，享受荷塘中温柔拂过的阵阵凉风……

我们之所以烦恼，只因为我们的心不安。

活在这复杂的人世，烦恼一直未曾也永远不会离开我们，但我们也不要忘记，生命中有死亡的悲痛，是因为它同时有生的喜悦；生命中有衰老的无奈，是因为它同时有青春的飞扬。而这些也都不过是现象世界中的曲折。就从现在起，让我们将我们那颗原来是安静明亮的心安定下来，再以这如金刚石柱般坚定不移的个性，自由出入于世界的烦恼与菩提。

大哲理
da zhe li

很多时候，我们之所以烦恼，只因为我们的心不安。

5．人生源自梦想

1994 年 1 月 14 日下午，美国总统克林顿在访问莫斯科期间，在奥斯坦金诺电视台大厅接见俄罗斯新闻工作者和各界代表，当场发表演说并回答听众的各种提问。

电视屏幕上出现了这样一组镜头：

克林顿总统对听众说："现在我请最年轻的与会者提问题。"一个虎头虎脑的小男孩，不慌不忙地在大厅后排站了起来。

克林顿问："你今年多大了？"

小男孩用英语回答说："13 岁。"

克林顿惊讶地笑了笑，说："你提问吧！"

小男孩用英语问道：　"总统先生，请您谈谈您是怎样当上美国总统的。"

话音刚落，满座听众哄然大笑。

克林顿十分高兴地对他说："请你到我面前来。"

小男孩穿过人群，走到克林顿总统的跟前。

克林顿微笑着把他拉到自己的身边，爱抚地摸着身高只及自己胸口的小男孩的双肩，亲切地告诉他："我16岁时，就下决心要为国家服务。我以林肯总统为榜样，不断地学习、准备，抓紧各种机会不懈地追求奋斗，终于有一天，我问鼎白宫，实现了自己当初的梦想。"

这时，大厅里爆发出了热烈的掌声。听众们以这样的形式，祝贺小男孩的殊荣，感谢克林顿总统的回答。

伟大的理想之所以伟大，就在于它是常人难以实现的。想要做一个与众不同或是成就非凡事业的人，就要在起步时下定决心，锲而不舍始终如一地坚持到底，才能够达到目的，实现理想。小男孩如果不曾梦想成为未来的总统，就不会向已登上了总统宝座的克林顿提出这样的问题，而克林顿总统假如不是当初就下定了决心，为了成为世界上最强大的美利坚合众国的领袖而努力奋斗，那么，也许不仅仅是他个人的历史要改写，恐怕整个美国的历史也将要因此而改写了。所以，年轻的朋友们，请不要让自己年轻的心空无梦想，现在就为自己的将来设计一个伟大的理想吧，用自己不懈奋斗的青春，让这个梦在我们的生命中开出一簇簇艳丽绚烂的花朵！

大哲理
da zhe li

　　梦想决定态度，态度决定成就。没有梦想的人生是可怕的，没有梦想的青春是苍白的。但是，有了梦想还得志存高远。

6. 少壮时努力，年老时收获

从前，有个流浪的艺人，虽然才四十几岁，但是骨瘦如柴，形容枯槁，医生诊断结果是肝癌末期，临终前，他把年仅16岁的独子找来，叮咛着："你要好好读书，不要像我少壮不努力，老来没成就。我年轻时好勇斗狠，日夜颠倒，烟酒都来，正值壮年就得了绝症。你要谨记在心，不要再走我的老路。我没读什么书，没什么大道理可以教你，但你要记住把'少壮不努力，老来没成就'这句话传下去。"

说完，他咽下最后一口气，16岁的儿子却懵懵懂懂地站立一旁。

长大后，他儿子仍然在酒家、赌场闹事，有一次与客人起冲突，因出手过重而闹出人命，被捕坐牢。出狱后，人事全非，发觉不能再走老路，但是却无一技之长，无法找个正当的工作，只好下定决心，回到乡下，靠做一些杂工维生。

由于他年轻时无法体会父亲交代的遗言，耽误终身大事，年近半百才成婚。虽然年事渐长，逐渐能体会父亲临终前交代的话，但似乎为时已晚。他的体力一天不如一天，一年不如一年，面对着无法撑持起来的家，心里有着无限的忏悔与悲伤。

有个夜晚，他喝点酒，带着酒意，把16岁的儿子叫到跟前。他先是一愣，这不就是当年16岁的我啊！父亲临终前交代遗言的景象在脑海中显现，有些自责地喃喃自语：

"我怎么没把那句话听进去啊。"

说着，眼泪直滴脸颊，儿子站在面前，懂事地安慰着："爸爸，您喝醉了，早点休息吧！"

"我没有醉，我要把你爷爷交代我的话告诉你，你要牢牢记住。"

"爸爸！什么话这么慎重呀！"

"当年你爷爷临终时交代我不可以'少壮不努力，老来没成就'，我没听进去，也没听懂。结果我费尽一生才体会出这一句话的道理，但为时已晚。"

大哲理
da zhe li

　　并不是每个人都愿意从年轻时就努力奋发向上。一定要年轻时就学好，不然老了就会一无是处。

7. 心态比环境更重要

　　每天上午 11 时，一辆耀眼的汽车穿过纽约市的中心公园，车里除了司机，还有一位主人——无人不晓的百万富翁。

　　百万富翁注意到：每天上午都有位衣着破烂的人坐在公园的凳子上死死地盯着他住的旅馆。一天，百万富翁对此发生了极大的兴趣，他要求司机停下车并径直走到那人的面前说："请原谅，我真不明白你为什么每天上午都盯着我住的旅馆看？"

　　"先生，"这人答道，"我没钱、没家、没住宅，我只得睡在这长凳上。不过，每天晚上我都梦到住进了那所旅馆。"

　　百万富翁灵机一动，洋洋自得地说："今晚你一定如梦以偿。我将为你在旅馆租一间最好的房间并付一个月房费。"

　　几天后，百万富翁路过这人的房间，想打听一下他是否对此感到满意。

　　然而，他出乎意料地发现这人已搬出了旅馆，重新回到了公园的凳子上。

　　当百万富翁问这人为什么要这样做时，他答道："一旦我睡在凳子上，我就梦见睡在那所豪华的旅馆真是妙不可言；一旦我睡在旅馆，我就梦见我又回到了冷冰冰的凳子上，这梦真是可怕极了，以至完全影响了我的睡眠！"

物质条件可以改善，但一个人的精神状态在短期内却很难改变。因此，我们不能只追求单方面的进步，应该使二者齐头并进、相互匹配。

8. 每天做好一件事

有一位画家，举办过十几次个人展，参加过上百次画展。无论参观者多与否，有没有获奖，他的脸上总是挂着开心的微笑。

在一次朋友聚会上，一位记者问他："你为什么每天都这么开心呢?"

他微笑着反问记者："我为什么要不开心呢?"

尔后，他讲了他儿时经历过的一件事情：

我小的时候，兴趣非常广泛，也很要强。画画、拉手风琴、游泳、打篮球，样样都学，还必须都得第一才行。这当然是不可能的。于是，我闷闷不乐、心灰意冷，学习成绩一落千丈，有一次我的期中考试成绩竟排到全班的最后几名。

父亲知道后，并没有责骂我。晚饭之后，父亲找来一个小漏斗和一捧玉米种子，放在桌子上。告诉我说："今晚，我想给你做一个试验。"父亲让我双手放在漏斗下面接着，然后捡起一粒种子投到漏斗里面，种子便顺着漏斗掉到了我的手里。父亲投了十几次，我的手中也就有了十几粒种子。然后，父亲一次抓起满满一把玉米粒放到漏斗里面，玉米粒相互挤着，竟一粒也没有掉下来。二十多年过去了，我一直铭记着父亲的教诲："每天做好一件事，坦然微笑地面对生活。"

　　每天都能做好一件事，每天你就会有收获到快乐。可是，当你想把所有的事情都挤到一起来做，反而连丝毫的收获都没有了。

9．成功的绊脚石

　　5 年前，詹姆斯·拉法尔经营的是小本农具买卖。他过着平凡而又体面的生活，但并不理想。他一家的房子太小，也没有钱买他们想要的东西。拉法尔的妻子并没有抱怨，很显然，她只是安于天命而并不幸福。

　　但拉法尔的内心深处变得越来越不满。当他意识到爱妻和他的两个孩子并没有过上好日子的时候，心里就感到深深的刺痛。

　　但是今天，一切都有了极大的变化。现在，拉法尔有了一所占地 2 英亩的漂亮新家。他和妻子再也不用担心能否送他们的孩子上一所好的大学了，他的妻子在花钱买衣服的时候也不再有那种犯罪的感觉了。下一年夏天，他们全家都将去欧洲度假。拉法尔过上了真正的生活。

　　拉法尔说："这一切的发生，是因为我利用了信念的力量。5 年以前，我听说在底特律有一份经营农具的工作。那时，我们还住在克利夫兰。我决定试试，希望能多挣一点钱。我到达底特律的时间是星期天的早晨，但公司与我面谈还得等到星期一。晚饭后，我坐在旅馆里静思默想，突然觉得自己是多么的可憎。'这到底是为什么！'我问自己'失败为什么总属于我呢？'"

　　拉法尔不知道那天是什么促使他做了这样一件事：他取了一张旅馆的信笺，写下几个他非常熟悉的、在近几年内远远超过他的人的名字。

　　他们取得了更多的权力和工作职责。其中两个原是邻近的农场主，现已搬到更好的边远地区去了，其他两位拉法尔曾经为他们工作过，最后一位则是他的妹夫。

拉法尔问自己：什么是这5位朋友拥有的优势呢？他把自己的智力与他们作了一个比较，拉法尔觉得他们并不比自己更聪明；而他们所受的教育，他们的正直，个人习性等，也并不拥有任何优势。终于，拉法尔想到了另一个成功的因素，即主动性。拉法尔不得不承认，他的朋友们在这点上胜他一筹。

当时已快深夜3点钟了，但拉法尔的脑子却还十分清醒。

他第一次发现了自己的弱点。他深深地挖掘自己，发现缺少主动性是因为在内心深处，他并不看重自己。

拉法尔坐着度过了残夜，回忆着过去的一切。从他记事起，拉法尔便缺乏自信心，他发现过去的自己总是在自寻烦恼，自己总对自己说不行，不行，不行！他总在表现自己的短处，几乎他所做的一切都表现出了这种自我贬值。

终于拉法尔明白了：如果自己都不信任自己的话，那么将没有人信任你！

于是，拉法尔做出了决定："我一直都是把自己当成一个二等公民，从今后，我再也不这样想了。"

第二天上午，拉法尔仍保持着那种自信心。他暗暗以这次与公司的面谈作为对自己自信心的第一次考验。

在这次面谈以前，拉法尔希望自己有勇气提出比原来工资高750甚至1000美元的要求。但经过这次自我反省后，拉法尔认识到了他的自我价值，因而把这个目标提到了3500美元。结果，拉法尔达到了目的。他获得了成功。

大哲理
da zhe li

自卑是我们前进中的绊脚石，只有对自己充满信心，并付诸持续不断的行动，我们才能取得我们想要的一切。假如一个人陷入自卑的深渊，那么他就会受到严重的束缚，聪明才智便无法发挥，所以自卑是成功的绊脚石。

10．风景不在对岸

一条河隔开了两岸，此岸住着凡夫俗子，彼岸住着僧人。

凡夫俗子们看到僧人们每天无忧无虑，只是诵经撞钟，十分羡慕他们；僧人们看到凡夫俗子每天日出而作，日落而息，也十分向往那样的生活。

日子久了，他们都各自在心中渴望着：到对岸去。

终于有一天，凡夫俗子们和僧人们达成了协议。于是，凡夫俗子们过起了僧人的生活，僧人们过上了凡夫俗子的日子。

没过多久，成了僧人的凡夫俗子们就发现，原来僧人的日子并不好过，悠闲自在的日子只会让他们感到无所适从，便又怀念起以前当凡夫俗子的生活来。

成了凡夫俗子的僧人们也体会到，他们根本无法忍受世间的种种烦恼、辛劳、困惑，于是也想起做和尚的种种好处。

又过了一段日子，他们各自心中又开始渴望着：到对岸去。

大哲理
da zhe li

在人生旅途中，永远都不要忘记随时调整心态，因为旅途的突破取决于人自身的突破。

11．自己决定自己的选择

年轻的杰克正逢兵役年龄，抽签的结果，正好抽中下下签，最艰苦的兵种——海军陆战队。杰克为此整日忧心忡忡，几乎已到了茶不思、饭不想的地步。深具智慧的祖父奥克托见到自己的孙子这副模样，便寻思要好好地教导他。老奥克托说:"孩子啊,没什么好担心的。当了海军陆战队,到部队中,还有两个机会,一个是内勤职务,另一个是外勤职务。如果你分配到内勤单位,也就没有什么好担心的了!"杰克问道:"那,若是被分发到外勤单位呢!"老奥克托说:"那还有两个机会,一个是留在本土,另一个是分配外土,如果你分配在本土,也不用担心啦!"杰克人又问:"那,若是分配到外土呢?"

老奥克托说:"那还是有两个机会,一个是后方,另一个是分配到最前线。如果你留在后方,也是很轻松的!"杰克再问:"那,若是分配到最前线呢?"老奥克托说:"那还是有两个机会,一个是站岗卫兵,平安退伍;另一个是会遇上意外事故。如果你能平安退伍,又有什么好怕的!"杰克问:"那,若是遇上意外事故呢?"

老奥克托说:"那还是有两个机会,一个是受轻伤,可能送回本土;另一个是受了重伤,可能不治。如果你受了轻伤,送回本土,也就不用担心啦!"

杰克颤声问"那……若是遇上后者呢?"这也是他最恐惧的。

老奥克托大笑:"若是遇上那种情况,你人都死了,还有什么好担心的? 倒是我担心那种白发人送黑发人的痛苦场面,那可不是好玩的喔!"

大哲理
da zhe li

内心最深沉的恐惧,在状况明朗之后,将会自行化为乌有。

第七章

智慧生存，睿智人生

　　凡事只要三思而后行就不会有太大差错，事情就能做得圆满。

　　做事不要犹豫是要你思考得清楚再做，而不是不思考鲁莽去做。做事要有"心计"，就是重在思考，不浮不躁想清楚了再做。这样才能智慧生存，这样的人生才是睿智的人生。

1．变换心境

朋友患先天性心脏病，一年中有一半的时间是在医院里。每次她住院我去看她，朋友总是显得很悲观，很颓唐。这一次，我去看她的时候，她却正在医院的草坪上和久违的几个小朋友兴高采烈地玩捉迷藏。看着朋友神采飞扬的笑脸，我不胜惊愕。朋友说："我已经停止了抱怨。没有一个健康的身体，是我无力改变的事实。但是，生活的质量并不仅仅决定于一个健康的躯壳，我还是可以活得积极开心。变换心境也就等于变换了生命。"

我想起了一个名叫维克多·弗兰克的德国精神医学博士，他曾经在纳粹的集中营里饱受了饥寒凌虐的非人生活。在这随时都有死亡之虞的人间地狱里，弗兰克不仅没有绝望，反而在苦难中找到了生命的意义。有一次，弗兰克随着漫长的队伍由营区步向工地。天气十分寒冷，他不断想着这种悲惨生涯中层出不穷的琐事。诸如：今晚吃什么？鞋带儿断了，如何才能再弄一根来？

这种满脑子只想着芝麻小事的处境，让弗兰克十分厌倦。他强迫自己把思路转向另一个主题。突然间，他看到自己正置身于一间宽敞明亮的讲堂，正面对来宾们发表演讲，演讲的题目则是关于集中营的心理学。那一刻他感觉自己身受的一切苦难，从科学立场上看，就全都变得客观起来。此后，弗兰克以一个精神医学家的感觉来面对集中营的生活，一切难耐的苦难顿时成了弗兰克兴趣盎然的心理学研究题目，他不再感觉痛苦。

看来，朋友和这位弗兰克博士的经历倒有异曲同工之妙。想到我自己，人微言轻，一名普通的家庭主妇，每天陷于柴米油盐酱醋茶中，买菜做饭、洗衣拖地，这样一刻不停，做的却是生活中一件件微不足道的小事，而且还要日复一日、年复一年地做下去，生活是烦琐的，感觉是疲惫的。特别是在做好了饭菜，等人回家的时候，火气便在等待中渐渐燃旺。

家庭中的武力摩擦便时有发生。作为一名普通的妻子、母亲，操心一家人的吃喝拉撒睡是我无法推卸的责任，那么，唯一可以变换的，便只有我的心境了！

有一次，我做好了饭菜等着吃饭的人归来的时候，站在阳台上，突然想到：看着天上的白云，等一个人回家，是一件要多浪漫有多浪漫的事。平生第一次，我不再觉得等待一个人的滋味可怜。这一发现让我开始试着以快乐的心情面对生活。我发现，那些曾让我怨气冲天的家务琐事其实或多或少都包含着乐趣。几番整理，乱糟糟的家顿时变得整洁雅致。我一个人站在屋子中间高兴地对自己说："你真能干。"孩子回来不到 10 分钟，沙发上的垫子已全部错位，而我，只是学着欣赏孩子的活泼。

每天清晨，当我从梦中醒来，推开窗户，我最想说的一句话便是："变换心境等于变换生命。"

大哲理
da zhe li

变换心境就是变换生命。变换心境，使我从平凡琐碎的生活中找到了乐趣。

2. 三思而后行，人生无忧

古人言：三思而后行。这要求我们做事前要深思熟虑，想好了再去做。

如果你是位有"心计"的领导，做决策就懂得深思熟虑，集思广益，多听别人的意见或建议作为参考。

作为有"心计"的领导，都知道每个人或多或少都有一些创意。而你所要扮演的角色，是建立一种激励创新的工作气氛，让你的小组工作成员在这种气氛里能勇于提出新构想。

（1）了解你的职权界限以便做决策工作。假如你不太确定的话，要去问你的上级经理，请他就你的权限范围做一番确认。

例如你在公事上的各项支出报账时，其金额在多少钱以内可以不需要单据，你有权给客户折扣，或是同意退费吗？假如有，最高的限度是什么？你可以聘用人员或辞退员工吗？类似这些的问题，你都需要有一个明确的指示可以遵行。

（2）勿要求你的经理帮你做决策。假如你碰到困难时，把各种可能的做法列一张表，选择其中的一项，然后与你的部属商量，将这种方法向你的部属做说明，训练他们也能自己做决策。

（3）不要把你所列的那些不同做法，都看成是互相抵触的，事实上它们很少会有那么截然不同的分别。最好的做法也许是采用折中的方式。例如假使你手下两个最得力的业务人员都想要担任公司的代表，这时你何不干脆把他们两人都派出去，给你的顾客来一个最深刻的印象呢？

（4）在做决定时，要尽可能地收集各有关资料。决策的制定是根据事实而不是你个人一时的情绪好恶。

（5）往后退一步，把问题做一番审慎的思考。唯有正确的决策才能解决问题。

不同的人有不同的才能，有些人擅长数字，有些人擅长文字，有些人则对史哲有天分。在做决策以前，要把你小组工作人员的才能派上用场。

（6）永远不要违背公司的政策。如果你认为公司的某一些规定有错误，你要在私下会谈时向你的上级经理提出质疑，让他知道不能因为"这是公司的政策"或是说"这些事情公司一直都以这种方式处理的"，就让一个不好的制度一直持续下去。一个经营成功的公司不会把已经确立的各种制度，都当作是绝对的。创新的构想之所以会产生，往往是因为人们从不同的角度去思考问题的结果。

（7）如果你对上级所做的某项决定不满意，你要冷静地与你的经理讨论这个问题。讨论之后若仍然不满意，那么有三种选择：一是接受这项决定并给予全力的支持；二是将这个问题通过投诉程序向更高阶层反映；三是辞职。不要嘀嘀咕咕地接受这个决定，然后又在你的小组人员面前大加批评。你不是拿了薪水到公司来制造纠纷的，或是把你的工作同仁弄得无所适从，而且就算给你和每一个员工都不支持的决策撇清关系，也不能因此便赢得伙伴们的忠诚。

（8）干着急并不能解决事情。把事情从头到尾想一想，如果需要找别人帮忙时，不要觉得很勉强。

（9）当你的工作人员中，有人向你要求一些比较特别的待遇时，你要在同意之前仔细地想清楚。如果你同意让你的秘书延长他的假期，而却又拒绝其他人相同的要求，那你会表现得前后不一致，你的员工也会觉得很不满。

（10）你若决定因某些特殊的情况而放员工一天假，那你要把特殊情况的内容向员工说清楚，否则员工可能会将之误认为是一种惯例。假定你两个星期因为业务较清淡的关系，特准员工提早下班回家，那么这并不表示员工第三个星期也可以提早回家。

大哲理 da zhe li

作为领导要有这样的"心计"，同样作为一个普通人也要有这样的"心计"，即凡事三思而后行，想好了你再做。

3．智慧就是财富

当年，在奥斯维辛集中营里，一个犹太人对他的儿子说："现在我们唯一的财富就是智慧，当别人说一加一等于二的时候，你应该想到大于三。"父子俩幸运地活了下来。

1946年，他们辗转万里，来到美国，打算在休斯敦做铜器生意。有一天，父亲突然问儿子一磅铜的价格是多少。儿子回答："35美分。"父亲说："对，整个得克萨斯州都知道每磅铜的价格是35美分，但作为犹太人的儿子，应该说成是3.5美元，你试着把一磅铜做成门把看看。"父亲的

— 143 —

这句话给了孩子很多启示。

20 年后，父亲死了，儿子独自经营铜器店。他做过铜鼓，做过瑞士钟表上的簧片，做过奥运会的奖牌，他曾把一磅铜卖到 3500 美元，这时他已是麦考尔公司的董事长。然而，真正使他扬名的，是纽约州的一堆垃圾。

1974 年，美国政府为清理给自由女神像翻新扔下的废料，向社会广泛招标。但好几个月过去了，没人应标。那时，他正在法国旅行。他听说此事后，立即飞往纽约，看过自由女神像下堆积如山的铜块、螺丝和木料后，他未提任何条件，当即就签了字。

纽约许多运输公司对他的这一愚蠢举动暗自发笑，因为在纽约州，垃圾处理有严格规定，弄不好就会受到环保组织的起诉。就在一些人要看这个犹太人的笑话时，他开始组织工人对废料进行分类。他让人把废铜熔化，铸成小自由女神像；把水泥块和木头加工成底座；把废铅、废铝做成纽约广场的钥匙。最后，他甚至把从自由女神身上扫下来的灰包装起来，出售给花店，不到三个月的时间，他让这堆废料变成了 350 万美元，每磅铜的价格整整是原来的 1 万倍。

犹太人并不是天生比其他种族的人聪明，而是他们更懂得怎样去铸造智慧这枚无价的金币。

大哲理
da zhe li

智慧是真正的财富来源，是人生无价的财富。

4. 每一天，都要开心活着

杰里是一个让人又爱又恨的家伙。他的情绪一直很好，总是有开心的话题。人们从没有看到他沮丧或发愁过，好像他天生就是快乐王子。当人们问他如何做到这一切的，他会答非所问地回答说："好得不能再好了！"

他是个独特的老板，从一个餐馆到另一个餐馆，总有几个服务员忠贞不渝地跟随着他。这是因为杰里的生活态度，他天生就是一个可以为别人带去快乐的人。如果他的服务员情绪不佳，杰里就会告诉他如何往好的一面看。

这种生活态度使我觉得很好奇。所以，有一天，我问杰里："我不明白，你不可能总是以积极的态度面对生活。你是怎么做到的？"

杰里没有马上回答我的问题，而是给我讲了一个故事："我上小学的时候和姐姐在一个学校，她比我高两级。我们的教室都在教学楼的同一侧，她在楼上，我在楼下。每次放学，她都会从我的教室旁经过。一天下大雨，我带着伞上学。等放学的时候，雨已经停了。那天正轮到我打扫教室，我把伞挂在教室的门把手上，然后开始扫地。半个小时后，我关上门兴冲冲地回家。走到半路的时候，我忽然想起伞还在教室的门把手上。当时我吓坏了，因为那时伞是家里的奢侈品。于是，我急忙跑回学校。但门上的伞早已不翼而飞。你可以想象我当时的心情，我害怕得不敢回家，一个人在路上徘徊。后来天黑了，我饿得实在受不了，只好硬着头皮向家走。当我快到家的时候，远远地看见母亲在村口焦急地张望着，我心里又忐忑不安起来，不由得放慢了脚步。母亲看见我了，急忙向我这边走过来。我立即吓得不敢动了，眼泪不知不觉流了出来。母亲来到我面前，见我站在那里哭，便问道："亲爱的，出什么事了？"我想母亲大概还不知道我丢了东西，我嗫嚅着说："妈妈，我把伞丢了。"然后，我就等着母亲的巴掌落到我身上。谁知母亲听了我的话，一把将我拉进怀里，说道："别哭，亲爱的，伞没丢。你姐姐放学从你教室过的时候，看到了你的伞，她认得是你的，所以她就随手带回家了。孩子，要学会每天让自己高兴些！你要记住，好多事情并没有你想象的那样糟糕。"

杰里最后说："从那以后，每天清晨醒来时，我总会对自己说：'杰里，今天你有两个选择。你可以选择好心情，也可以选择坏心情。'于是，我选择好心情。糟糕的事情发生时，我也同样有两个选择：当一个牺牲者，或是从中汲取教训。当然，我选择后者。每当有人向我诉苦时，我可以选择接受他们的抱怨，也可以选择指出生活积极的一面。我同样选择后者。"

我反驳说："是的，你说得很对，但真正做到却没那么容易。"

杰里回答说："对，的确如此。生活中充满了各种选择，如果你能抛开所有的障碍，那么任何境遇其实只是一种选择的结果。你可以选择如何应对这种境遇，选择人们如何影响你的情绪，选择处在好情绪还是坏情绪之中。其原则是：怎样生活是由你自己决定的。"

我反复思索杰里的话。不久后，我离开了餐饮业，开创了属于自己的事业，同杰里也失去了联系，但每当需要对生活做出选择而不知如何应对的时候，我就会想起他。

几年后，在经营餐馆的过程中，杰里经历了让你做梦也无法想到的事情：一天早晨，他忘了关后门，结果被3个持枪分子劫持。在他试图打开保险柜的时候，由于过度紧张，手不停地发抖，结果遗漏了密码。慌乱之中，那伙盗贼向杰里开了枪。

幸运的是，杰里很快被人发现并送到了当地的外科中心医院。经过18个小时的手术和数周的特别护理，杰里出院了，但他的体内仍残留着子弹的碎片。

事后6个月，我见到了杰里。当我问他过得怎样时，他回答说："好得不能再好了！想看看我的伤疤吗？"我拒绝了，只是询问那件事发生时他在想什么。

杰里回答说："首先，我想到的是我应该把后门锁上。之后，我躺在地上的时候，想到自己有两个选择——生或死。我选择生。"

我问道："你难道不怕吗？你失去意识了吗？"

杰里继续说道："护理我的人实在太伟大了。他们不停地告诉我会没事的，但当他们把我推入抢救室的时候，我看到了医护人员脸上的表情，我真的害怕了。我读出了他们眼中的话语：'他是一个垂危的病人。'我知道，我必须采取行动了。"

我问道："你做了什么？"

杰里回答说："有一个很高大的护士一直大声地问我问题。"

"她问我是否对什么东西过敏。我回答说：是的。医护人员便停下来听我说。我深吸一口气，然后大声说道：子弹！他们听后都笑了，然后我告诉他们：我选择生。所以，手术时要把我当做一个活着的人，而不是一个死人。"

杰里能够活下来，应感谢医生们的高超医术，也同样要感谢他身上令人惊奇的生活态度。我从他那里学到：每一天，我们都要开心地活着。

大哲理
da zhe li

　　生活中，不可能总是一帆风顺。能否拥有快乐的关键在于对待生活的态度。

5．相信团队的力量

　　如果你是一位较有"心计"的领导者，你应该知道三个臭皮匠胜过一个诸葛亮的道理，所以你一定要善于集思广益，集大家的智慧去干一番事业。

　　部属给予君主诚恳的谏言，比上战场冲锋陷阵还有价值。日本战国时期的堀秀政是一位文武双全的人，曾经辅佐织田信长和丰臣秀吉两个霸主。当时的人都称赞他是国家的栋梁。有一天，在领地的城墙附近，发现有人竖立了一面木牌，上面列举着三十多条秀政的政治过失。家臣们商量之后，决定把那面木牌拿给秀政看，并且非常愤怒地说："竖立这块木牌的人，实在太可恶了，应该逮捕并严厉处罚。"

　　秀政把木牌上所写的"罪证"，仔细地读过之后，马上穿好衣服，洗洗手，漱口，并用很恭敬的态度，把木牌举起来说："有人肯这样严格地指正我，实在太难得了，我应该把它看成上天的赐予。并当做传家之宝，好好收藏。"于是，把木牌用一只精美的袋子包起来，然后再装进箱子里，并召集家臣幕僚，将木牌上所列举的过失，详细检讨，从此秀政的政绩更加辉煌了。

　　常言说得好："良药苦口利于病，忠言逆耳利于行。"由此可见，一位领导者在推动一项新的计划时，一定要征求部属的意见，留意各方面的批评，因为那些批评，很可能就是推动这项计划成败的关键。就是治病的"良药"。因此不要只注重赞美的言词，因为那对"使事情做到更完美"的目标，是毫无帮助的。

一般说来，人都喜欢听赞美的言词，对于批评，是不容易接受的，所以部属为了讨好上司，往往只讲好话，因此领导者就很难听到部属真正的意见了。

大哲理 *da zhe li*

一个经营者若不明了自己在什么地方有过错、什么地方需要改进时，就应该多多鼓励部属提出批评，并听取部属的意见，虚心接受，这才是一位做事有"心计"的领导者所应具备的条件。

6. 三人行，必有我师

有这样一个故事：

张雨和李琦差不多同时受雇于一家超级市场，开始大家都一样，从最底层干起。可不久张雨受到总经理青睐，一再被提升，从领班直到部门经理。李琦却像被人遗忘了一般，还在最底层混。终于有一天李琦忍无可忍，向总经理提交辞呈，并痛斥总经理狗眼看人，辛勤工作的人不提拔，倒提拔那些吹牛拍马的人。

总经理耐心地听着，他了解这个小伙子，工作肯吃苦，但似乎缺了点什么，缺什么呢？三言两语说不清楚，说清楚了他也不服，看来……他忽然有了个主意。

"李琦，"总经理说，"您马上到集市上去，看看今天有什么卖的。"

李琦很快从集市回来说，刚才集市上只有一个农民拉了车土豆在卖。

"一车大约有多少袋，多少斤？"总经理问。

李琦又跑去，回来后说有 40 袋。

"价格是多少？"李琦再次跑到集上。

总经理望着跑得气喘吁吁的他说："请休息一会吧，看看张雨是怎么做的。"说完叫来张雨对他说："张雨先生，您马上到集市上去，看看今天有什么卖的。"

张雨很快从集市回来了，汇报说到现在为止只有一个农民在卖土豆，有 40 袋，价格适中，质量很好，他带回几个让总经理看看。这个农民过一会还将弄几箱西红柿上市，据他看价格还公道，可以进一些货。想这种价格的西红柿总经理大约会要，所以他不仅带回了几个西红柿做样品，而且把那个农民也带来了，他现在正在外面等回话呢。

总经理看看脸红的李琦，诚恳地说："职位的升迁是要靠能力，不过眼下，你还得学一段时间，看看别人都是怎么做的。"

这则小故事在告诉我们以能论职的同时，也明白地告诉我们，要想提高自己的能力，必须做个有"心计"的人，善于向他人学习。

在民间，父母训斥子女不会办事时，在单位里，领导训斥员工不会办事时，常说这样的话："你没吃过肥猪肉，你还没见过肥猪走吗？人家别人是怎样办事的，你就没看到？你就学不会？"这样的话虽然有点难听，但却清楚地点明了一个简明而实用的常理：那就是通过观察，可以学到很多办事的能力。

当然，一个人办事是否周全、细致、圆滑，固然与他的天生素质有关系，但这不是绝对的素质问题，有很多东西都是经过后天的学习、培养、锻炼出来的。

常言说，处处留心皆学问。生活中，工作间，我们身边能说会道，会办事的人很多，他们的言行举止都是我们所应注意观察和学习的。看他们怎样与领导说话，看他们怎样求同事帮忙，看领导怎样给下属安排工作，怎样批评下属，等等。然后，动动脑筋分析一下他们为什么这样做，观察一下这样做所达到的效果怎样，那么，成功方面的，我们应尽量去借鉴、吸收。失败方面的，我们尽量去避免。

著名美籍华裔舞蹈家孟某对上海某大酒店的一位门厅服务员，就曾做过细心的观察。他第一次到该酒店，这位服务员向他微笑致意："您好！欢迎您光临我们酒店。"第二次来店，这位服务员认出他来，边行礼边说："孟先生，欢迎你再次到来，我们经理有安排，请上楼。"随即陪同孟先生上了楼。时隔数日，当孟先生第三次踏入酒店大门时，那位服务员脱口而出："欢迎您又一次光临。"孟先生十分高兴地称赞这位服务员："不呆板，不机械，很有水平！"

这位服务员应当受如此表扬。他并非学舌鹦鹉，见客只会一声"欢迎光临"，而能根据实际情境的变化运用不同的客套话，表现出他对工作的热爱和说话的艺术。

显然，这位服务员的服务水平是值得他的同行们去观察、学习的。也只有向这样能够随机应变的人学习，才能使自己的说话能力、办事能力得到提高。

香港著名富豪李嘉诚就非常注意培养他的儿子观察学习别人的说话艺术及办事能力。每当有重要的会议，会见重要的客人，处理公司的一些问题时，他总是让他的儿子在一旁观察、倾听、领会。也正因为他对儿子的悉心培养，才使得他的两个儿子在今天从容地支撑并发展起他的经济王国。

平常里，我们观察学习他人的机会很多，亲自锻炼的机会也很多。在家庭里，来了客人，怎样应酬才让客人满意；在单位里，看客户怎样与领导洽谈；到酒店里宴请客人，看服务员如何招待等，只要有"心计"处处留心，认真观察学习，就能提高我们的办事能力。

大哲理
da zhe li

三人行，必有我师，这就需求我们做事时要虚心向别人请教，以提高和完善自己，为成功办事打下良好基础。

7．真心拥抱生活

放松的时间来临了。

我需要出去透透气，处于季节交替时的宾夕法尼亚州为我提供了最好的去处。因为这个时候正在举办花卉展览会。

我不知道该不该把这称为外出散心，因为那里离我家仅有一个小时的路程。当我穿过五号门走进美丽的会场时，我仿佛走进了另一个世界。大喇叭里的背景音乐几乎掩盖了人们的谈话声，卖嘉年华玩具和食品的小贩们也大声吆喝着、争抢着引起你的注意。

我完全为这里的一切陶醉了。我不清楚这是不是与生俱来的想法，但我确实想拥有一个小的食品摊床，在我不忙的时候，可以从一个集市走到另一个集市出售我的小商品，或许有一天它会实现。在我的生命里确实从未考虑过，也许应该考虑考虑了。

我在那里待了一会儿后，想找个安静的地方。但没过多长时间，我发现所有安静的地方都被农场的动物们占领了，它们也需要安静的环境。我曾听说：在挤奶场如果有太多的嘈杂声，奶的产量就会下降。于是我走到那里，去和牛、羊、马、猪、火鸡一起享受安静。你们一定以为那些都是为感恩节准备的，但事实上并不是。

在挤奶场里，我找到了舒适的地方。我真羡慕那些在农场饲养动物的农场主们。他们一定对生活更加心存感激。因为他们可以直接分享生活的喜悦。我看到一个年轻的男子正在帮一头母牛接生，而另一位年轻的姑娘正带着她那头已经卖出的牛走出动物的出售线。我知道她的任务已经完成，到了该回家的时间。这多么不容易啊。

我偶然看到一个让我欣喜的情景，一个年轻人酣睡在干草垛上，而他的牛群也躺在附近休息。那些牛的头依偎在它们最喜欢的那只奶牛旁比较柔软的地方。我看到它们都很安静地睡着，突然想到或许在那里休息要比睡在自己的床上舒服多了。

— 151 —

今天，我与一个正在农场里休息的十多岁的女孩儿进行了令人非常愉快的谈话。

"你看起来很愉快。"我对她说。

"哦，是的，生活让我感到很愉快。"她说。

"你的意思是，做一个农场女孩使你感到很愉快吗?"

"不，是'生活'！那是我的牛的名字。"她一边抚摸着身旁的牛，一边微笑着说。

"我以为它会叫伊丽莎白或埃尔希之类的名字呢？你为什么给它起了'生活'这个名字呢?"

"因为在这里我又一次发现了新的生活。所以在我的脑海中就出现了这个有意义的名字。"她说，"我曾经生长在大都市里。我真的憎恶那里的生活。后来，我们搬到了乡下，有一点儿逃避的意味。我想我的父母把这叫做更年期综合症吧。"

"孩子，我也和你一样，一出生就生活在都市里。"我说。

"当我来到农场后，我学会了再一次热爱生活。我来到这里时正好'生活'也刚刚出生，它是如此的令人兴奋。我的整个世界观都变了。所以我叫它'生活'。现在，我可以说我真的很热爱'生活'。"女孩说。

"你最后一次拥抱生活是在什么时候?"她问我。

"很遗憾，甚至最近还有许多事仍然在困扰着我。"我说。

"过来！"她说。

然后，她站起来，闪到旁边说："上前……拥抱生活！"

我踌躇了片刻，然后便放下了所有看起来愚蠢的想法，我做到了。我拥抱了这只牛。

大哲理
da zhe li

有些人常常带着心灵和思想上的包袱入眠，而后又痛苦地醒来，仿佛预见到生活变得越来越糟。因为他们从不选择乐观，从不觉得今天是多么美好。让我们努力去拥抱生活吧，告诉自己每天都是美好的！

8．挺起你的胸膛

在挪威有一位小有名气的音乐家——比尔·撒丁，在他获得成功之前，曾经历过这样一件事：

那是在比尔·撒丁年轻的时候，他从挪威远渡重洋来到法国。此次远行他只有一个目的，那就是考上著名的巴黎音乐学院。令人遗憾的是，尽管在考场上他竭尽所能把水平发挥到极致，也没有赢得考官们的青睐。

比尔·撒丁带着失望离开音乐学院。由于花光了所有积蓄，所以他只得来到学院不远处的一条繁华的街道上，打开琴盒，演奏着一曲又一曲。想用自己的音乐来赚取一些生活费。那乐声时而婉转悠扬，时而慷慨激昂，引得路人们都驻足欣赏。当演奏结束，比尔·撒丁拿起琴盒，来到了众人面前，大家纷纷把钱投入琴盒。

这时，一个无赖故意把钱扔在比尔·撒丁的脚下。他看了一眼无赖，最终涨红了脸，把钱捡了起来，递到无赖的面前："先生，您的钱掉在地上了。"无赖接过钱，又把它扔在地上，傲慢地说："这是给你的钱，你可以把它收起来。"比尔·撒丁又看了看无赖，对他深深地鞠了个躬，克制着自己的情绪，礼貌地说："感谢您对我的资助！刚才您的钱掉了，我弯腰为您捡起来，现在我的钱掉在地上了，也请您帮我捡起来！"

无赖没有想到青年居然做出这样的举动，他犹如被电击中了一般，捡起地上的钱，放进青年的琴盒，便立即从他面前消失了。

在人群中，始终有一个人在关注着这一切，他便是这次音乐考试的主考官。他把比尔·撒丁带回了音乐学院。后来，比尔·撒丁在音乐领域获得了成功，而他的杰出代表作就是《挺起你的胸膛》。

我们可以忍受苦难，但我们不会在它的面前低头。我们可以历经磨难，但不代表当我们的尊严受到践踏时，我们会卑躬屈膝，我们要做的是挺起胸膛，用尊严来捍卫自己应有的权利。

9．未动先谋

任何一个做事有"心计"想尝试创业的人，必须先考虑清楚三个问题："我能吗？""我会喜欢吗？""我该这样做吗？"这三个问题是创业者的最佳起跑点。

（1）我能吗

这个问题只是要知道你是否有足够的知识及技术来成功创业。你现在该做的，是确定创业所需的知识及技术。此时，仔细的分析是十分重要的。

不管是论创业条件或论个人背景，财务管理都是不可忽略的。你个人的理财经验可能仅包括财务资料的整理及分析，但创业所需的则是懂得在资金短缺时跟银行打交道。

此外，你可能认为业务管理是做好市场调查、制定年度目标、建立全国销售计划，或是实行某项业绩报酬计划。但是，对一般小公司而言，业务管理却可能是要你亲自跟着业务员跑几趟，以便了解市场的需求及业务员的需要。也就是说，在人事精简的小公司里，你也许就得扮演跑业务的角色。

同样地，如果你从事制造业，你就要能够拟定出一套产能计划，而在经营之中你也需仰赖事业工程师的协助。

必须认识到：第一，大部分的公司主管人员都只专精一两项事务，而一般创业者则需要熟悉各项基本的事务。第二，有经验想到独力创业的公司主管常是有下属代劳处理琐碎工作的资深人员。但是在小型企业里，身为经理的老板往往是要事必躬亲，总揽处理客户信用调查、公平分配员工周末上班时间等大大小小的事务。

所以，你一定要全盘了解经营一个企业所需的本事。当然，你不一定要十八般武艺样样精通，你可以慢慢学习，也可以请人代劳。不过，假他人之手的结果你也得注意，因为成本可能会相对提高，而且落得日后要一直依赖他人的地步。

（2）我会喜欢吗

在创业过程中，一个不可忽略的事实是，创业者本身的角色扮演比经营能力足够与否更值得深思，因为成就感与快乐有时是跟办事能力无关的。以下九项因素可能影响你对拥有自己企业喜欢与否。

①你需要赚多少钱。

②你想要赚多少钱。

③地点。

④风险。

⑤成长潜力。

⑥同业竞争。

⑦工作环境。

⑧地位与形象。

⑨管理人事问题的能力。

这九项因素中，也许有一两项或全部都对你非常重要，但最后三项是特别值得我们一提的。

乍看之下，工作环境似乎是想当老板的人所该忍受的小小不便及牺牲。可是，一旦初始的新鲜感及兴奋热度逐渐退烧，你可能就会有另一番感受了。刚开始，你那又小又寒酸的开放式办公室，好像有几分独特的可爱之处，但久而久之，你可能就觉得自己怎么连个隐私权都没有。为了开源节流，你每次出差旅行总是挑最划算的机位和饭店，想起当初在公司上班出差时的派头，更不由得怒从中来。还有一个大家都注意到的问题，就是工作时间。有些老板常自我调侃地说："我一天只工作半天——从早上7

点到晚上 7 点而已。"头几个星期或几个月，新官上任的拼命三郎精神或许会让人忘却工作之繁重，可是激情的冲动之后，你可能会直呼吃不消。

不管你喜欢与否，我们的地位与形象是视所从事的工作而定。有些时候，在一般公司上班确实能享有一些象征身份地位的东西，例如：俱乐部的会员身份、豪华轿车接送服务、社会媒体曝光的机会等。今天，如果你自己是老板，你就得为自己开创出自己的地位与形象。但不幸的是，自营老板的身份往往没有大公司人员的身份吃得开。

人事管理能力的问题是最容易被低估的。有些地方或有些行业是要费很大的劲才雇得到人的，而就算雇请员工不是问题，小企业里的人事管理也够让你精疲力竭的。在一般公司上过班的人，一时可能还无法习惯次数这么频繁的面对面沟通，甚至是冲突。最后，人事管理之费时费力，常会让你觉得这是企业经营的绊脚石。可是不管怎样，人事管理永远都是企业经营中重要的避免不了的一环。

(3) 我该这样做吗

无论你从事哪一个行业，现在所要探讨的是每个创业者都要面对的。

孤独感是个很直接的问题。在公司里上班或许有很多缺点，但这样的团体工作却能提供你一些精神上及生理上的支柱。公司中的组织架构通常能让员工享有彼此回馈及鼓励的好处，但是独立创业者却得不到这样的待遇。身为老板的孤独感有时会让人想得太多，而无法以平常心看待成败。这时，坚强的自信心与强烈的自我认知是不可或缺的。

如影随形的工作渗透性是创业过程较不被注意的。简单地说，身为创业人，事业对你生活的影响可能是无孔不入的。在外谋职可能会让你的生活区格化，将工作及私人、家庭生活分隔开来；而当老板要付出的时间与心思，则会侵入你拥有的分分秒秒。毕竟，你是一天 24 小时都负有当老板的责任。

生意风险是最受瞩目的问题。虽然在别人的公司谋职也得冒点风险，但是比起自己创业可真是小巫见大巫了。创业要是失败，不仅是财务受到损失，个人的自尊心、企业的声誉，乃至个人的幸福都会遭到池鱼之殃。有时损失之惨重，甚至可能把你日后东山再起的老本也一并赔上了。

创业前一定要充分运用你的"心计"，瞻前还要顾后，去降低风险和失败的指数。

10．不要忙中出错

办公室人士就是事情多，有时忙昏了头，再加上你没有或缺少"心计"就容易草率行事，其后果就有点不尽如人意。

且慢！为了达到自我保护的目的，奉劝阁下在行动之前一定要思考，特别是对你容易带来负面影响的事情，更是要再三思考。

比如，有相熟的朋友请你帮忙介绍职员，而偏巧公司里有一个适合的人选，这个介绍人应否做呢？在复杂的办公室里，一切须小心行事。

你心目中的人选是什么职位的？要是下属，首先你要有失去助手的心理准备，并不能让对方以为你不喜欢他，希望他离去。最好是先试探对方的意愿，如果下属也有意思，你的工作也到此为止，一切条件还是留待你的朋友与他直接商谈好了。

这人若是拍档呢？即使新职的发展确实适合他，你还是不要提出来，因为无论拍档另谋他职与否，对你与他之间的关系必有损无益。理由是，他大有可能以为你的好意是另有居心，大家各怀"鬼胎"，将来怎能合作？除非让你的朋友有机会结识拍档，由朋友直接找他商议，则另当别论。

要是这人是另一部门的同事，就比较好办，约他午膳，告诉他有这么一个机会，如果他有意思，你这个中间人就相约他俩自行商讨（你不必在场）。日后这位同事离职，你最好忘记自己是中间人。

又比如，一位同事急急跑来请你帮忙查看一些将要送出去的文件，但你正忙得不可开交，所以只胡乱望了一下，并没有细心翻阅，而且你以为对方早已将错误改正，找你翻看只是多一重保险，所以一切没有放在心上。

可是原来同事并没有小心检视，结果发现数个错处，文件要重做，招致公司损失不少的钞票。这位同事遭上司责备，希望你向其上司解释，错不在他。那你该怎办呢？

不错，你的翻看确实马虎了点，但不必承担所有责任，告诉对方："我当然要为这件事负一些责任，但要将文件检视清楚是你的责任，我对我所造成的麻烦感到抱歉。"

要是你真的向上司认错，其实却会变成在说他的不是，因为没有参与事件的上司会怀疑，或者直接问：为什么他不自己翻阅呢？如此对你们两人都有害无益。

在偶然机会下，你获悉一个秘密——上司跟同事勾结，利用职权套取公司的一些方便或好处。即使不是直接损害公司的利益，起码是对公司不公平的，看在眼里，你一定有揭发他们的冲动。

然而，且慢，奉劝你作出义举前先详细分析情况。

你告发他们的目的是什么？要撬走他们？还是只收杀一儆百之效？无论如何，你必须了解一下，一旦行动，后果怎样？

老板知道了这回事，必然不能容忍，肯定会辞掉两人，同时会更注意内部的各项制度，甚至立刻整顿人事。此举可能令你成为不受欢迎人物，在公司里被孤立。

只要你认定付出这代价是值得的，大可按计划行动。

如果老板是默许那种事存在的，那么你去告发，等于枉作小人了，而且多数无补于事，到头来你或许会被人瞧不起。在这样的情况下你只有两个选择，一是接受上司与同事的勾当；二便是另谋他就，实行眼不见为净。

你加入了公司只有一段很短时间，但发现一个怪现象：就是同事们为了博取"勤劳"的印象，都爱在下班后仍留在公司。即使没有工作可做，他们也宁可随便做些琐事，消磨时间。

看在眼里，你很不满意，认为这是虚伪做法，十分不齿，消费劳资双方的时间。但如果你独排众议，做完了任务就准时下班，这既是不合群的表现，又会令老板不满，很容易成为被排挤的对象。

这实在是很恼人的问题，你既不能公开说同事此举是"多余"，但更不想自己白白给比了下去，被认定为不够勤劳。大感进退维谷。

又如果你想向老板晓以大义，那更是愚不可及，因为所有老板必然喜欢员工无条件超时工作的，哪管事实是无此必要。若摆出事实，只会不受欢迎。

且慢！不要急于采取任何一个行动，那样的结果只能更加糟糕并让你处境更加艰难。

不妨考虑以下的做法：告诉上司，你下班后要上进修课程，所以必须准时下班，这样对任何人也没伤害，你自己也可以名正言顺地离去。

大哲理
da zhe li

做下属需要获得领导赞许，还要赢得同事们的好评，的确是件不容易的事。最重要的是要有"心计"，让行动慢上一拍，考虑成熟再去做。

11．快乐其实很简单

过去有个大富翁，家有良田万顷，身边妻妾成群，可日子过得并不开心。而挨着他家高墙的外面，住着一户穷铁匠，夫妻俩整天有说有笑，日子过得很开心。

一天，富翁的小老婆听见隔壁夫妻唱歌，便对富翁说："我们虽然有万贯家产，还不如穷铁匠开心！"富翁想了想笑着说："我能叫他们明天唱不出声来！"于是拿了家里的一些金条，从墙头扔了过去。打铁的夫妻俩第二天扫院子时发现不明不白的金条，心里又高兴又紧张，为了这两根金条，他们连铁匠炉子上的活也丢下不干了。男的说："咱们用金条买些好田地。"女的说，"不行！金条让人发现，会怀疑是我们偷来的。"男的说：
"你先把金条藏在炕洞里。"女的摇头说："藏在炕洞里会被贼娃子偷去。"
他俩商量来讨论去，谁也想不出好办法。从此，夫妻俩吃饭不香，觉也睡
不安稳，当然再也听不到他们的欢笑和歌声了。富翁对他小老婆说："你
看，他们不再说笑、不再唱歌了吧！"而富翁却因家里再也没有金条，不
用防备盗贼，心里变得轻松起来，他们夫妻倒能每天都有好心情唱歌了。
看，开心就是如此简单。

铁匠夫妻俩之所以失去了往日的开心，是因为得了不明不白的两根金
条，为了这不义之财，他们既怕别人发现怀疑，又怕被人偷去，有了金条
不知如何处置，所以终日寝食难安。

现实生活中也是如此，有些大款虽然守着一堆花花绿绿的票子，守着
一幢豪华的洋房，守着一位貌合神离的天仙，未必就能咀嚼生活的真
趣味。

开心不开心同样也不能用手中的"权"来衡量。有了权，未必就能天
天开心。我们时常看到有些弄权者，为了保护自己的"乌纱帽"，处处阿
谀奉迎，事事言听计从，失去了做人的尊严，哪里还有什么真正的开心？

俄国诗人涅克拉索夫的长诗《在俄罗斯，谁能幸福和快乐》，诗人找
遍了可能拥有快乐的人，最终找到快乐的人竟然是枕锄瞌睡的农夫。是
的，这位农夫有强壮的身体，能吃能喝能睡，从他打瞌睡的眉间里和他打
呼噜的声音中，无不飞扬和流露出由衷的开心。这位农夫为什么能开心？
不外乎两个原因，一是知足常乐，二是劳动能给人带来快乐和开心。

法国杰出作家罗曼·罗兰说得好："一个人快乐与否，绝不依赖于获
得了或失去了什么，而只在于自身感觉怎样。"

有的人大富大贵，别人看他很幸福，可他自己却身在福中不知福，心
里老觉得不痛快；有的人，别人看他离幸福很远，他自己却时时与幸福
邂逅。

有对下岗的年轻夫妇，在早市上摆个小摊，靠微薄的收入维持全家五
口人的生活。这夫妇俩过去爱跳舞，现在没钱进舞厅，就在自家院子里打
开收录机转悠起来。男的喜欢喂鸟，女的喜欢养花。下岗后，鸟笼里依旧
传出悦耳动听的鸟鸣声；阳台上的花儿依旧鲜艳夺目。他俩下了岗，收入

减少了许多，还乐个不停，邻居们都用惊异的目光看着他俩。

是的，我们虽然无法改变我们的境况，但我们可以改变自己的心态。你不能左右风的方向，但是可以操控自己的风帆。没了工作不要紧，但不能没有快乐，如果连快乐都失去了，那活着还有什么意义。因为快乐是人的天性的追求，开心是生命中最顽强、最执著的律动。

给予是快乐的源泉。所谓"给予"，它包含付出金钱、时间、兴趣或忠言，或者任何有你能给予他们，且对他们有利的东西。你的付出能帮助你发现自己。这种说法听起来很奇怪，但却是真的。付出最多的人，获得的也最多。

寻求人生乐趣的法则是：知道你在生活中会遇到困难、悲伤和恶劣的情形，但深信自己可以克服它们。这种快乐是无价的，这便是我们先前提到的人生的快乐。

有时，一个又一个的打击可能会"打掉了你的生机和活力"。这句话很现实，你可能已如行尸走肉，不断的打击使你感到已经是穷途末路，你无法再站起来奋斗，只能爬行，而不敢勇敢地站起来，以智慧和力量去解决困难。对于这样的懦夫来说，人生当然没有什么乐趣。失败总是让人不愉快。只有能应付人生中大大小小难题的人，才能得到许多的人生乐趣。安妮·谢尔太太便是采用积极心态，通过积极思维摆脱忧伤的一个很好的例证。

谢尔先生是当地一家著名宾馆的经理。几个月后，谢尔先生突然去世，而谢尔太太继续留在那家旅馆，在一位新来的经理手下以女主人的身份工作。不久，人们就发现她已摆脱了悲伤情绪。显然，她内心的平静源于一种深深的力量。

朋友们都说："你回去工作，使自己有事干是正确的决定。"

谢尔太太的回答包含着如何处理悲伤的不寻常的哲学："事实上，我的心情能变好不是因为我回去工作。工作并非治疗剂，它只是麻醉剂，它只会使我对悲伤麻木，却不能治疗的我的心病，是信仰让我完全康复的。"她的看法真是精辟：工作只能使人对悲伤感到麻木，却无法起到任何治疗作用，唯有信仰才能使人康复。当我们遭受巨大的心灵创伤时，我们当然不会真正感到快乐。

真正的快乐，不是用金钱和权势换来的，有钱有权的富贵们不一定人人都快乐，个个都会领略生活的乐趣。现代人越来越重视对金钱、权势的追求和物质的占有，殊不知金钱和权力固然可以换取许多享受的东西，可不一定能换取真正的快乐。因此，如何把握好适当的度相当重要。

让心灵过一种简单的生活。

简单是一种美，是一种朴实且散发着灵魂香味的美。

简单不是粗陋，不是做作，而是一种真正的大彻大悟之后的升华。

现代人的生活过得太复杂了，到处都充斥着对金钱、功名、利欲的角逐，到处都充斥着新奇和时髦的事物。被这样复杂的生活所牵扯，我们能不疲惫吗？

梭罗有一句名言感人至深："简单点儿，再简单点儿！奢侈与舒适的生活，实际上妨碍了人类的进步。"他发现，当他生活上的需要简化到最低限度时，生活反而更加充实。因为他已经无须为了满足那些不必要的欲望而使心神分散。

简单地做人，简单地生活，想想也没什么不好。金钱、功名、出人头地、飞黄腾达，当然是一种人生。但能在灯红酒绿、推杯换盏、斤斤计较、欲望和诱惑之外，不依附权势，不贪求金钱，心静如水，无怨无争，拥有一份简单的生活，不也是一种很惬意的人生吗？毕竟，你用不着挖空心思去追逐名利，用不着留意别人看你的眼神，没有枷锁的心灵，快乐而自由，随心所欲，该哭就哭，想笑就笑，虽不能活得出人头地、风风光光，但这又有什么关系呢？

生活未必都要轰轰烈烈，"云霞青松作我伴，一壶浊酒清淡心"，这种意境不是也很清静自然，像清澈的溪流一样富于诗意吗？生活在简单中自有简单的美好，这是生活在喧嚣中的人所渴求不到的。晋代的陶渊明似乎早已明了其中的真意，所以有诗云："结庐在人境，而无车马喧。问君何能尔？心远地自偏。采菊东篱下，悠然见南山。山气日夕佳，飞鸟相与还。此中有真意，欲辩已忘言。"简单地生活其实是很迷人的：窗外云淡风轻，屋内香茶萦绕，一束插在牛奶瓶里的漂亮水仙，穿透洁净的耀眼阳光，美丽地开放着；在阳光灿烂的午后，你终于又来到了年轻时的山坡，放飞着童年时的风筝；落日的余晖之中，你静静地享受着夕阳下清心寡欲的快乐……

简单是美，是一种高品位的美。

大哲理
da zhe li

在五光十色的现代世界中，让我们记住一个古老的真理："活得简单才能活得自由。"

12．要勇于改正错误

做事时犯错误在所难免，关键是许多人在犯错后考虑的不是如何改正，而是面子问题。

虽然孔子说："过而不改，斯谓过矣。"意思是说：犯了一回错不算什么，错了不知悔改，才算真的错了。但是就真有许多人为了面子而"过而不改"，并且是明知是错却"过而不改"。

人无完人，做事时没有人不会没有错误，有时甚至还一错再错，既然错误是不可避免的，那么可怕的并不是错误本身，而是怕知错而不肯改，错了也不悔过。如此说来若因面子问题"过而不改"，那么"面子不要也罢"。

其实，如果一个人能坦诚面对自己的弱点和错误，再拿出足够的勇气去承认它、面对它，不仅能弥补错误所带来的不良后果，在今后的工作中更加主动活跃，而且能加深领导和同事对其良好印象，从而很痛快地原谅其错误，这不但不是"失"，反是最大的"得"。

事实上，一个有勇气承认自己错误的人，他还可以获得某种程度的满足感，这不仅可以消除罪恶感和自我保护的气氛，而且有助于解决这项错误所制造的问题。戴尔·卡耐基告诉我们，即使傻瓜也会为自己的错误辩护，但能承认自己错误的人，就会获得他人的尊重，而且令人有一种高贵诚信的感觉。

喜欢听赞美是每个人的天性。忠言逆耳，当有人、尤其是和自己平起平坐的同事对着自己狠狠数落一番时，不管那些批评如何正确，大多数人都会感到不舒服，有些人更会拂袖而去，连表面的礼貌也不会做，常常令提意见的人尴尬万分。下一次就算你犯更大的错误，相信也没有人敢劝告你了，其实这是做人的一大损失。

当我们错了——若是我们对自己诚实，这种情形十分普遍——就要迅速而诚恳地承认。这种技巧不但能产生惊人的效果，而且比为自己争辩强得多。

如果你总是害怕因为承认自己曾经犯错而丢面子，那么，请接受以下这些建议：

假若你必须向别人交代，与其替自己找借口维护面子，不如勇于认错，在别人没有机会把你的错到处宣扬之前，对自己的行为负起一切的责任。我们说这比面子更重要。

如果你在工作上出错，不可顾忌面子问题，立即向领导汇报自己的失误，这样当然有可能会被大骂一顿。可是上司的心中却会认为你是一个诚实的人，将来也许对你更加倚重，你所得到的可能比你失去的面子有价值得多。

如果你所犯的错误可能会影响到其他同事的工作成绩或进度时，无论同事是否已发现这些不利影响，都要赶在同事找你"兴师问罪"之前主动向他道歉、解释。千万不要怕丢面子而企图自我辩护，推卸责任，那样只会火上浇油，令对方更感愤怒。

每个人都会犯错误，尤其是当你精神不佳、工作过重、承受太沉重的生活压力时，偶尔不小心犯错是很普通的事情，关键是犯错后用脑子仔细考虑清楚，究竟是面子重要还是改正重要。

大哲理
da zhe li

不要死要面子，为以后做事埋下隐患，事实上犯错误并不算什么罪大难饶的事，"有则改之，无则加勉"，与诚实相比，自己那点面子不要也罢。

13.做个心灵快乐的人

两个和尚一道到山下化斋，途经一条小河，两个和尚正要过河，忽然看见一个妇人站在河边发愣，原来妇人不知河的深浅，不敢轻易过河。一个年纪比较大的和尚立刻上前去，把那个妇人背过了河。两个和尚继续赶路，可是在路上，那个年纪较大的和尚一直被另一个和尚抱怨，说作为一个出家人，怎么背个妇人过河，甚至又说了一些不好听的言语。年纪较大的和尚一直沉默着，最后他对另一个和尚说："你之所以到现在还喋喋不休，是因为你一直都没有在心中放下这件事，而我在放下妇人之后，同时也把这件事放下了，所以才不会像你一样烦恼。"

放下是一种觉悟，更是一种心灵的自由。

只要你不把闲事常挂在心头，你的世界将会是一片风光霁月，快乐自然愿意接近你！

其实，生活原本是有许多快乐的，只是我们常常自生烦恼，"空添许多愁"。许多事业有成的人常常有这样的感慨：事业小有成就，但心里却空空的。好像拥有很多，又好像什么都没有。总是想成功后坐豪华游轮去环游世界，尽情享受一番。但真正成功了，仍然没有时间没有心情去了却心愿。因为还有许多事情让人放不下……

对此，台湾作家吴淡如说得好：好像要到某种年纪，在拥有某些东西之后，你才能够悟到，你建构的人生像一栋华美的大厦，但只有硬体，里面水管失修，配备不足，墙壁剥落，又很难找出原因来整修，除非你把整栋房子拆掉。你又舍不得拆掉。那是一生的心血，拆掉了，所有的人会不知道你是谁，你也很可能会不知道自己是谁。

仔细咀嚼这段话，其中的味道，我们不就是因为"舍不得"吗？

很多时候，我们舍不得放弃一个放弃了之后并不会失去什么的工作，舍不得放弃已经走出很远很远的种种往事，舍不得放弃对权力与金钱的角逐……于是，我们只能用生命作为代价，透支着健康与年华。不是吗？现代人都精于计算投资回报率，但谁能算得出，在得到一些自己认为珍贵的东西时，有多少和生命休戚相关的美丽像沙子一样在指掌间溜走？而我们却很少去思忖：掌中所握生命的沙子的数量是有限的，一旦失去，便再也捞不回来。

佛家说："要眠即眠，要坐即坐"，是多么自在的快乐之道啊，倘使你总是"吃饭时不肯吃饭，百种需索，睡眠时不肯睡，千般计较"；"这样"放不下，你又怎能快乐呢？

大哲理
da zhe li

庄子云："人生如白驹过隙。"哲人的结论难道不能使人有些启迪么？我们何不拿得起，放得下，想得开，做个快乐的自由人呢？

14．不要强求知心人

"相交满天下，知心有几人？"这是人们对待人处世中朋友易交，知己难寻的慨叹。以这句话来看，交朋友以"知心"为最高境界，其实这是根本做不到的。李刚上大学时，常到附近的一个水果摊儿买水果。去多了，处熟了，也就跟老板成了朋友。有一天，李刚喉咙沙哑，老板问他为什么不喝点椰子汁。李刚说好啊！可是不知怎么挑，老板笑道："我帮你挑，摆得愈久的椰子，愈甜，也愈好！"从那以后，李刚常去买椰子，还带朋友去，主动告诉朋友，摆得愈久的椰子愈好。有一次，李刚跟女朋友一起去买了个椰子，特别请老板帮忙挑。可是拿回家，才把椰子靠柄的地方削掉，就觉得软软的不对劲，等插进吸管尝一口，差点呕了出来。那椰子壳里的果肉，已经烂在椰子汁中，散发出一股酸臭的味道。李刚突然发现自己上当了。长久以来，李刚把那人当朋友，他却只想把快坏掉的东西卖给李刚这个笨蛋。李刚后来常想，当自己介绍同学去向他买"烂椰子"的时候，他的笑容后面，是怎么想？他八成在笑这些买椰子的人都是一群书呆子。

《厚黑学》认为：每个人都有不欲为人窥见的隐私，人的内心也有一个不欲为人所知的隐秘堡垒，在这个堡垒里，他是主人，有至高无上的权威，一旦这个堡垒被攻破，再也没有隐秘，他便会发生失去隐蔽物、暴露在众人面前和缺乏安全感的慌乱；而为了重建这个堡垒，他会离开攻破他内心堡垒的力量，甚至施以报复，消灭那个力量，以保持堡垒的不再被侵犯。

在现代社会，人们的疑心越来越重，不希望自己的内心被别人看穿，也不希望知道更多别人的内心。假若强要知心，便会引起对方的反弹，启动他的防卫系统。这对人与人之间的交往自然是有负面的影响。因此，《厚黑学》提醒你：万一你具有某种灵慧，很容易知别人之心，那么你千万别自以为聪明，向对方表现你的知心术。三国时代的杨修就因为太聪明了，很会揣摩曹操的心思，按道理，曹操应说"知我者，杨修也"，可是他却把杨修杀了。杨修毫无"心机"地把自己知道的一切都说了出来，让曹操失去了安全感！试问，一个人如果心里面在想些什么你都知道得一清二楚，你想他会不会学曹操？

大哲理
da zhe li

在待人处世中，对上司、对同事、对朋友，甚至对兄弟、夫妻之间也都不要强求知心，一定要切记："知心"不是美德，而是灾祸的种子！

15．人生需要风雨同舟

多年以前，李广智曾经历了一件令他终生难忘的事情。

那年，李广智从秦岭深处归来，肩上扛着一袋老玉米，在渭水边搭上了一条破旧的木船进城。船上还有两个木匠，他们带了数量不少的山货。在他们解开缆绳准备渡河时，一个青年人扛着一只笨重的四方木箱，大步流星地赶到了，叫声："慢！"肩一耸，木箱就稳稳地压在了船头上。

船一开，暴雨就落下来了，木船在水里飞快地打了一个旋儿，就似一匹脱缰的野马朝下游斜射出去，一波接一波的浊浪击打在他们的头上身上，水花四溅。木船在颠簸之中，翘起栽下，左倾右盼。青年人叉开双腿站在木箱上，大声指挥着两个匠人，完全是不容反驳的命令口气："你！往后；你，往前，拿桨！抱桨！一反一正，使劲！再使劲！注意……"正说着，"哗"的一声，一座如山的浪头砸下来，大地为之一暗。但是，木船还是从急流中钻了出来。对于年仅十五六岁的李广智，青年人则客气多了，他指着船中的横木对李广智说："你坐上去，放松，像骑马一样，顺势起伏，别拧着水的性子。"

经过一阵折腾，船明显地稳了下来。李广智听到了两个木匠在嘀咕："哪儿来的小子，竟指使咱们。""真把人气死了，揍他个狗日的。"

"注意！"青年人又叫起来，"稳住船身，当心翻船！"李广智突然感觉到，船像被两只巨大的手抓住在使劲地拧麻花，船板在吱呀地呻吟。突然，"咔嚓"一声，一块板子翘了起来，一股碗口粗的浊水从船底涌上来，发出可怕的怪叫。

"不要惊慌！"青年人抓过双桨往木箱上一搭，一反一正地划起来。"把东西扔出去！"没有人动。青年人急了，抽出桨一捅，那袋老玉米消失在激流之中。"还有你们的！"青年人说着，又将两个木匠的好几个山货袋子也捅进水里，"你……"两个木匠一下跳起来。"别动！赶紧补船。"青年人严厉地说。"没有板子。""你那里就有一块。""那是菜板。""啥东西也得救急，船没了，还能有什么?"两个木匠交换了一下眼色后,不情愿地开始补船。

"快靠岸吧!"李广智惊魂四散。

"靠岸可不是一件容易事儿,得一齐用劲才行,这么大的暴雨,活命最是不易……"青年人的话还没说完,两个木匠就扑了过来,用力一顶,将青年人背上船的那只沉重的木箱子顶进了水里——就在这时,意想不到的事情发生了,那箱子一落水,木船立即就像纸一样漂起来,飞快地在水中打起旋儿来,没等李广智惊叫出声,便听"嘭"的一声,木船撞在一个坚硬的物体上,李广智被重重地甩了出去……

李广智是在青年人的怀里醒过来的,篝火一堆,天黑如漆,涛声依旧。只是雨停下来了,寒气从四周逼过来。

"你没有事吧?"李广智问。

"没事。我家三代都是渭河上的船工,渭河对我最亲。"

"可你的东西……"

"我有什么东西?那是沙石,稳船头镇河妖用的,把它推下去,能不翻船吗?"

"他们呢?"

"我一个人顾不了那么多,但愿他们平安无事。"

"可你救了我的命……"

"要不是那两个匠人把镇船沙推下河,我本来是可以救全船的人的。"青年人心情沉重地说。

大哲理
da zhe li

当我们乘舟渡河之时,难免会遭遇风浪,这时我们只有风雨同舟,齐心协力,一切以大局为重,才能稳住船,从而保护住船上所有人的生命。反之,如果人人都自私自利,只顾个人的得失,结果却是舟沉人亡。其实,人生中很多事都是这样的。

16．人在矮檐下，知趣要低头

卧薪尝胆的故事，常被用来鼓励人们刻苦发愤，忍耻吞辱，战胜困难，争取胜利。在变幻莫测的政治斗争中，每个人的情形时刻都有改变的可能，或由辉煌转向暗淡，或由高山峰巅跌入万丈深渊，如何在这强烈的反差中控制好自己的情绪，积累力量，企图东山再起呢？

春秋时，越王勾践被吴王夫差打败，退守在会稽山上，越王要求跟吴国讲和，吴国的条件是要勾践夫妇到吴国给夫差当仆役，勾践答应了。

勾践将国事委托给大夫文种，让大夫范蠡随他夫妇前往吴国。到了吴国，他们住在山洞石层中，夫差两次外出，勾践就亲自为他牵马。有人指骂他，他也不在乎，低头顺眼，始终表现出一副驯服的面孔，很讨夫差欢心。

一次，夫差病了，勾践在背地里让范蠡预测一下，知道此病不久就会好，他就亲自去见夫差，探问病情，并亲口尝了尝夫差的粪便，向夫差道贺，说他的病很快就会好的。夫差问他怎么知道。勾践就胡编说："我曾经跟名医学过医道，只要尝一尝病人的粪便，就能知道病的轻重。刚才我尝了大王的粪便，味酸而稍微有点苦，用医生的话说，是得了'时气症'，所以病会好，大王不必担心。"

果然不几天，夫差的病就好了。夫差认为勾践比自己的儿子还孝顺，深受感动，就把勾践放回国去。

勾践归国后，深为会稽之耻而痛苦，一心伺机报仇。他睡不好觉，吃不好饭，不近美色，不看歌舞，苦心劳力，唇干肺伤，对内爱抚群臣，对下教育百姓，经过三年百姓都归顺了他。

为了更好地笼络群臣，每当有甘美的食物，如果不够分自己不敢独吃，有酒把它倒入江中，与人民共饮，勾践自己耕种吃饭，靠妻子亲手织布穿衣，吃喝不求山珍海味，衣服不穿绫罗绸缎。为了坚持锻炼斗志，不过舒服生活，连褥子都不用，床上铺着柴草，还备一个苦胆，随时尝一尝苦味，以不忘所受之苦。他还经常外出巡视，随从车辆装着食物去探望孤寡老弱病残，并送给他们食物吃。

然后，他召集诸大夫，向他们宣告说："我准备和吴国开战，拼以死活，希望士大夫踏肝践肺同日战死，我跟吴王颈臂相交肉搏而亡，这是我最大的愿望。如果这些办不到，从国内考虑，估计我们的国力不足以损伤吴国，从国外结盟的诸侯也不能毁灭它，那么，我将抛弃国家，离开群臣，自带佩剑，手举刺刀，改变容貌，更换姓名，去当仆役，拿着箕帚侍奉吴王，以便找机会跟吴王决战。我虽然知道这样做危险太大，要被天下人所羞辱，但我的决心已定，一定要想法实现！"

后来越国终于与吴国在五湖决战，吴国军队大败，越军包围了吴王的王宫，攻下城门，活捉夫差，杀死吴国宰相。灭掉吴国两年后，越国称霸诸侯。

勾践卧薪尝胆的故事之所以千古流传，不但是因为勾践最后洗雪了耻辱以报国仇，更主要的是他那忍辱负重的精神成为我们克服暂时的困难，知耻后进的楷模。这就是做人要有"心机"，该做"孙子"时就做"孙子"，目的是为日后成功做他人的"爷"。

由于勾践被夫差打得大败，他不得不屈服求和向吴国俯首称臣，因为此时勾践只凭意气与夫差拼个鱼死网破，恐怕越国将会在历史上消失；于是，他一方面在吴国君臣面前表现得忠心耿耿，卑躬屈膝，摆出一副"奴才相"，不管吴国的臣子如何羞辱他，如何考验他，也不管自己的亲人属下如何不理解他，耻笑他，他都一概忍受下来，但另一方面，勾践的复国之心未死，东山再起的志向未灭，他卧薪尝胆，刻苦图强，任用范蠡、文种等人，十年生聚，十年教训，终于转弱为强，灭掉了吴国，因此，勾践的忍可以是几年、十几年，但这完全是策略性的，是一种瞒天过海的韬晦之计，是一种以屈求伸的雄才大略，这种人的谋略一旦成功，将一反忍的常态，变本加厉地对他所忍的人进行清算。

此外，勾践卧薪尝胆，以屈求伸的故事还告诉我们要"知耻而后勇"。一般说来，一个人（或一个民族、一个国家）从知耻、忍耻到雪耻，这个过程必然有一段历史距离。大多数受辱者，皆因当时的力量或者环境处于劣势，在与人或者命运抗争的过程中，或由于力量悬殊，寡不敌众，或由于天时地利，不如对方，致使自己被对方打败（或受凌辱）而遭受屈辱，但又不能立即雪耻，只能将耻辱强忍吞下，铭刻心头，经过养精蓄锐，日渐强大，时机成熟，再雪旧耻，正所谓"君子报仇，十年不晚"便是这个道理。

"知耻而后勇"，其实质是忍今日之耻，而求明日之伸，但若一味地忍耐就无意义可言。那么，为何要忍呢？正是所谓"十年河东，十年河西"，相信目前虽然处于不幸的环境中，但是终究会有峰回路转的一天，以此来不断地提醒和鼓励自己忍受眼前一时的痛苦，等候时来运转。这其中，最关键的是等待，要相信时间的公平。《菜根谭》中曾有这样一段话："伏久者飞必高，开先者谢独早，知此，可以免蹭蹬之忧，可以消躁急之念。"

长久潜伏在林中的鸟，一旦展翅高飞，必然一飞冲天；迫不及待地绽开的花朵，必会早早凋谢。凡事焦躁无用，身处横逆之中，只有善屈善忍，储备精力，一鸣惊人的机会一定会来临。

能够忍耻，能够忍受痛苦而等待，都是不忘耻辱的结果。古人说："人不可以无耻，无耻之耻，无耻也。"也就是说，一个人不可以不知耻，不知道耻辱的耻辱，才是真正的耻辱。

对耻辱有两种截然不同的态度：有人知耻、忍耻、雪耻。知耻后，一时无法雪耻，只好暂时隐忍，一旦时机成熟，立即将耻辱洗雪干净，勾践就是其中的典型。但也有人受耻而不知耻，即所说的人百颜无耻或恬不知耻，也就是说，这种人能厚着脸皮忍耻而无信心、决心或勇气雪耻，则是可悲可叹。

三国蜀后主刘禅就是这样一个十足的无耻之徒。当时，魏国的镇西将军邓艾攻蜀，一路过关斩将，直取成都，蜀国君臣成了亡国奴。后主刘禅不但亲自乞降，又令蜀将姜维向魏将钟会投降（他这样做，并非像勾践那样屈一时之辱而后雪耻）。刘禅降魏后，司马昭设宴招待他，有意安排演出蜀地原有的杂技，四周蜀国降者观后极为悲伤，而刘禅却兴致极高，谈笑风生。

有一日，司马昭问刘禅："先生是否愿归蜀地！"刘禅竟然答道："生活在这儿很快乐，不想回去了。"

可悲之极！

"为国而耻者，知耻而后进；为己而乐者，亡国不知耻"，后人这样评价勾践和刘禅。

有人说，在政治生涯中，应不问过程而求结果。

大哲理
da zhe li

在屈伸之间，伸是最终目的，屈为伸而服务，只伸不屈，会输得头破血流；只屈不伸，无作用无意义可言，只是窝窝囊囊地活着。

第八章
好口才带来好运气

有时，机会完全是说来的，口才好，事情办起来就简单容易；口才差，简单的事情变得复杂，办不成事搞不好还得罪人。

所以，做事时，一定要注意语言的大忌。不能信口开河，胡乱言语，把好事办成坏事，应尽量多学点口才，让口才帮助自己把事情办好。

1. 给人提意见要婉转

山顶住着一位智者，他胡子雪白，谁也说不清他有多大年纪。

男女老少都非常尊敬他，不管谁遇到大事小情，他们都来找他，请求他提些忠告。

但智者总是笑眯眯地说："我能提些什么忠告呢?"

这天，又有年轻人来求他提忠告。

智者仍然婉言谢绝，但年轻人苦缠不放。

智者无奈，他拿来两块窄窄的木条，两撮钉子，一撮螺钉，一撮直钉。

另外，他还拿来一个榔头，一把钳子，一个改锥。

他先用锤子往木条上钉直钉，但是木条很硬，他费了很大劲，也钉不进去，倒是把钉子砸弯了，不得不再换一根。

一会儿工夫，好几根钉子都被他砸弯了。

最后，他用钳子夹住钉子，用榔头使劲砸，钉子总算弯弯扭扭地进到木条里面去了。

但他也前功尽弃了，因为那根木条也裂成了两半。

智者又拿起螺钉、改锥和锤子，他把钉子往木板上轻轻一砸，然后拿起改锥拧了起来，没费多大力气，螺钉钻进木条里了，天衣无缝。而他剩余的螺钉，还是原来的那一撮。

大哲理
da zhe li

人们津津乐道的逆耳忠言、苦口良药，其实都是笨人的笨办法。那么硬碰硬有什么好处呢? 说的人生气，听的人上火，最后伤了和气。所以，不要直接向别人提出忠告或是建议，当需要被指出别人的错误的时候，婉转曲折地表达或许会让别人容易接受。

2．谨记祸从口出

　　每个人都有自己的隐私权，每个人也都有保护自己隐私的强烈意识，假若你说话时偏在无意中说着他的隐私，基于言者无心，听者有意的道理，他会认为你是有意揭破他的隐私，恨你入骨，所以说话时最好能权衡再三，不要信口开河，避免涉足别人的隐私话题。这是做事有"心计"之人说话的第一忌。

　　他做的事，别有用心，他对自己的用心，极力掩饰不让人知，如果被你知道了，必然对他非常不利。你如果与他向来熟悉，对他的用心知之甚深，他虽不能断定你一定明白，然而终究会对你感到十分疑惑与妒忌。你处于这种困难境地，绝不可对他表明绝不泄密，那你将如何自处呢？你唯一的办法，只有假装耳聋，若无其事。而这就是做事有"心计"之人说话的第二忌。

　　他有阴谋诡计，你却参与其事，代为决策，帮他执行，从乐观方面说，你是他的心腹，从悲观方面说，你是他的心腹之患。你虽谨慎地保守秘密，从来不提及这件事，不料另外有智者猜中此事，对外宣告，那么你无法逃掉泄露的嫌疑。你只有经常接近他，表示自己绝无二心，同时设法侦察泄露这个秘密的人。这是做事有"心计"之人说话的第三忌。

　　万一对方对你尚无深刻的认识，没有十分信任，你却极力讨好他，对他说极深切的话，假使他采用你的话，然而试行的结果并不好，一定疑心你有意捉弄他，使他上当。即使试行结果很好，他对你也未必会增加好感，认为你只是偶然看到，实行又不是你的力量，怎可以算你的功劳，所以你这个时候还是不说话为好。这是做事有"心计"之人说话的第四忌。

　　他犯有错误被你知道，你便不惜声援正义，直言进谏。他本来就已觉得愧疚，唯恐旁人知情，你去揭破，他自然更觉惭愧，由惭愧转为愤恨，由愤恨进而与你发生冲突，你不是凭空多了一个冤家吗？所以，即使告之，也应以婉转为宜。这是说话做事有"心计"之人的第五忌。

对方成功乃计出于你，而他是你的上司，他则必会深恐好名声被你抢去，内心惴惴不安。你知道了这种情形，就应该到处宣扬，逢人便说，极力表示这是上司的善谋，这是上司的远见，一点也不要透露你曾经出了什么力。

对方不能做的事，而你认为应该做，就算强迫也要让他必须做到；对于某事，对方是箭在弦上不能不发，或业已骑虎难下，无法中止，但你认为这事不应该做，就算勉强也必须中止，像这种情形，都是强人所难。你勉强他一定要做，勉强他一定要中止，原本是善意，尽一份挚友之责，心地光明，无可非议。但事实已经如此，虽然勉强也不会有效。如果你在道义上，认为不该熟视无睹，不妨进言婉劝，使他自己觉悟，由他自己来发动，自己去中止，这才是上策。万一他不愿接受你的劝告，你也只好见机行事，适可而止，否则过于强求，只是徒伤感情罢了。

大哲理
da zhe li

> 做事不能乱说话，这是对做事有"心计"的人最起码要求。大家知道，一言可以兴邦，一言可以乱邦，所以做事有"心计"的人，对人总是唯唯诺诺，可以不开口的，就情愿学金人之三缄其口，实行其"庸人之谨"。

3. 办事全凭好口才

在这个纷繁芜杂的人世生存，求人办事是稀松平常的事。虽然有人说：求人难，但也不至于难于上青天，只要你多想几条"心计"，掌握一定的语言技巧，一切困难都将迎刃而解。

在求人办事的过程中。人们不难发现，同样的请求内容，不同的人，用不同的方法和语言表达出来，得到的结果常常是不一样的。那么，怎样才能使被求者乐意答应自己的请求呢？

求人语言要做到诚恳、礼貌，不强加于人（有时还需要委婉）。所谓诚恳是指要让被请求者感到你是发自内心地求助于他，从而重视你的请求。这是做事有"心计"者求人成功的先决条件。

所谓礼貌是指应该尽量选用被请求者乐意接受的称呼，像在问路、请求让座时，这一点就显得非常重要。问路时，称对方为"老头""小孩子"，那你肯定一无所获；若改用"老人家""小朋友"等，效果就会好些。

不强加于人是指不用命令、祈使的语气，而多用委婉、征询的口气，例如，尽可能地使用"麻烦……""劳驾……""可以……吗"这类句式，即使对相识者也不妨这样。

下面，我们介绍几种运用求人语言的具体技巧，也许会有助于你的请求得到最理想的答复。

（1）以情动人

这一般用于比较大的或较为重要的事情上。把对人的请求融入动情的叙述中，或申述自己的处境，以表示求助于人是不得已之举；或充分阐明自己所请求之事并非与被请求者无关，以使对方不忍无动于衷、袖手旁观。

（2）先"捧"后求

所谓"捧"在这里是指对所求的人恰到好处、实事求是的称赞，并不包括那种漫无边际、肉麻的吹捧。求人时说点对方乐意听的话，尤其是顺便就与所求的事的有关方面称赞对方一下，也不失为一种求人的好办法。

（3）"互利"承诺

这是指在求人时不忘表示愿意给对方以某种回报，或将牢记对方所提供的好处，即使不能马上回报对方，也一定会在对方用得着自己的时候鼎力相助。配以"互利"的承诺，让对方觉得他的付出值得，同时也会对求助者多一分好感。

（4）寻找"过渡"

倘若向特别要好和熟悉的人求助，可以直截了当、随便一点。但有时求助于关系一般的人、生人或社会地位较高的人时，则常常需要一个"导入"的过程。这个导入过程可长可短，得视情况而定。

大哲理 *da zhe li*

　　办事有"心计"还要尽量防止自己的话无意间冒犯了对方。所以，在有求于人时应事先对对方有所了解，若无意中冲撞了对方，岂非前功尽弃？

4．一鸣惊人

　　培根出生在英国伦敦的一个新贵族家庭，他的父亲是一个大法官，并且还担任过英国女王的掌玺大臣，他的母亲是一个很有学问的人，翻译过许多外国作品，思想很开明。

　　很小的时候，培根便受到了良好的教育，因为父亲的地位使他接触到不少上层社会的人物。培根第一次见到女皇伊丽莎白一世时，仅有5岁半。一天，女皇在培根家的橡树下偶然遇到做算术题的小培根。

　　"你几岁了？"女皇问小培根。

　　"我吗？我比陛下的幸福王朝还小两岁！"小培根从容回答完毕，然后又埋头做自己的算术题。女皇顿时一惊，随后弯下腰，仔细端详这个孩子。

　　老培根见到这种情况，急忙揪住小培根的耳朵，勒令孩子给女王下跪请罪，并斥责儿子："对待女王怎敢如此大胆无礼！"

　　女王急忙喝住老培根，面对前呼后拥的随从大声说道："倘若今后大不列颠王朝的孩子皆能像这小孩子一样有才气、有思想，英国何愁不强？"

　　从此以后培根的聪明便人所尽知了。

　　13岁的那一年受过神学和语言教育的培根便破格地进入了剑桥大学"三一学院"学习，这一所学院是专门培养未来国家官员的学院。在这里培根系统地学习了哲学、文法、修辞、逻辑等课程。在学习中培根是一个比较有独立见解的人，哪怕是看了亚里士多德的哲学书，他也会提出自己的见解来。刚刚14岁的培根竟公然宣称，英国剑桥大学的教授们，把自己的学问建立在亚里士多德哲学的基础之上，真是大错特错。

3年以后，培根便离开了这个学校，他的理由非常简单，他认为在这样的环境里读书实在没有好处只有害处，因为在这里学的经院哲学，实际上就是神学，而这个学科是为"神"而辩护的哲学，而且它用极其烦琐的方法来论证神的存在，论证宗教教条的正确。培根认为这种思想束缚了人们的思想，并使人的思想远离了自然，远离了科学，成为上帝的奴隶，它完全堵死了人们认识自然的道路。

他离开剑桥大学以后，进入了葛莱律师学会，以高级生的身份研究法律，15岁的那一年他来到法国，在英国驻法国使馆当了一名随员。在这里培根了解到了许多欧洲大陆的政治状况，经常参加有各种人物参加的"沙龙"，讨论学问。从此，培根的眼界更开阔了，他对自己从政充满了信心。以至于后来，获得了被人们认为是官场阶梯的最高职务——大法官。接着他又被授予了男爵、子爵等爵位。

大哲理 *da zhe li*

小时候的培根回答问题就一鸣惊人，这也是他较高于同龄孩子智力的一个体现。从小看大，三岁至老，加之培根孜孜以求，这自然造就了培根后来的成就。

5. 优雅言谈易成事

办事有"心计"的人往往善于说话，善于说话的人往往容易办成事，因此你要培养良好的谈吐。

人类用来沟通的工具或媒介，包括语言、文字、态度、表情和姿态。

其中最普遍、最有效的工具为语言，它占所有的沟通流量百分之九十以上。良好的谈吐，可以增进人与人之间的相互了解，可以把彼此间的歧见，逐渐凝聚成为共同的意见。它代表一个人的精神、睿智和学识修养。更重要的是它能增长智慧，使你办起事来更容易。

有位名叫亚诺·本奈的小说家曾说："日常生活中大部分的摩擦冲突都起因于恼人的声音、语调以及不良的谈吐习惯。"此话说得颇有道理。何故？只要我们细察生活于自己身边的人就会发现，谈吐的缺陷往往可能导致个人事业的不幸或损及所服务机构的荣誉与利益，可能导致父子不和、夫妻离异乃至人际关系的紧张恶化。一个人的谈吐如何，往往决定企业是否愿意聘请他工作、与之交往，或是否愿意投他信任一票与之发生商业关系。

一个有良好谈吐习惯的人不仅受人欢迎，而且做事更易成功。反之一个人如果谈吐有障碍或者表达能力不足，则会被人低估他的能力，会被人散播残酷无情的谎言，还会被人扭曲形象。一个人即使思想如星星熠熠生辉，即使勤奋得如一头老黄牛，即使知识渊博得像一本百科全书，但若缺乏良好的谈吐能力，成功的机遇往往比做事有"心计"，有良好谈吐的人要少得多，也往往难以达到自己的理想目标。

有"心计"的人会发现平常说话有许多口头"敬语"，可以用来表示对人尊重之意。"请问"有如下说法：借问、动问、敢问、请教、借光、指教、见教、讨教、赐教等；"打扰"有如下词汇：劳驾、劳神、费心、烦劳、麻烦、辛苦、难为、费神、偏劳等委婉的用词。如果我们在语言交际中记得使用这些词汇，相互间定可形成亲切友好的气氛，减少许多可以避免的摩擦和口角。

你和人相见，互道"你好"，这再容易不过。可别小瞧这声问候，它传递了丰厚的信息，表示尊重、亲切和友情，显示你懂礼貌，有教养，有风度。

日本人说话爱道"谢谢"。有人统计，一个在百货公司工作的日本职员，一天平均要说571次谢谢，否则他就不是一个好职员，就有被解雇的可能。不管571次这个数字是否准确，但有一点须承认，顾客如果买了东西，营业员对他说声"谢谢，欢迎再来"，顾客不买东西，只是逛了一圈，仍对他说声"谢谢，欢迎光临"，相信你更愿意光顾这样洋溢着温馨气氛的场所。

美国人说话爱说"请"。说话、写信、打电报都用，如请坐、请讲、请转告。传闻美国人打电报时，宁可多付电报费，也绝不省掉"请"，因此，美国电话总局每年从请字上就可多收入一千万美元，美国人情愿花钱买"请"字。我们与人相处，说个"请"字，既不费力，又不花钱，何乐不为？

英国人说话少不了"对不起"这句话，凡是请人帮助之事，他们总开口说声对不起：对不起，我要下车了；对不起，请给我一杯水；对不起，占用了您的时间。英国警察对违章司机就地处理时，先要说声"对不起，先生，您的车速超过规定"。两车相撞，大家先彼此说对不起。在这样的气氛下，双方自尊心同时获得满足，争吵自然不会发生。

相形之下，我们有些人做得不够，马路上，骑车者碰倒了行人，有的骑车者会先发制人："混蛋，你怎么不闪开？"被撞者是受害方，自然不会让步，于是谩骂、厮打的事情发生。此时，如果骑车人开始真诚地说声"对不起，您没伤着吧"，被撞者再大度一些，结果会大不相同。

良好的谈吐，令人心花怒放，满面春风。

语言沟通与个人的人格特质关系密切。人格是一个人恒常固定的行为模式。现在针对如何改善语言的沟通，提出如下建议：

懂得赞扬别人。赞扬别人要对事赞扬，并表示真诚；

争辩是伤害人际关系和友谊的毒箭，多应用商量和协调，少逞强争辩；

说话不可武断，不说扫兴话。即使心有不快，亦不可借嘲弄来讽刺别人；

语气要温和客气，越是不满和激怒，越需要用温和与客气来处理，顶撞绝无好处；

避免采取教诫别人或碍于情面而勉强接受意见，那对彼此都无好处。要平心静气讨论问题的本身，而不能毛毛躁躁地攻击对方的自尊；

要学会聆听，仔细的听，"欣赏别人的意见，并测量它究竟与自己的意思相差多远。要常常提醒自己，一定有一个更好的答案夹在两者的

— 181 —

中间；

当你感觉到受激怒时，应该说"让我想想"，争取短短的十几秒钟，让自己不说话。你的心思会有时间和空间来做休息，激动的语言就不致脱口而出；

少使用批评的语句，多解析事情的真象，先谈彼此同感的事情，让对方一开始就说："不错！不错！"接二连三地提出对方认为正确的部分，又次次赞同他的论点。最后，使对方不知不觉地同意几分钟前还坚决否定的结论。千万不要直接告诉他的错处，而要平心静气引导对方赞同自己的结论。

大哲理 *da zhe li*

如今，说话的作用，在个人成长和工作中日渐重要。可以说良好的谈吐是你做事获得成功的催化剂。

6．真诚不等于"实话实说"

有这样一个故事：

从前，有一个爱说老实话的人，什么事情他都照实说，所以，他不管到哪儿，总是被人赶走。这样，他变得一贫如洗，简直无处栖身。最后，他来到一座修道院，指望着能被收容进去。修道院长见过他并问明了原因以后，自觉他是"热爱真理，并且尊重那些说实话的人"，于是，把他留在修道院里安顿下来。

修道院里有几头已经不顶用的牲口，修道院长想把它们卖掉，可是他不敢派手下的什么人到集市去，怕他们把卖牲口的钱私藏腰包。于是，他就叫这个诚实人把两头驴和一头骡子牵到集市上去卖。诚实人在买主面前只讲实话说："尾巴断了的这头驴很懒，喜欢躺在稀泥里。有一次，长工

— 182 —

们想把它从泥里拽起来，一用劲，拽断了尾巴；这头秃驴特别倔，一步路也不想走，他们就抽它，因为抽得太多，毛都秃了；这头骡子呢，是又老又瘸。""如果干得了活儿，修道院长干吗要把它们卖掉啊？"结果买主们听了这些话就走了。这些话在集市上一传开，谁也不来买这些牲口了。于是，诚实人到晚上又把它们赶回了修道院。听完诚实的人讲述完集市上发生的事，修道院长发着火对他说："朋友，那些把你赶走的人是对的。不应该留你这样的人！我虽然喜欢实话，可是，我却不喜欢那些跟我的腰包作对的实话！所以，老兄，你滚开吧！你爱上哪儿就上哪儿去吧！"

就这样，诚实人又从修道院里被赶走了。

其实，故事中"诚实人"的遭遇并不是偶然的，现实生活中也不乏类似的例子。

舞蹈家邓肯是19世纪最富传奇色彩的女性，热情浪漫外加叛逆的个性，使她成为反对传统婚姻和传统舞蹈的前卫人物。她小时候更是纯真，常坦率得令人发窘。

圣诞节，学校举行庆祝大会，老师一边分糖果、蛋糕，一边说着：

"看啊，小朋友们，圣诞老公公替你们带来什么礼物？"

邓肯马上站起来，严肃地说：

"世界上根本没有圣诞老公公。"

老师虽然很生气，但还是压住心中的怒火，改口说：

"相信圣诞老公公的乖女孩才能得到糖果。"

"我才不稀罕糖果。"邓肯回答。

老师勃然大怒，处罚邓肯坐到前面的地板上。

大哲理
da zhe li

一些忠直的人，喜欢实话实说，常常让人觉得太过莽直，锋芒毕露。但是，人无论处在何种地位，也无论是在哪种情况下，都喜欢听好话，喜欢受到别人的赞扬，不愿听到伤害自己的话。为人必须有锋芒也有魄力，在特定的场合显示一下自己的锋芒，是很有必要的，但是如果太过，不仅会刺伤别人，也会损伤自己。

7．习惯和陌生人说话

要想让陌生人不再陌生，建议你先考虑一个问题，为什么你跟老朋友谈话不会感到困难？很简单，因为你们相当熟悉。相互了解的人在一起，就会感到自然协调。而对陌生人却一无所知，特别是进入了充满陌生人的群体，有些人甚至怀有不自在和恐惧的心理。你要设法把陌生人变成老朋友，首先要在心目中建立一种乐于与人交朋友的愿望，心里有这种要求，才能有行动。

这里，以到一个陌生人家去拜会为例。如果有条件，首先应当对拜会的客人做些了解，探知对方一些情况，关于他的职业，兴趣，性格之类。

当你走进陌生人住所时，你可凭借你的观察力、看看墙上挂的是什么？国画、摄影作品、乐器……都可以推断主人的兴趣所在，甚至室内某些物品会牵引起一段故事。如果你把它当做一个线索，不就可以由浅入深地了解主人心灵的某个侧面吗？当你抓到一些线索后，就不难找到开场白。

如果你不是要见一个陌生人，而是参加一个充满陌生人的聚会，观察也是必不可少的。你不妨先坐在一旁，耳听眼看，根据了解的情况，决定你可以接近的对象，一旦选定，不妨走上前去向他作自我介绍，特别对那些同你一样，在聚会中没有熟人的陌生者，你的主动行为是会受到欢迎的。

应当注意的是，有些人你虽然不喜欢，但必须学会与他们谈话。当然，人都有以自我兴趣为中心的习惯，如果你对自己不感兴趣的人不瞥一眼，一句话都不说，恐怕也不是件好事。你可能被人认作是骄傲，甚至有些人会把这种冷落当做侮辱，从而产生隔阂。和自己不喜欢的人谈话时，第一要有礼貌，第二不要接触有关双方私人的事。这是为了使双方自然地保持适当的距离，一旦你愿意和他结交，就要一步一步设法缩小这种距离，使双方容易接近。

在你决定和某个陌生人谈话时，不妨先介绍自己，给对方一个接近的线索，你不一定先介绍自己的姓名，因为这样人家可能会感到唐突。不妨先说说自己的工作单位，也可问问对方的工作单位。一般情况，你先说说自己的情况，人家也会相应告诉你他的有关情况。

接着，你可以问一些有关他本人的而又不属于秘密的问题。对方有一定年纪的，你可以向他子女在哪里读书，也可以问问对方单位一般的业务情况。对方谈了之后，你也应该顺便谈谈自己的相应情况，才能达到交流的目的。

有人认为见面谈谈天气是无聊的事。其实，这要具体问题具体分析。如果一个人说："这几天的雨下得真好，否则田里的稻苗就要被旱死了。"而另一个则说："这几天的雨下得真糟，我们的旅行计划全给泡汤了。"你不是也可以从这两句话中分析两人的兴趣、性格吗？退一步说，光是敷衍性的话，在熟人中意义不大，但对与陌生人的交际还是有作用的。

如果遇到那种比你更羞怯的人，你更应该跟他先谈些无关紧要的事，让他心情放松，以激起他谈话的兴趣。和陌生人谈话的开场白结束之后，特别要注意话题的选择。那些容易引起争论的问题，要尽量避免，为此当你选择某种话题时，要特别留心对方的眼神和小动作，一发现对方厌倦、冷淡的情绪时，应立即转换话题。

在与人聚会时，常常会碰到请教姓名的事，"请问你尊姓大名。"你要牢牢记住对方的姓名，对方说出姓名之后，你应立即用这个名字来称呼，当你碰到一个可能已经忘记了的人，你可以表示抱歉，"对不起，不知怎么称呼您？"也可以说半句"您是——""我们好像——"，意思是想请对方主动补充回答，如果对方老练，他会自然地接下去。

大哲理
da zhe li

　　和陌生人谈话，要比对老相识更加留心对方的谈话，因为你对他所知有限，更应当重视已经得到的任何线索。此外，他的声调、眼神和回答问题的方式，都可以揣摩一下，以决定下一步是否能纵深发展。

8．不怕难下手，就怕不开口

如果你在办事中与对方陷入了有害的沉默中，那将是非常糟糕的事情，这时若是有"心计"的人一定不会放任这种沉默，而是想办法去打破它。

打破沉默局面通常有两个基本要求。一是深入分析引起沉默的真实原因。如张三因患急性咽喉炎而不愿说话，你却以为张三对你说话的主题没有兴趣，于是转换话题想打破对方的沉默状态，那肯定是难以奏效的。二是在打破沉默的过程中，不要给对方以压迫感。只有巧妙地打破沉默，才能给双方带来语言沟通的热情和感受到社交的乐趣。如你的朋友第一次参加某社团的集体活动，会拘谨而沉默寡言，这时你可主动向他介绍有关的情况，并引见诸位，在轻松愉快的气氛中，使你的朋友不知不觉地消除拘束感，沉默也就被打破了。

打破沉默局面，应该从许多方面着手。

（1）放下架子

如果是自己太清高、架子大，使人敬而远之，而造成了对方的沉默，则主要应从完善自己的个性着手，在社交场合中主动些、热情些、随和些。

如果是自己太自负，盛气凌人，使对方反感，而造成了沉默，则要注意培养谦虚谨慎的品德，多想想自己的短处，在社交场合中适当褒扬对方的长处，并真诚地表示向对方学习。

如果是自己口若悬河，讲起话来漫无边际，无休无止而导致了对方的沉默，则要注意自己讲话应适可而止，并主动征求对方的看法和意见，让对方也有机会表达自己的立场和观点。不要让人觉得你是在作单方面的"说教"，而应让人觉得彼此在进行双向沟通，让对方产生你很重视他的观点的印象，引起他的交谈欲望，从而使谈话不致陷于沉默之中。

（2）说他感兴趣的话题

如果对方流露出对此话题不感兴趣而不想开口的情绪，那最好是马上转移话题，选择对方乐于谈论的事情进行交谈，或故意创造机会让对方自己转移话题。

如果对方事先没有准备，对此话题有兴趣但又不知从何谈起，那么应以简明的、富有启发性的交谈来开阔对方的视野，活跃对方的思想，从而引起对方的谈话兴趣，消除沉默。

如果对方自我防卫的意识太重，不轻易开口，那么，就要努力创造非正式的交谈气氛，支持和鼓励对方无顾忌地坦率地交谈，不马上反驳对方的观点，对其一些合理的看法给予赞许，促其进入交谈。

如果对方过于谦让而造成了沉默，则要增强交谈的竞争气氛，用热烈、紧张而有趣的谈话激发沉默者进入交谈。

（3）寻找共同点

如果是因为双方互不了解，不知谈什么得体，那么就应当主动作自我介绍，并使交谈涉及尽可能广泛的领域，从中发现双方的共同话题。

如果因双方过去曾经发生的摩擦或隔阂而造成了沉默，那么就应该高姿态，求大同存小异，或者干脆把过去的隔阂抛在脑后，仿佛什么也没有发生似的，热情地与之攀谈，增强信任和友善的气氛。

如果是刚刚发生了争论而出现了沉默，那么就应当冷静下来，心平气和地谈些无分歧的问题；如果局势太僵，则可暗示在场的第三者出面积极调解，打破沉默。

（4）找个合适的环境

如果对方觉得这个环境不适合他发表意见，那么可以换个环境，也许他就愿意敞开思想来谈。如果对方认为环境中的个别因素妨碍了交谈，在可能条件下，可以排除这些干扰因素，使对方积极地参与交谈。

大哲理
da zhe li

当下这个社会，果真可用一张嘴行遍天下无阻无挡，一个办事有"心计"的人总能把话说到点子上，打破令人尴尬的沉默，让别人心甘情愿、高高兴兴替你把事办。

— 187 —

9.巧舌如簧去说动别人

手把手地教你做个有"心计"的人：

（1）间接请求

①通过间接的表达方式（例如使用能愿动词、疑问句等）以商量的口气把有关请求提出来，显得比较婉转一些，令人比较容易接受。例如：

"你能否尽快替我把这事办一下？"

（比较：尽快替我把这事办一下！）

通过比较，我们不难看出，间接的表达方式要比直接的表达方式礼貌得多，因而更容易得到对方的帮助或认可。

②借机请求

借助插入语、附加问句、程序副词、状语从句及有关句型等来减轻话语的压力，避免唐突，充分维护对方的面子。例如：

"不知你可不可以把这封信带给他？"

（比较：把这封信带给他！）

我们可以发现，语言中有很多缓冲词语，只要使用得当，就会大大缓和说话的语气。

③激将请求

通过流露不太相信能成功的想法把请求、建议表达出来，给对方和自己留下充分的退路。例如：

"你可能不愿意去，不过我还是想麻烦你去一趟。"

在请别人帮忙或者向别人提出建议时，如果在话语中表示人家可能不具备有关条件或意愿，就不要强人所难，自己也显得很有分寸。

（2）缩小请求

尽量把自己的要求说得很小，以便对方顺利接受，满足自己的愿望和要求。例如：

"你帮我解决这一步就可以了，其余的我自己想办法。"

我们确实经常发现，人们在提出某些请求时往往会把大事说小，这并不是变着法儿使唤人，而是适当减轻给别人带来的心理压力，同时也使自己便于启齿。

（3）谦恭请求

通过抬高对方、贬低自己的方法把有关请求等表达出来，显得彬彬有礼、十分恭敬。例如："您老就不要推辞了，弟子们都在恭候您呢！"

请求别人帮助，最传统有效的做法是尽量表示虔敬，使人家感到备受尊重，乐于从命。

（4）自责请求

首先讲明自己知道不该提出某个请求，然后说明为实情所迫不得不讲出来，令人感到实出无奈。例如：

"真不该在这个时候打搅您，但是实在没有办法，只好麻烦您一下。"

在人际交往中，要知道在有的时候、有些场合打搅别人是不合适的，不礼貌的，但有时又不得不麻烦人家，这就应该表示知道不妥，求得人家谅解，以免显得冒失。

（5）体谅请求

首先说明自己了解并体谅对方的心情，再把自己的要求或想法表达出来。例如：

"我知道你手头也不宽裕，不过实在没办法，只好向你借100元。"

求人的重要原则就是充分体谅别人，这不仅要在行动中体现出来，而且要在言语当中表示出来。

（6）迟疑请求

首先讲明自己本不情愿打扰对方，然后再把有关要求等讲出来，以缓和讲话语气。例如：

"这件事我实在不想多提，可你一直忘了替我办。"

在提出要求时，如果在话语中表示自己本不愿意说，这样就会显得自己比较有涵养。

（7）述因请求

在提出请求时把具体原因讲出来，使对方感到很有道理，应该给予帮

— 189 —

助。例如：

"隔行如隔山，我一点儿也不知道人家那边的规矩。你是内行，就替我办了吧！"

在提出请求时，如果把有关理由讲清楚，就会显得合乎情理，令人欣然接受。

（8）乞谅请求

首先表示请求对方谅解，然后再把自己的愿望或请求等表达出来，以免过于唐突。例如：

"恕我冒昧，这次又来麻烦你了。"

请求别人原谅，这是礼貌语言交际最有效的方法，人们常常使用这种方式来进行交流。显得比较友好、和谐。

大哲理
da zhe li

一个办事有"心计"的人在向别人提出办事要求时，特别注意使用礼貌语言手段，维护对方的面子，照顾人家的意愿。因为他深深知道彬彬有礼的语言是最好的敲门砖，可以讲究分寸，让对方不经意间，向你敞开心扉。

10．唯诺之人难成事

唯唯诺诺，是退缩、软弱、依赖、懈怠的象征。一个人说话唯唯诺诺，办事唯唯诺诺，只能说明这个人很窝囊，难有发展。尤其是一个唯唯诺诺的下属，恐怕一辈子都要在原来的职位上蹲着。

什么是唯唯诺诺？它是一个人没有自信、没有魄力，缺乏勇气的一种表现，是一种软弱的心理缺陷。唯唯诺诺者多遵守纪律，乐于服从，但在许多情况下，这种服从对领导者来说是一种无用的服从。因为这种人给人的感觉便是，难当大任，不可能会创造性地开展工作，独当一面地成为领导的"台柱子"。

被称为"推销之神"的日本明治保险公司理事原一平就是靠着他的勇气和胆识获得了领导赏识并最终获得了事业上的成功。

当原一平在 31 岁时，仍不过是明治保险公司的一名普通外务员。一次，他想进谒三菱财阀的最高负责人兼本公司理事长串田万藏，请求他写一封介绍信，以便结识日本各企业高级经营人员，开展保险业务。

他走入三菱总公司大厦串田理事长的会客厅，坐了好长时间，竟睡着了。后来，他的肩膀被人戳了几下，只听见串田理事长大声喝道："有什么事啊？"原一平吓了一跳，狼狈地站起身来，好半天才说清来意。

串田没好气地反问道："什么？你想要求我做介绍保险对象这种玩意吗？"

原一平听后，不禁气冲冲地嚷了起来："你这个混账东西！你竟然说保险是一种'玩意'，公司不是一直教育我们说保险是正当事业吗？亏你还兼着保险公司理事长哩，我这就回去告诉大家。"说罢，他掉头冲出客厅。

原一平十分沮丧，很晚才回到家。一进门，却看到串田派人送来的急信，上面写着：

"今天你特意来见我，我却白活了这么大岁数，没能善待你，实在失礼了。明天是休息日，如不嫌弃，请你到舍下一趟。"

第二天，原一平受到了接见。串田从原一平的暴怒中欣赏到他对工作忘我的热忱，认为他是一个尽职的干才，决定予以重用。

这个例子告诉我们，下级应该在工作中表现出勇气和热忱，敢于对领导的错误予以指出，敢于表现自己的才能和自信，从而使领导认识你，欣赏你，信赖你，委以重任，成为领导事业上的助手和知音。

所以，作为一个有点"心计"的下属要想获得领导的重视和尊重，使自己成为一个对领导有用、甚至是无法离开的人，就要尽量避免唯唯诺诺这种软弱的表现。

正如曾在日本电力公司服务，被人称为"公司之鬼"的松永安左卫门曾经说的那样：

"人要有气魄，只要有气魄，天下无难事。丧失气魄的人，就没救了，有气魄者，地位、金钱，均可纷至沓来。"

我们说，下属能够取信于领导，能够为领导所重视和尊重，最重要的是不仅要有实力，还要有办事的"心计"。聪明而有"心计"的下属会在领导面前表现自己的才干和魄力，替领导解决问题，领导才不会忽视你。而唯唯诺诺靠的则是领导的怜悯，一旦他不再需要你时，你便会变得一无是处，而且，你的软弱表现还会助长他的侵害性行为。

唯唯诺诺，会使你的才干被埋没，得不到领导的赏识？领导说什么，就是什么，不敢提出反对意见，你的很好的想法也就不为人知，你的才干就无法充分发挥出来。没有对你工作能力的欣赏，领导是绝不会看重你的。

唯唯诺诺，会使领导对你的才干产生怀疑。唯唯诺诺，是一种消极的行为方式，表现的是人的性格中不进取、不强大的一面。而许多工作的开展，则特别需要人的勇气、毅力、坚韧、果断、积极主动的态度和创造性精神。显然，唯唯诺诺者不会让领导感到放心，不敢把重担交付给你。一个下级，不能替领导做大事，又怎么能为领导所重视呢？一旦领导对你留下缺乏才干、没有气魄的印象，你将会失去很多宝贵的机遇。毕竟，每一个下级都是不想一辈子碌碌无为，永远停留在被领导的位置上的。

唯唯诺诺，会使你创造不出使领导满意的工作实绩。唯唯诺诺者有一个特征，就是比较依赖，不能够脱离开领导的直接指挥和明确指示而独立地开展工作，工作中也是谨小慎微，胆小怕事，不敢有所创新，不敢越雷池半步。试想，领导之所以把一部分工作交给下级去做，是因他觉得自己的下属能很好地完成它，如果你仍旧需要事事得到上级的确切命令才能行事，这就等于把他分配给你的工作又踢了回去，他一定是不会高兴的。而且，事实上，要做好任何一件事，都是离不开人的勇气和胆识的，许多工作还需要人的创造性，没有或缺乏这方面的素质，就难以出色地完成工作任务。而一个没有工作实绩，在领导眼中是无能之辈的下属，想获得领导的欣赏和重用，这种可能性实在是很小。

如果你不幸是个唯唯诺诺的人，从这一刻就改正吧，因为它就像生命之船上的蛀虫，有百害而无一益。

11．向所有的人讨教

孔子教导我们要"不耻下问"，这早已被广为传诵。而作为一个有"心计"之人，单单是不耻下问是满足不了那颗求知欲极强的心的，所以"下问"的同时更要敢于乐于"上问"，上问自是向领导、向比自己强的人请教。也许领导学历不如你，也许某些方面的能力不见得很强，但是他之所以成为领导，自然有他的长处，多向他请教，不但能增长自己的能力，有助于完成好工作，也能给领导留下良好的印象，一举两得，何乐而不为呢？

陆和李是同一名牌大学的毕业生，他们的成绩都很优秀。两人分配到同一家单位工作。一年以后，陆提升为部门主管，李则调到公司下属的一家机构，地位明升实降，因为没有任何实权。为什么？

他们分配到该单位后，领导各交给他们一项工作。陆在分析调查之后，提出了若干方案给领导看，又向领导逐条分析利弊，最后向领导请教，用哪个方案？这时，领导对他的分析已经很信服，当然采取了他所推荐的那个方案。然后，他又问领导如何具体实施。领导说：你自己放手干吧，年轻人，比我们有干劲。陆连忙说，自己刚来，一切都不熟悉，还得多听领导的意见。因为陆的态度谦恭，意见又到位，领导很满意，当即向几个部门的头头打电话，让他们大力协助小陆的工作。因为有了领导的交代，小陆在实施自己的方案时又时时注意与各部门人员协调，他的工作完成得又快又好。

小李呢？他也做了精心的准备，方案也设计得十分到位。但他一心沉浸在工作的热情中，全然不记得要向领导请示一下。领导是开明的，既然说过让他全权处理，自然也不干涉，但也没有和下面人交代什么。等到小李把自己的计划付之于实践，各部门人员见他是新来的，免不了有些怠慢，小李心直口快，与某人顶了起来，这可惹了麻烦，因为这人正是公司总经理的亲信。后果可想而知，他的工作处处受阻，最后计划中途流产。

大哲理
da zhe li

有人因为害羞不敢向领导请教，有人因为自傲不愿向领导请教，有人害怕向领导请教会显出自己没水平……其实这些顾虑大可不必，多思勤问的人总是会得到领导的重视，一则，你的提问显出你对工作的热情和思考；二则，你的提问显出你的谦虚和诚恳。这种做事，有"心计"的人谁会不喜欢呢？

12．把忠言说的顺耳

忠言逆耳是千百年来被证实了的道理，但是有时候为了全局的利益忠言不能不进，最好的办法是也让忠言不逆耳，这需要你在进忠言时多用点"心计"以达到一举两得甚至更多的目的。

在现实生活中，由于领导的一时冲动或认识问题的不足，或者本身就自恃权重而决策失误，使个人、企业甚至国家即将蒙受经济和信誉上的损失时，应当仗义执言，阐明利害关系，说服领导收回成命。

赵奢原先只是赵国田部的官吏，负责征收田租的工作。当时，平原君赵胜家不肯照规定缴纳，赵奢依法施罚，杀了平原君家九个当权管事的人。平原君大怒，预备杀赵奢以示报复。

赵奢趁机说："您是赵国的贵公子，今天连您自己也放任家臣不守国法，国家法令的尊严就会受损；法令受损，国势会因而削弱；国势削弱，则诸侯就会伺机而动，赵国的危亡就在旦夕了。到那时，您如何享受这种富豪的生活呢？反之，以您的富贵之家带头奉公守法，则可以导致全国上下一心，国家就会富强，赵国的地位自然稳固了，而您呢，贵为国戚，还怕天下人轻视吗？"

平原君认为赵奢是一个有远见的人，就把他推荐给了赵王。

平原君毕竟是自己国家的人，江山社稷也是他们自己的家族的天下，所以采纳意见，顾全大局。同时，发现了一个忠心耿耿的拥护者。

在现代社会中，有很多的企业家并不通过调查，而只是通过凭空想象，仅考虑到某些片面，就做了某项决定。造成不利的影响。对于这些情况，不能听之任之，应当仗义执言，否则一旦出现问题，领导依然会振振有词地说："为什么没有人反映？"虽然是大家共同的责任，但对于企业和社会将是很难弥补的。

领导往往都比较自信，而且做事往往会独断专行。所以，如果你诉说的仅仅是目前的现象和实情，有时就不能获取他的认同，而且搞不好，有的领导还会认为你不理解他的苦衷，甚至产生误解，认为你是在有意逃避责任。怎样才能让领导充分理解你的苦衷呢？一定要记住：在必要的时候，对这样的领导，你可以采用推导可能结局的方式，从领导准备做出的决定出发，合乎逻辑地推导出最可能产生的后果，从而引发领导内心深处对你的观点的认同，从而达到申说的目的。

小常受聘于一家私立学校，由于学校的宣传很到位，学校开办伊始就有很好的生源，这样一来，倒是授课的老师有些忍受不了了。但领导认为应该"宁缺毋滥"，决定只用现有的教师力量，提高教师的每周的课时，并承诺按增加的课时给老师们提高工资。可小常却有自己的看法：因为他又特别看重自己的名声且是一个有高度责任感的老师，如果这样每天超负荷工作，势必身心疲惫，从而影响教学质量，对自己的名誉和学校的长远发展都很不利。于是他决定向领导申说一下自己的想法。他从关心学校的前途命运入手，指出教学质量和精益求精的重要性，从而推导出如果按照领导的方式发展下去，在教学上难免会出现敷衍的现象，而这正是领导所非常关心的问题。他的申说很自然地引起了领导的高度重视。

仗义执言也要分清领导的真实意图，或许领导并不是真正地想请下属提意见，而是一种向下属炫耀自己的水平，这时更要多点"心计"，否则不但得不到什么好感，反而会对自己的前途产生不利的影响。

同时提意见也要采用相应的方式，诸如先扬后抑，采用请教的方法都可以达到相应的效果：

小麦曾经在一家广告公司任职。她工作上能吃苦，且待人热情、聪明能干，自然得到老板的赏识。但有一天，老板找到她，说自己定了一份公司经营规划，想让她给提提意见，小麦就轻易地把她直率的个性显露出来了，结果对老板的经营规划提出了不少批评意见，而且有的地方还批评得异常尖刻。当然，她的出发点是好的，而且她的很多意见都很有见地，照理说应该得到老板的赏识。但不足一个月，她被老板炒了鱿鱼。因为虽然老板大多数表面上会摆出一副虚心采纳下属意见的姿态，可能够真正做到这一点的很少很少。小麦错就错在自己说话太直率了，明显地不把领导放在眼里，伤害了领导的尊严。

我们都知道要想得到别人的尊重，就必须先尊重别人。对于领导和老板也是如此。尊重老板的具体表现就是你的言谈举止，尤其在老板要你给他提意见时，这时你的语言技巧显得格外重要。比如，你可以采用赞扬和肯定的语气，先对老板的计划赞美一番："老板，你的计划真的很棒，假如付诸实施的话，一定能使公司的业绩有大幅度的提高。不过，我想到一个问题，你看在这个方面能不能这样……"采用这种方式提出自己的意见，既能够让老板开心，还能够让他采纳你的意见，岂不两全其美？

大哲理
da zhe li

办事有"心计"的人有一个最大的长处是懂得察言观色，说话委婉，不急不躁，听似柔弱无骨，实则主见分明，此类忠言又怎么会逆耳呢？

13．管好自己的嘴

　　我们大多数人都喜欢正直而坦率型的朋友，他们心里无私，有什么就说什么，从来不加以掩饰，这样的话说出去，心里也很舒服，总觉得有一种问心无愧的感觉，这种自我感觉总是良好的。的确，坦率也是一种很可爱的性格，大家都喜欢对方坦率，但这也是有条件的，这个条件就是彼此能遵守这一游戏的规则，任何一方若违背了这一规则就会觉得自己良心受了极大的谴责而使心理不平衡以致无法生活。显然，这一条件在目前的社会上是无法满足的。当今的社会是一个充满竞争的社会，为了生存，人们可以使用一切手段而丝毫没有良心上的自律，也没有宗教上的羁绊。在这种情况下，可以说是人心自危，有些人更是居心叵测。坦率，看起来就显得有些幼稚可笑了。

　　坦率的人给人开始的印象总是比较好的，刚开始大家会认为你很老实和忠厚，可是，渐渐地他们会发现原来你头脑简单，思想简单，这样你便被定位是一个弱者，万一他们心怀不轨，那你岂不是自讨苦吃？所以，这种人在没有一种自我保护机制的情况下，常常会吃亏的。另外，坦率的人还常常伤害别人。这种人想说什么就说什么，毫无掩盖，直来直去而且不分场合，这就犯了一个人性的大忌。人是被包装起来的，谁不希望自己更漂亮、更完美、更出众？谁不愿意别人多选择自己、吹捧自己？而你的坦率却是会在连你自己也不知觉的情况下，就伤害了别人。这样，你在无形之中就形成了无数潜在的敌人，这种敌人比你知道的敌人更可怕，他们会寻找机会来向你发动进攻，趁你不备将你击倒，其结果，不是既伤害了别人又毁了自己吗？最后，坦率的人还会被别人利用，因为你坦率，所以你对事情的看法往往很浅薄，而且很容易被对方的话激怒，同时也很快做出承诺为某人打抱不平，这样你便是一位感情用事的人。而感情用事却是很危险的，你也许会为了一些不值得计较的所谓正义、道义而去牺牲自己，你甚至还可能为了所谓的感情、面子而去成全别人。其实，这些东西都是虚无缥缈的，它们注定是不会永恒的，时间和空间的转换，人物的变更终究有一天会使那一切化为乌有，而你得到的也是一场梦。所以，与其当你在梦醒后发现自己被人利用，倒不如早点醒悟过来，警惕自己多要求、告诫自己切不可过于坦率和感情用事，做事不是不要热情，但热情的背后一定要有理性和智慧支配。

逢人且说三分话，未可全抛一片心，不失为沟通的一大原则。因为与人沟通是要有个过程的。若一旦人鬼不分，那么反而坏事。无论是人是鬼，说话都只许抛出三分，而不可将自己的心思全盘抛出，即使是自己的亲朋好友也是如此。你说得太细、太多，不仅对自己不利，反而会让对方认为你这人好像小看他，连最起码的东西都给他解释，这也太低估他的能力了，这样你势必被误解、被扭曲。只有说出三分，你才可能收获很多。那么究竟该说哪三分呢？

首先，场面话是必须要说的。所谓场面话，即是一种应酬而不负责任的话，比如老朋友相见的相互寒暄，表面上答应别人的客套话"我全力帮忙""我会考虑考虑的"等等。这种话在交际中常常有，而且非常模棱两可，但是说话者却不负什么责任。因此，场面话只不过是应付当时的尴尬局面而已。这时，你说了也无妨。

其次，双方都关注的话必须要说，谈话的双方必须都要对一个问题发表自己的意见。这时，不妨在适当的情况下，发表你的观点，争取主动权，同时要善听对方的观点，并随时提出反驳意见，不让对方占上风。

最后，关于自己切身利益的话要说。人活着都要追求个人利益，个人利益并不是什么令人羞愧的东西。只要合理，就应该争取，属于你自己，就不应该让给别人。特别是在同一单位之中，同事之间不能推让个人合理的利益，你想，你推让一次可以，让你推让多次，甚至永远这样推让下去，你愿意吗？你会心理不平衡而导致严重的后果。万一别的同事迫于你的压力也这样干下去，那岂不是又害了大家，同样又使他们造成对你的反对？这样做，何苦呢？不如顺其自然，个人追求个人的合理利益，这样大家都心安理得，不是很好吗？所以，对于个人利益，不要闭口不谈，也不要故意推让，要大胆要求，合理取舍。

一个人只身闯荡社会，不仅需要大智大勇，而且需要谨慎的个性，处处留心，时时在意，方能站稳一席之地。

大哲理
da zhe li

给自己提个醒，管好自己的嘴。害人之心不可有，防人之心不可无。做人不必城府太深，却更忌坦率过头。自警，才能臻于人生的不败之境。

14．人人爱听奉承话

生活中之所以有如此多的人沦落平庸，一方面是因为一些人真的平庸，另一方面却是因为有些人做事不讲"心计"，不懂恭维别人，以致怀才不遇。

事实上真正讨厌别人对自己拍马屁的人几乎没有。而你如果不懂拍马屁，要想出人头地那就可想而知了。

曾经叱咤风云一世的拿破仑，就有过这么一段历史。

拿破仑是非常讨厌别人拍他马屁的。有一次，随从之一对他说："将军！您最讨厌别人对您拍马屁的吧！"拿破仑笑着回答："是的，一点也不错！"

事实上，这不就是那位随从一记响亮的"马屁"吗？

一个有"心计"的人应该明白一个好的人际关系对自己是多么重要，而恭维别人对打造良好人际关系又是何其重要。赞美别人，恭维别人是人际关系上至高无上的"润滑剂"，而且这种美丽的言辞又是免费供应；如此"于人有利、于己无损而有利"的事，又何乐而不为呢？

赞美是一种博取好感和维系好感最有效的方法。它还是促进人继续努力卖命最强烈的兴奋剂，这是由人性的本能所决定的。想使求人成功就必须学会这一招。

美国一位企业家这样形容卡耐基："他是一位会握着你的手，鼓励你，赞美你的人。在我的生活经验中还没有碰到一个能赶得上他的人，有许多人，虽然拥有职权，但他们没有嘉许人的雅量，只会讥讽别人，像这样怎么能成就更伟大的功业呢？"

其实这位企业家是最能领会卡耐基精神的人。

有人说，在这位企业家的手里，赞美别人已成为一种异乎寻常的驱动工具。

当这位企业家就任造船厂厂长的时候，工人群众都被他调动起了巨大的热情，他的传记中这样写道：

"从经理到工人，他都很大方地给予嘉奖，称赞工作人员的工作技巧，使受奖的人都觉得比金钱奖赏更为可贵。"

这家造船厂承造的"军舰拖甲虎号"在 27 天内完工，造船厂里所有的记录都被打破了。老板召集造舰的全体工作人员发布一篇庆功的演说词，并且赠给每人一枚银质奖章和威尔逊总统的一封信，最后他转向负责监造人，从自己的袋子里掏出个金表，亲手交给他，作为一个小小的纪念。

把赞扬送给别人，就像把食物施给饥饿的乞丐。在许多时候，它就像维生素，是一种最有效果的食物。

有的人严格有余而赏"银"不足，吝啬赞美他人，是违背人性的做法，结果往往使一些"马仔"暗中捣鬼或干脆"走人"。这些人要好好反省。

在这个社会上，会说奉承话的人都比较有"心计"，所以都比较吃香。当一个人听到别人的奉承话时，心中总是非常高兴，脸上堆满笑容，口里连说："哪里，我没那么好""你真是很会讲话！"即使事后冷静地回想，明知对方所讲的是奉承话，却还是抹不去心中的那份喜悦。

![大哲理 da zhe li]

《说奉承话是办事有"心计"的人求人所必备的技巧，奉承话》

说得得体，可以轻轻松松迷倒一大片，大家伙都高兴了还有什么事不好办呢？

15．说话谈吐伸屈有度

如果一个人想和平地度过一生，他绝对有必要学会在小事上或大事上进行自我克制。人类必须容忍和克制，脾性必须服从于理性的判断。检点自己的言行对个人幸福是绝对必要的，因为一些话语比打人更伤人心。虽然人们不用匕首，但人们经常听说"语言像匕首"。一则法国谚语说："语言造成的伤害比刺刀造成的伤害更让大家感到可怕。"那些溜到嘴边的刺人的反驳，如果说出来，可能会使对方很难堪。布雷姆夫人在其《家》一书中说："老天爷禁止我们说那些使人伤心痛肺的话，有些话语甚至比锋利的刀剑更伤人心，有些话语则使人一辈子都感到伤心痛肺。"

那些能屈能伸的人在说话方面也如同在任何其他事情方面一样，总是注意自我克制。那些聪明和懂得自我克制的人总是避免心直口快、直言无忌，绝不以伤人感情为代价而逞一时口舌之快。比如，有的人在工作中看到别人干活不好时，他不会在旁边指手画脚，说三道四，显示他的能干，而是很客气地说："我试试看怎么样？"这样说了，即使在接下来的工作中干不好也不会丢面子；如果干得好，即使别人嘴里不说，心里也会佩服他。尤其是他没伤别人的面子，又替别人干好了活儿，别人于是从心底里认为这个人"够意思"，做人稳重，扎实，又有真本事。

孔子说："君子欲讷于言而敏于行。"即君子为人处世，总是行动在别人之前，语言在人之后。

谨慎说话应当做到以下几点：

（1）尽量不说话

不说话不仅确保安全，而且能给人留下个稳重、非同凡俗的印象。当然，尽量不说话是指可以说可以不说的话，尤其是与自己没有关系的事情。否则，不说话也是不可取的。

（2）尽量少说话

在不得不说的情况下，尽量少说，不夸夸其谈，不乱讲滥说，不信口雌黄，不妄发议论，这也是确保安全的一种方法。言多必失，多言多失，少言少失，不言不失。所以，在不得不说、非说不可的时候，还是要保持"少说为佳"的态度。

（3）不传流言

世界上没有十全十美的人，随随便便说别人的短处，轻轻松松揭别人的隐私，不仅有碍别人的声望，且足以表示你为人的卑鄙。当你听到流言蜚语时，唯一的办法是听了就算，不做传声筒，不记挂于心，不向外传播。

（4）不说空话

说到做到，力戒空谈，是一个人进行道德品质修养的重要内容。一个人整天里空话连篇，不干实事，那他将一事无成。爱因斯坦给成功确立的公式是：成功＝行动＋正确的方法＋少讲空话。

（5）不说假话

马克·吐温说："我们千万不能说假话，因为我们不知道何时需要说假话。"假话一旦被揭穿，便会失去人们的信任，落得说话无人听，办事无人理，成为令人厌恶的人。

（6）会说话

所谓会说话，就是在恰当的时间、恰当的地点说了恰当的话，也就是把话说对时间、说对地点、说到点子上，又能把直话说圆，歪理说正；也就是能把别人的有理说成无理；也就是说得头头是道，妙语连珠，使人人爱听，个个喜欢。会说话，是为人最基本的功夫。

《法句经·二三三》中说："言多语失，说话应谨慎。舍弃那些不可说的话，而只说应说的话。"目莲和尚在给其信徒的一封信中写道："祸从口出使人身败名裂，福从心出使人生色增光。"它的意思是：有时说话的人并无恶意，但对听者而言，却可能是伤及他的自尊心的恶语，所以劝诫人们，说话应谨慎，只说该说的话。

话说得得体，则让人高兴；反之，只会让人伤心。一句话就是同一个意思，出自两个人之口，听起来也有区别。你自己信口开河，根本意识不到会伤害人，但别人认为你是有意的，认为你们是在故意伤害他。

不爱说多话的人，他内心并不是糊涂得无话可说，而是他明白话说多了鲜有不败事的道理。

大哲理
da zhe li

言谈能反映出一个人为人处世的涵养和功夫，要把握好分寸和态势。说话把握尺寸，说得恰到好处，是一种修养，一种水平，既不能喋喋不休，口若悬河，又不能该说话时却沉默寡言。

16．见什么神仙烧什么香

办事有"心计"，首先要做的便是专注于人的因素，知人然后办事。

我们办事时的直接对象，即事的主体是人，没有人的存在，就谈不到事，因为每个人的个人品质，也就是嗜好、想法都不一样，我们办事所涉及的人也各有不同，如果你明白了对方是哪个类型的人，应付起来就比较容易了，这就是因人制宜。常言道，到什么山唱什么歌，见什么人说什么话。如果你了解了下面这七种类型的人，就明白了与这些类型人该怎样办事。

（1）寻找死板人的兴趣点

这种类型的人，就算你很客气地和他打招呼、寒暄，他也不会做出你所预期的反应来。他通常不会注意你在说些什么，甚至你会怀疑他听进去没有，你是否也遇到过这种人？

和这种人交际，刚开始多多少少会感觉不安，但这实在也是没办法的事。

遇到这样情况，你就要花些时间，仔细观察、注意他的一举一动，从他的言行中，寻找出他所真正关心的事来。你可以随便和他闲聊，只要能够使他回答或产生一些反应，那么事情也就好办了。接下去，你要好好利用此一话题，让他充分表达自己的意见。

每一个人都有令他感兴趣、关心的事，只要你稍一触及，他就会开始滔滔不绝地说下去，此乃人之常情，故你必须好好掌握并利用这种人性心理。

（2）简言应付傲慢无礼的人

有些人自视清高、目中无人，时常表现出一副"唯我独尊"的样子。像这样举止无礼、态度傲慢的人，实在叫人看了生气，是最不受欢迎的典型。但是，当你不得不和他接触时，你要如何对付他？

对付这一类型的人，说话应该简洁有力才行，最好少跟他啰嗦，所谓"多说无益"。因此，你要尽量小心，以免掉进他的圈套里去。

不要认为对方客气，你也礼尚往来地待他，其实，他多半是缺乏真心诚意的。你最好在不得罪对方的情况下，言词尽可能"简省"。

（3）面对沉默寡言的人要直截了当

和不爱开口的人交涉事情，实在是非常吃力的，因为对方太过沉默，你就没办法了解他的想法，更无从得知他对你是否有好感。

对于这种人，你最好采取直截了当的方式，让他明确表示"是"或"不是"，"行"或"不行"，尽量避免迂回式的谈话，你不妨直接地问："对于 A 和 B 两种办法，你认为哪种较好？是不是 A 方法好些呢？"

（4）不要揭穿深藏不露之人的"伪装"

我们周围存在有许多深藏不露的人，他们不肯轻易让人了解其心思，或知道他们在想些什么，有时甚至说话不着边际，一谈到正题就"顾左右而言他"。

双方进行交涉，其目的乃在于了解彼此的情况，以使任务圆满达成。因此，要经常挖空心思去窥探对方的情报，期待对方露出他的"庐山面目"来。

但是，当你遇到这么一个深藏不露的人时，你只把自己预先准备好了的资料拿给他看，让他根据你所提供的资料，做出最后决断。

人们多半不愿将自己的弱点暴露出来，即使在你要求他供出答案或提出判断时，他也故意装作不懂，或者故意言不及义地闪烁其词，使你有一种"莫测高深"的感觉。其实这只是对方伪装自己的手段罢了。

（5）瞻前顾后应对草率决断的人

这种类型的人，乍看好像反应很快。他常常在交涉进行到最高潮时，忽然做出决断，予人以"迅雷不及掩耳"的感觉。由于这种人多半是性子太急了，因此，有的时候为了表现自己的"果断"，决定就会显得随便而草率。

像这样的人，经常会"错误地领会别人的意图"，也就是说，由于他的"反应"太快，每每会对事物产生错觉和误解。其特征是：没有耐心听完别人的谈话，往往"断章取义"，自以为是地做出决断。如此，虽使交涉进行较快，但草率作出的决定，多半会留下后遗症，招致意料不到的枝节发生。

从事交涉，总是要按部就班地来，倘若你遇到上述这种人，最好把谈话分成若干段，说完一段（一部分）之后，马上征求他的同意，没问题了再继续进行下去，总之你要瞻前还要顾后，如此才不致发生错误，也可免除不必要的麻烦。

（6）适可而止打发冥顽不灵的人

顽强固执的人是最难应付的，因为无论你说什么，他都听不进去，只知坚持一己的意见，死硬到底。跟这种顽固分子交手，是最累人且又最浪费时间的，结果往往徒劳无功。因此，在你和他交涉的时候，千万要记住"适可而止"，否则，谈得愈多、愈久，心里愈不痛快。

对付这种人，你不妨及时抱定"早散""早脱身"的想法，随便敷衍他几句，不必耗时，自讨没趣。

（7）耐心应对行动迟缓的人

对于行动比较缓慢的人，最是需要耐心。

与人交际时，可能也会经常碰到这种人，此时你绝对不能着急，因为他的步调总是无法跟上你的进度，换句话说，他是很难达到你的预定计划的。

所以，你最好按捺住性子，拿出耐心，尽可能配合他的情况去做。

此外，应该注意的是，有些人言行并不一致，他可能话语明快、果断，只是行动不相符合罢了。

（8）遇见自私自利的人能忍则忍

这世上自私自利的人为数不少，无论你走到哪儿，总会遇到几个。这种人心目中只有自己，凡事都将自己的利益摆在前头，要他做些于自己无利的事，他是绝不会考虑的。

当我们不得不与其接触、交涉时，只有暂时按捺住自己的厌恶之情，姑且顺水推舟、投其所好。当他发现自己所强调的利益被肯定了，自然就会表示满意，如此，交涉就会很快获致成功了。

大哲理
da zhe li

俗话说：打狗还要看主人，求人办事更重视办事的主体——人凡是办事有"心计"之人都懂得见什么人说什么话，进什么庙念什么经，这才是办事成功的关键所在。

17．不要处处与人抬杠

著名的心理学家卡尔·罗吉斯在他的《如何做人》一书中写道：

"当我尝试去了解别人的时候，我发现这真是太有价值了。我这样说，你或许会觉得奇怪。我们真的有必要这样做吗？我认为这是必要的。在我们听别人说话的时候，大部分的反应是评估或判断，而不是试着了解这些话，在别人述说某种感觉、态度和信念的时候，我们几乎立刻倾向于判定'说得不错'或'真是好笑'、'这不正常吗'、'这不合情理'、'这不正确'、'这不太好'。我们很少让自己确实地去了解这些话对其他人具有什么样的意义。"

这就是我们善于以自我为中心的人类，过分的相信自我的标准。因而在日常的人际交往中，我们遭遇太多的争论，造成太多心与心的嫌隙。在那些自以为是的争论中，我们竭尽全力地卫护那些并不全面、并不成熟的观点。对那些无关紧要的问题不足称道的异己意见，我们给予太隆重的对待。一场狂风暴雨般的唇枪舌剑过后，我们得到的仅是"心乱"，失去的却是"亲密无间"，或许，我们还得到些什么？在过后的日子里，我们发现那是嫌隙与隔膜。感谢上帝，我们因此又多了一个"敌人"。在以后的日子里，我们有更多的机会锻炼我们那"锐不可当"的口才。

卡耐基极为悲观地说：你赢不了争论，要是输了，当然你就输了；如果赢了，还是输了。在争论中，并不产生胜者，所有不愿对敌的人在争论中都只能充当失败者，无论他愿意与否。因为，十之八九，争论的结果都只会使双方比以前更相信自己绝对正确，或者，即使你感到自己的错误，却也绝不会在对手面前俯首认输。在这里，心服与口服没法达到应有的统一，人的固执性，将双方越拉越远，到争论结束，双方的立场已不再是开始时的并列，一场毫无必要的争论造成了双方可怕的对立。所以，天底下只有一种能在争论中获胜的方式，就是避免争论。

正如本杰明·富兰克林所说的：

"如果你老是抬杠、反驳，也许偶尔能获胜，但那是空洞的胜利，因为你永远得不到对方的好感。"

你在争论中可能有理，但要想改变别人的主意，你就错得太徒劳了。从人称自己是万物之灵的那一刻起，其个性似乎就已犯上了同样的毛病，一种自我优越感、自我权威感在内心、在头脑、在全身滋长着，并借着社会心理的奥妙的遗传，一代代地继承了下来。当"能够承认自己错误"成为一种难能可贵的、可供称赞的美德时，那一种"优越"与"权威"便在社会上取得了其普遍的地位，并因而在体内确立了其支配地位。正因此，人们才将廉颇的负荆请罪，李世民的善于纳谏千古传颂。"认错"这一简单的行为，在今人的心中有着何其沉重的分量。我们难道能说这不是因为我们缺乏足够的勇气去推翻那心中的"自我权威"，并进而消灭多余的"自我优越"？我们心中有那么一种毁灭的冲动，却冲不破那一层古怪的心理障碍。

在热闹的争论中，我们日益变得孤立。当所有人都不对我们表示好感时，我们终于体会到"人多时最寂寞"的悲凄境地。"佛祖"释迦牟尼来到我们的面前，一片祥和中，告诫我们："恨不消恨，端赖爱止。"争强疾辩绝不可能消弭误会。所以，我们不再固执，我们准备抛弃争论，从头做起。

但我们却犹豫了。纽约联合国总部内似乎永不休止的辩论，让我们再一次怀疑自己做出的决定是否正确。"佛祖"永远不会了解那些辩论对人类的重要性，因为他生活的是另外一个纯"爱"的世界。作为世人，我们无法对此熟视无睹。我们在迷惑中，习惯性地准备重新拾起争论的大棒。

然而，当我们进一步思考，并进而发现把自己与联合国相提并论时，我们便不禁哑然失笑。个体与集团各自有其很大的特殊性，莽撞的类比，往往是荒谬而毫无意义的。当我们正在探索日常生活中的为人处世时，却一再顾虑联合国这一庞大的特殊组织，无疑是毫无道理的。

所以，让我们回到平凡的生活中来，听一听林肯是如何斥责一位和同事发生热烈争吵的青年军官的：

"任何决心有成就的人，绝不肯在私人争执上耗费时间。争执的后果不是他所能承担得起的。而后果包括发脾气，失去了自制。要在跟别人拥有相等权利的事物上多让步一点，而那些显然是你对的事情就让步少一点，与其跟狗争道，被它咬一口，倒不如让它先走。就算宰了它，也治不好你被咬的伤。"

是的，我们承担不起后果，"就算宰了它，也治不好你被咬的伤。"所以我们宁愿在一定基础上做出让步，以避免争论。

如今，我们已经有了足够的心理准备，我们已下定决心尽量避免争论。然而，麻烦的是，我们并不太明了我们应该如何去做，这样子是有可能招至"自我优越"与"自我权威"的反攻倒算的。

所以，我们要学会"承认自己也许会错"。苏格拉底在雅典一再告诫门徒："我只知道一件事，就是我一无所知。"我们试着用这么一种句式："唔，是这样的！我也有一种想法，不过也许不对，我常常出错，不过希望你能原谅，啊，依我看，这是——"结果，我们在任何场合下都畅行无阻，因为没有人会反对"你也许不对"的看法。

所以，在承认自己错误的同时，我们便已备下了灭火剂。但这也许并不够，因为灭火剂也会有"没招"的时候，至少，当今的灭火剂是如此。所以，我们在小心翼翼地试图指出对方显然是错的地方时，我们不得不讲究一个适当的方式。

英国 19 世纪一位叫查士德·斐尔的爵士对他儿子说：

"如果可能的话，要比别人聪明，却不要告诉人家你比他聪明。"三百多年前的伽利略说："你不可能教会一个人任何事情，我只能帮助他自己学会这件事情。"

所以我们"必须以若无实有的方式开导别人，提醒他不知道的好像是他忘记的。"因为不论你用什么方式指责别人：眼神、语调、手势、话语，只要你告诉他，他错了，他就绝不会对你善罢甘休。因为，你直接打击了他的智慧、判断力、荣耀和自尊心。他绝不会改变他的想法，他只想反击，人类的好斗性此刻表露无遗。即使你搬出所有柏拉图或黑格尔的逻辑，也改变不了他的看法，因为你伤了他的感情。在日常的琐事中，支配人们行为的往往不是理智，而是感情。所以我们开始尊重对方的意见，并不直截了当地指出他错了。

我们似乎已完全避免了争论。事实上，从一方面来看，确实是做到了。我们千言万语地要求人们推翻心中的"自我优越"与"自我权威"，我们自以为自己已经做到了这一点。然而在后来的行动中，我们却一直假定自己是"对"的，而对方是错的；我们一直以一种"正确者"的高姿态在谈论。其实，我们也可能有错的"争论"。因而，现在我们不得不先承认自己是错的，因为在生活中，我们不可能永远是"正确者"，我们也有"错误"的时候。苏格拉底的谦虚，使得我们任何一人都不敢妄自称大。

事实上，在前面我们已深深领教了"死要面子"的苦果，所以，此时，我们不再面临任何的障碍，我们有足够的勇气和力量，用来迅速而热诚地承认自己的错误，这比起为自己争辩有效和有趣得多。

避免争论，我们赢得了好感，在人海中，我们不再孤立。

大哲理 *da zhe li*

卡耐基极为悲观地说：你赢不了争论，要是输了，当然你就输了；如果赢了，还是输了。避免争论，我们赢得了好感，在人海中，我们不再孤立。

18．语为心声，不要口不择言

"你会说话吗?"这样问你，你一定觉得可笑，只要是正常人，说话谁不会? 实际上，问题并没有那么简单。谁都会说话，但有人说话总是没有"心机"，口不择言，像机关枪扫人，一阵狂扫，只顾自己快活，不顾别人死活。

我们还是先看几个笑话:

一剃头师傅家被盗劫。第二天，剃头师傅到主顾家剃头，愁容满面。主顾问他为何发愁，师傅答道:"昨夜被强盗将我一年积蓄劫去，仔细想来，只当替强盗剃了一年的头。"主人怒而逐之，另换一剃头师傅。这师傅问:"先前有一师傅服侍您，为何另换小人?"主人就把前面发生的事细说了一遍。这师傅听了，点头道:"像这样不会说话的剃头人，真是砸自己的饭碗。"

在寿宴上，客人同说"寿"字酒令。一人说"寿高彭祖"，一人说"寿比南山"，一人说"受福如受罪"。众客道:"这话不但不吉利，且'受'字也不是'寿'字，该罚酒三杯，另说好的。"这人喝了酒，又说道:"寿夭莫非命。"众人生气地说:"生日寿诞，岂可说此不吉利话。"这人自悔道:"该死了，该死了。"

由此看来，如果我们说话时不加检点，就可能伤人败兴，引起误解，惹怨招尤。我们要注意说话的场合、对象、气氛，不要口不择言，想说就说。像有些人去菜市场，问卖肉的:"师傅，你的肉多少钱一斤?"或饭馆服务员上一盘香肠，说:"先生，这是你的肠子。"这类生活中的笑话，我们要注意避免。

说话是人生第一难事。像上面所说的情况，还不是太难的。只要注意语言修养，慢慢就会改善我们说话的纰漏和不足之处。说话难，最要命的就是说真话、说实话难。

19．管好自己的舌头

有些人心里藏不住话，听到什么，看到什么就爱四处传播，这是一个很大的缺点，中国有句俗话"病从口入，祸从口出"，许多是非往往是我们多嘴多舌造成的。

当然，人长了嘴巴就是要说话的，但说话一定得看场合，看时机。如果说话不看场合，不讲究方式方法，不分责任，不考虑结果，往往容易惹出是非和麻烦来。特别是青年人，社会阅历少，经验不足，爱说，敢说，如果不注意控制，就更容易因话惹祸。这时不管你是有心还是无心，长期下去，最终害了你自己。

在我们的日常生活中，舌头惹出的风波太多了。不负责任的背后瞎说，毫无根据的怀疑猜测，不经调查的轻信乱传，东拉西扯的闲言杂语，都会给许多人造成痛苦和烦恼，给人世间增添许多是非和不幸。当然给别人带来不幸的同时，往往最终自己也受到恶报。

"害人的舌头比魔鬼还厉害……上帝仁慈为怀，特地在舌头外面筑起一排牙齿，两片嘴唇，好让人们在开口讲话之前多加考虑。"这是文学家的语言，意思是说我们在说话之前要多加考虑，要负责任，不能出口伤人，损害别人。

言为心声，语言受思想支配，反映一个人的品德。不负责任，胡说八道，造谣中伤，搬弄是非等，都是不道德的。能管住自己的舌头就是做人最大的成功之一。

20．懂得和不同的人相处

"物以类聚，人以群分"，一般人都愿意同和自己性格相近的人相处，这是无可非议的。一个人要和所有的人都成为亲密朋友，那是不实际的、不可能的。但是，如果我们学会和各种不同性格的人打交道，我们就能和更多的人相处得好，工作起来就能相互协调。

那么，怎样和不同性格的人相处呢？

应该看到，既然别人与自己性格不同，他在待人接物方面，自然有许多方面与自己不一样。当我们看到了别人与自己不同之处后，不要觉得这也不顺眼，那也看不惯，更不要讨厌和嫌弃别人。

要承认差别。世界上的事物本来就千差万别，可以说，世界上没有完全相同的两片树叶。认识到这一点，看到了不同性格的人，就不会强求别人处处和自己一样，就可能容忍相互间性格上的差别。

要学会求大同、存小异。性格不同的人，处理问题的方式方法往往也不同。要学会在不同之中，发现共同之处。比如，你若是一个性格平和的人，你给张三提意见，可能言词不那么激烈，语气也比较委婉。如果你身边有一个刚直倔强的人，他给张三提意见，可能单刀直入，语言尖锐，甚至可能转而批评你，说你给别人提意见转弯抹角，是钝刀割肉。这时候，如果你只看到那个直率的人开展批评的态度和方式跟你不一样，觉得他太鲁莽，太不讲情面，你可能就会感到跟他格格不入，合不来。如果你除了看到你们两人提意见时的方式不同以外，还看到他和你也一样，也是出于一片好心，真心帮助朋友。这样，你可能就不会觉得他粗鲁无情，而觉得他有难得的古道热肠，同时也不会计较他对你的批评。我们要是多看别人和自己之间的共同点，就容易和不同性格的人相处。

跟不同性格的人相处，还要注意了解别人。人们在相互交往中，可能都有这样的体验：如果对一个人不了解，你和他在感情上就必然有距离。一个人性格的形成，往往跟他生活的时代、家庭的环境、所受的教育和经历遭遇有关。我们在考察一个人的性格的时候，最好也要了解他的性格形成的原因。这样，你可能就会理解他、体谅他、帮助他，慢慢地你们相互间就会增进了解，甚至还可能成为好朋友。

跟不同性格的人相处，要注意多发现别人的优点，取长补短。两个性格不同的人在一起，由于对比明显，双方可能就会很快发现对方的长处和短处。发现了别人的短处之后，正确的态度是给别人指出来，帮助他。世界上一切事物都不是尽善尽美的，每个人在思想上、性格上都存在缺点，我们对人不能求全责备，谁要寻找没有缺点的朋友，那他就会没有朋友。在和自己不同性格的人身上，更要注意多发现别人的长处和优点。比如，急性子的人，要看到慢性子的人考虑问题时可能比较周全，特别在做某种需要耐心的工作时，他就很恰当。慢性子的人，要看到急性子的人做事往往不拖拉，很麻利。这样，大家不仅能够和睦相处，相互还会有所补益。

跟不同性格的人相处，胸怀应该宽一些，气量应该大一些，应该提倡宽容。当然，我们说待人要宽容，不是不讲原则。应该尊重别人的兴趣和爱好。对别人生活中的一些细枝末节，要能容得下。这样，不同性格的人在一起才容易相处。

跟不同性格的人相处，还要注意讲究不同的方式方法。俗话说，一把钥匙开一把锁。跟不同性格的人打交道，也要区别对待。这不是那种见人说人话、见鬼说鬼话的世故圆滑，也不是那种逢场作戏的玩世不恭。我们说的待人有别，是要看到性格不同的人有他自身的特点，要针对这些特点采取因人而异的恰当态度。

也许有人会说，江山易改，禀性难移，自己的脾气改不了。的确，人的性格是在生理素质的基础上，在社会实践活动中逐渐形成的，有一定的稳定性。要想改变一个人的性格，不是一件容易的事情。但是，世界上任何事物，都不是一成不变的，人的性格也是不断发展，也会有所变化的。我们常常看到，有的人本来很脆弱，但是，后来经历了一些重大变故或意外打击以后，生活把他磨练得坚强起来了。如果我们努力提高自己的认识能力、思想水平和道德修养，我们是能够培养和锤炼出良好性格的。

大哲理
da zhe li

俗说话，一把钥匙开一把锁。与人交往，没有喜欢所有人的可能，却要有与三教九流相处的手段。

21. 沉默是最有力的回击

某机关有一个女孩子，平日只是默默工作，并不多话，和人聊天，总是微微笑笑的。有一年，机关里来了一个好斗的女孩子，很多同事在她主动发起攻击之下，不是辞职就是请调。最后，矛头终于指向了这个女孩子。某日，这位好斗的女孩子抓到了那位一贯沉默的女孩子的把柄，立刻点燃火药，劈里啪啦一阵，谁知那位女孩只是默默笑着，一句话也没说，只偶尔蹦出一个字："啊?"最后，好斗的那个主动鸣金收兵，但也已气得满脸通红，一句话也说不出来了。

过了半年，这位好斗的女孩子也自请调。

你一定会说，那个沉默的女孩子"心机"实在太好了，其实不是这样，而是那位女孩子听力不大好，理解别人的话虽不至于有困难，但总是要慢半拍，当她仔细聆听你的话语并思索你话语的意思时，脸上又会出现"无辜""茫然"的表情。你对她发作那么久，那么卖力，她回你的却是这种表情和"啊?"的不解声，难怪要斗不下去，只好鸣金收兵了。

这个故事说明了一个事实："沉默"的力量是何其地大，面对"沉默"，所有的语言力量都消失了！

只要有人的地方，就会有斗争。这不是新鲜事，本就弱肉强食，和平相处才是怪事，因此你要有面对不怀善意的力量的心理准备。你可以不去攻击对方，但保护自己的"防护网"一定要有，而装聋作哑有时是最厉害的武器。

又聋又哑的人听不懂别人的话，自然也不会加入争斗，别人自然也不会和他们争斗，因为这只是徒劳。

不过大部分人都不聋又不哑，一听到不顺耳的话就会回嘴，其实一回嘴就中了对方的计，不回嘴，他自然就觉得无趣了；他如果还一再挑衅，只会凸显他的好斗与无理取闹罢了。因此面对你的沉默，这种人多半会在几句话之后就仓皇地"且骂且退"，离开现场，如果你还装出一付听不懂的样子，并且发出"啊?"的声音，那么更能让对方"败走"。

不过，要"作哑"不难，要"装聋"才是不易，因此也要培养对他人言语"入耳而不入心"的功夫，否则心中一起波澜，要不起来回他一二句是很难的。

大哲理
da zhe li

学会装聋作哑，可以不战而胜，也可避免自己成为别人的目标，而习惯装聋作哑，也可避免自己去找人麻烦。实在是为人处世的绝妙方法。

22．说别人喜欢听的话

一位牧师正在向周围的一群听众讲解教义。牧师的声音很好听，而且他能把那些平常令非教徒感觉枯燥无味的教义讲解得非常生动。他说："上帝深爱着他的每一位子民，并且给予了他们同样公平的机会和能力，只不过有的人对深藏在自己体内的能力发掘得较早，而有的人则晚一点而已。只要不放弃，每个人都会得到上帝的帮助。"最后他以一句非常富有感情的话作为这次讲解教义的结束语："共同努力吧，每一位上帝珍爱的子民，每一位从天而降的完美天使!"

当牧师准备走下讲坛的时候，周围的群众当中有人表示，牧师的讲解虽然煽动人心，可是却并没有正确地按照事实说话。所以这些人要直接与牧师对话，希望牧师能够解答他们心中的疑问。牧师表示十分愿意和他们一起面对难题。

首先向牧师提出疑问的是一位嗓门很大的青年男子。这位男子用右手食指指着自己的塌鼻子对牧师说："如果像你说的那样，上帝对他的每一位子民都是公平的，那他为什么把别人塑造成漂亮的天使，而我却长着这样一个难看的鼻子?"

青年男子的话引起了周围人的一阵哄笑。也许他们是在笑能言善辩的牧师遇到了难题，也许是在对青年男子的自嘲感到好笑，但是他们的这阵笑声却更令青年男子感到不开心。他认为众人是在嘲笑自己的塌鼻子，所以直直地瞪着牧师，等待牧师的回答。

牧师依然微笑着，依然用自己娓娓动听的声音回答了青年男子的问题："你当然也是上帝最珍爱的完美天使，只不过在从天而降的时候，你的鼻子先着地而已。"

牧师的话说完，周围的人一阵会心地微笑。年轻人也听出此时人们的笑充满了善意和理解。

接下来，又有一位天生跛腿的女子也向牧师就自身的生理缺陷提出了疑问，她认为上帝对自己极不公平。

牧师用同样的声调和态度对眼前这位看上去很自卑的女子说："在你从天而降的时候，你忘了在降落的过程中打开降落伞，而且你是用单腿着地的。"然后牧师指了指自己的一双短腿笑着说道："我同样忘记在降落的过程中打开降落伞，不过我是双腿一齐着地的。"

当牧师的话音落下之后，讲坛下响起了一片掌声，而那两位提出疑问的青年男女的脸上洋溢着难得的自信笑容。过去他们总是为自己的一点缺陷而自卑、难过，可是现在他们可以从容地站在人群当中了，因为他们相信，自己同样是上帝珍爱的完美天使。

善意而沁人心脾的话，能够给人以轻松愉悦的感觉。这种话更容易让人接受和喜欢，说话的人也更容易得到别人的关注和喜爱。所以，我们在平时与人交流时，实在是有必要注意自己的说话方式，在说话之前应该好好想想，这句话会让别人喜欢，还是让人心生厌恶。

23．闲谈，不搬弄是非

闲谈是促进人与人关系，加强团结合作的工具。

在谈话中，我们可以获得知识，获得情感。然而，在闲谈中，有时也会发生不幸的结局，这说明说话也有负效应。

病从口入，祸从口出，道理谁不晓得？有时口舌的祸害危险性的确不小，一句不负责任的话，弄不好会使人丧失生命，这绝不是危言耸听。

生活中有那么多人喜欢瞎扯舌头，很让人讨厌。比如某甲听到某少女不洁的谣言之后，当成新闻到处传播，这无形中给那无辜少女以巨大的压力而很可能酿成无端的悲剧，如此传播小道消息的人极不负责任。

闲谈中，更要回避对方忌讳的事，被击中痛处，对任何人来说，都不是令人愉快的事。不去提及他人弱点，是做人应有的美德。

一般人即使在盛怒之下，通常也不会扩散愤怒的波纹，但其中也有人在激怒下拿起手边的玻璃杯往地上摔。玻璃杯摔完了就没有其他东西可摔，所以充其量也只不过是自己损失几个杯子而已。换句话说，就是你不伤害别人，发多大的火，说什么话都没有关系。

可是，商场上或一般社会的现象又如何呢？某些特殊人物盛怒时那真是相当可怕的事情。平日相当友善的同伴，虽不至于大吼："杀掉那家伙!"但个人的立场和利害关系，至少也会演变成"封杀你"的结果。有些人为了公司的前途，不得不牺牲别人。对于商场来说，"封杀你"意味着调职、冷冻、开除等人事变动的宣告。如果你也是经商人士的话，"封杀你"就是代表对方的"拒绝往来"或"关系冻结"。

所以，我们可以由此得知，无论人格多高尚多伟大的人，身上都有"逆鳞"存在。只要我们不触及对方的"逆鳞"，就不会惹祸上身，还能平步青云。所谓的"逆鳞"就是我们所说的"痛处"，也就是缺点、自卑感。在人际关系上，我们有必要事先研究，找出对方"逆鳞"所在，以免说话的时候有所涉及。

所以，说话的时候一定要警惕祸从口出。

两个人交谈，尽量避免谈论第三者，如果所谈之事不可避免地涉及他人，也要掌握分寸，与事有关的方面可以谈，但只限于此。

大哲理
da zhe li

在与人闲谈中，不嘲笑对方的一时失态，不批评对方的一时失误。经常给别人留下台阶，才是真正的君子之风。久而久之，与你打交道的人都会认为你是一个宽宏豁达、胸襟磊落的人。这样你会受到大家的欢迎，做起事来也比较容易。

24．善意的谎言是做人的智慧

莎士比亚曾说过："谄媚是煽动罪恶之鞭。"也许大家都这样认为，说谎是一种最要不得的行为，但人与人之间的相处，偶尔还是需要些善意的谎言。

高中时我有一个很要好的同学，他在初中毕业后重考了两次才勉强进入高中，和我同班一年之后，又因好几科不及格而被留级。这样一个大家眼中"无可救药"的学生，在十多年后竟成了留美博士，如今则在一所大学里担任教授。

去年我因公出差，和他碰过一次面，两人就聊了好一阵子。如何从一个高中都几乎念不完的留级生，变成一个学有专长的教授，以下这个故事是他告诉我的。

"升高二那年的暑假，当我接到被留级的成绩单后，想到重考了两次才进高中，没想到大家都升级了，只有我还要留在一年级，我更是自暴自弃。每天只想到操场上打篮球，功课比第一年还差，眼看就濒临退学的门槛，但在这时，奇迹出现了。

"有一天下午我逃课去打篮球时，场上有个年轻人要找我玩球，我和他激战了半小时，直到休息时才发现，原来他是我的生物老师。真惭愧，开学一个月了我都没上过生物课。不过自从这次以后，每次生物课我都不敢再'逃'了。

"接下来在一次实验课下课前，老师竟在班上宣布说我所写的实验报告很有创意，是一个很有潜力的学生，再继续努力，日后必将成为一个生物学家。刚开始我有些不相信，因为我的报告几乎一半以上是抄的，里面的实验步骤我也都没照规矩做。可是老师说得那么诚恳，一点也不像是在开玩笑。

"从此以后，我就更加努力念书，不但生物成绩领先其他同学，其他科目也渐有起色，高中毕业时我若考不上大学，就要去找工作了；结果我不但榜上有名，而且还是我的第一志愿——师大生物系。我心里一直很感谢那位老师，就在谢师宴上我问他，到底那次我的报告有何特点？为什么老师要对我大力褒扬呢？

"这位年轻的老师缓缓地说：'正如你所说，那份报告如果认真评起分来，只怕连50分也不该有。但我也只是想试试，善意的谎言是否对你更有帮助，如今看，你的成就，证明我当初那样做并没有错。'听完他的话，连我自己也傻了。也领悟到了——善意的谎言比单纯的鼓励效果更大。"

善意的谎言比单纯的鼓励效果更大。

25．不可开过分的玩笑

一家出版社里的一位男性新婚不久，大概是心情愉快，生活稳定吧，人渐渐胖起来，和婚前差了很多。

有一天，一位女同事的先生来，他和那位日渐发胖的同事是旧识，大家聊了一会儿，女同事的丈夫突然对新婚的同事说："你怎么搞的，胖得这个样子，满脸横肉，像肥猪一样。"大家听了也笑了起来。

那位同事一时变了脸色，一句不吭。等笑他胖的那人走了，他才爆发开来，大骂他说话恶毒。女同事送走她先生回来，立即赔不是，把场面弄得很尴尬。

好朋友彼此间开玩笑，有点过但无伤大雅就可以了，但那女同事的先生的用词的确太损了些，难怪人受不了。后来呢？被笑胖的那位同事和笑人胖的那位先生再也没有来往过。

生活中，由一个玩笑造成的悲剧实在是太多了，皆因玩笑伤害了自尊。

所以，开玩笑、损人应有分寸，否则伤害人、得罪人而不自知，那才得不偿失。

当然，玩笑开的过火是避免不了的，但也不能因为如此就拒绝玩笑，整天一本正经。这非常没有必要，因为这样反而会拉远你和别人之间的距离，但要开玩笑之前，应有些认识：

再豁达随和的人也有自尊心，他也许可以不在乎一百次一千次的玩笑和嘲弄，但不能忍受他在乎的人或事被开玩笑、嘲弄，你若搞不清楚他的好恶，开了不得体的玩笑，他就算不发作，也会记在心里。人不可能完全了解另一个人，这点你必须承认，更何况有人天生敏感，容易受伤，你认为好玩的，他才不认为好玩，也就是说，开玩笑要看人。

大哲理 *da zhe li*

喜欢开玩笑或嘲弄别人的人常不知不觉就过了头，因此要开玩笑之前应先三思，以免出口成刀，伤害他人。总之，涉及人身的、有批评味道的，和敏感问题及隐私问题有关的玩笑要少开，宁可不开玩笑，也不要让人不愉快，如果硬要开玩笑，不如开自己的玩笑。

26．正话反说，把"球"踢给对方

唐代宗广德二年（公元 764 年），安史之乱刚刚被平定，仆固怀恩却在北方纠众反叛，屡屡攻城夺野。唐代宗只好命声望卓著的郭子仪为副元帅，率军平叛。郭子仪令其儿子郭晞以检校尚书的身份兼行营节度使，屯兵在邢州。邢州地方的一些不法青年，纷纷在郭晞的名下挂名，然后以军人的名义大白天就在集市上横行不法，要是有人不满足其要求，即遭毒打，甚至将怀孕的妇人活活打死。邢州节度使白孝德因惧怕郭子仪的威名，对此提都不敢提一下。白孝德的下属泾州刺史段秀实则感到事关唐朝安危和郭子仪的名节，便毛遂自荐请求处理此事。白孝德立即下文，令他代理军队中的执示官都虞侯。

段秀实到任不久，郭晞军队中有 17 名士兵到集市上抢酒，重伤了酿酒的工人，打坏了酒场许多酿酒器皿。段秀实布置士卒把他们统统抓来，砍下他们的脑袋挂在长矛上，立于集市示众。

郭晞军营所有军人为之骚动，全部披上了盔甲，准备将段秀实乱刃分尸。在此危急关头，段秀实不仅没有惊慌失措，反而解下了身上的佩刀，选了一个年老且行动不便的老兵给他牵着马，径直来到郭晞军营门口。

听说段秀实竟敢前来，披甲带盔的士兵都出来了。段秀实笑着一边走一边说："杀一个老兵，何必还要披铠带甲，如临大敌？我顶着头颅前来，要亲自由郭尚书来取！"全副武装的士兵见一老一文一匹瘦马，惊愕不已。本以为要进行一场硬拼，眼见得对手如此文弱，反而纷纷让路了。

段秀实见到了郭晞，本来是想劝他整肃军纪的，却正话反说，从维护郭家的功名说起，对郭晞说："郭子仪副元帅的功劳充盈于天地之间，您作为他的儿子却放纵士兵大肆暴逆。如果因此而使唐朝边境发生动乱，这要归罪于谁呢？动乱的罪过无疑要牵连到郭副元帅。而今邢州的不法青年纷纷在你的军队中挂了名，借机胡作非为，残杀无辜。别人都说您郭尚书凭着副元帅的势力不管束自己的士兵，长此以往，那么郭家的功名还能保存多久呢？"

郭晞本来对段秀实自作主张捕杀他的士兵心存不快，对于士兵的激愤情绪听之任之，想要看看段秀实到底有多大的能耐。现在见段秀实完全不作防备地闯进军营，听段秀实一说，觉得段秀实完全是为保护郭家功名才这样做的，便一改原来的强硬态度，反而觉得对弱小的段秀实必须加以保护，以免被手下人因愤而杀。赶紧对段秀实拜了又拜，说："多亏您的教导。"喝令手下人解除武装，不许伤害段秀实。

段秀实为让郭晞下定决心管束军队，干脆继续大行厚黑之道，又对郭晞说："我到现在还没有吃晚饭，肚子饿了，请为我备饭吧。"吃完饭后又说："我的旧病发作了，需要在您这里住一宿。"这样，段秀实竟在只有一名老兵守护的情况下，睡在充满敌意的军营之中。

在这种情况下，面对没有丝毫恶意的段秀实，郭晞害怕愤怒的军人杀了这个不作抵抗且又有恩于己的朝廷命官，心里十分紧张。于是一面申明严格军纪，一面告诉巡逻值夜的士卒严加防范，借打更之便切实保卫段秀实的安全。

第二天，郭晞甚至还同段秀实一起到白孝德处谢罪，大军由此整治一新。

段秀实的本来职责就是负责整肃军纪的都虞侯，可面对大权在握并且深受皇帝宠爱的郭子仪之子，如果他硬来，恐怕早就被乱兵剁成了肉酱。既要整顿军纪，又无法下手，在此两难境地，许多人可能早就束手无策了，而精通厚黑之道的段秀实，巧妙地正话反说，把"球"踢给了对方，让郭晞觉得段秀实完全是为自己着想，从而使矛盾圆满解决。

大哲理
da zhe li

平时的待人处世，整天面对的不是敌人，而是朋友、友军或者需要长期维持友好关系的同事，这时则不能采取强硬的手段。怎么办？俗话说滴水可以穿石，柔竹能敌强风，在不能采用强硬手法的时候，不妨来个绵力相迎，以柔克刚，抓住对方要害，一软到底，把球踢给对方，让对方感到担心。

27．夸夸其谈惹人烦

有一种人，反应快，口才好，心思灵敏，在生活或工作中和人有利益或意见的冲突时，往往能充分发挥辩才，把对方辩得脸红脖子粗，哑口无言。

长此以往，这种人就形成了一种习惯：不管自己有理无理，一要用到嘴巴，他绝不会认输，而且也不会输，因为他有本事抓你语言上的漏洞，也会转移战场，四处攻击，让你毫无招架之力；虽然你有理，他无理，但你就是拿他没办法。

在辩论会、谈判桌上，这种人也许是个人才，但在日常生活和工作场合中，这种人反而会吃亏，因为日常生活和工作场合不是辩论场，也不是会议场和谈判桌，你面对的可能是能力强但口才差，或是能力差口才也差的人，你辩赢了前者，并不表示你的观点就是对的，你辩赢了后者，只凸显你只是个好辩之徒且没有"心机"罢了。

而一般常见的情形是，人们虽然不敢在言语上和你交锋，但对的事情大家心知肚明，反而会同情"辩"输的那个人，你的意见并不一定会得到支持，而且别人因为怕和你在言语上交锋，只好尽量回避你。如果你得理还不饶人，把对方"赶尽杀绝"，让他没有台阶下，那么你已种下一粒仇恨的种子，这对你绝对不是好事。

有好口才不是坏事，但运用不当则会坏事，因此你若有好口才，建议你：

（1）把口才用来说明事理，而不是用来战斗。不过当有人攻击你时，你当然可以"自卫"。

（2）有好的口才，也必须要有相对的内涵，否则别人会笑你全身只有舌头最发达。

（3）要驳倒对方，保卫自己的意见时，点到为止即可，切莫让对方"无地自容"，换句话说，要给对方台阶下。

（4）别人得罪你时，你虽理直气壮，但也不必把对方骂得狗血淋头。

（5）若自己的观点有错，要勇于认错，并接受对方的观点，切莫用辩论的技巧死命反击，因为黑就是黑，白就是白，硬辩只会让人看不起你。

大哲理
da zhe li

好口才再配上好的"心机"，这样的人无疑会很有影响力，如果空有好口才而不知收敛带来的损失是巨大的。因为他把"逞口舌之快"当成一种"快乐"，这是这种人最大的悲哀。

28．学会说"谢谢"

一个小县城的一所中学开家长会，来了几十位家长。几个女同学负责接待。可有些孩子，根本不懂接待是什么意思，她们只是把家长们迎进来，让座，倒茶。空下来的时候，就开始窃窃私语。交头接耳的女孩子们把眼光集中在了一个人身上。那是转学来的一位同学的母亲，来自北京。她的容貌并不漂亮，衣着和发式也并不显得很时髦，可是女孩子们用她们仅有的词汇得出了一个一致的结论：她最有风度。

其中的一个女孩子去给那位母亲倒水，回来时，脸颊红红的。她迫不及待地对自己的同学们说："你们猜，我倒水时她对我说了什么？"不等同学们猜，她就说了出来："她说，谢谢。"

女孩子们面面相觑。在她们这样的年纪，在她们这么偏远的小县城里，没有谁用过、听过"谢谢"这两个字。这是一个多么新鲜、温暖的词汇啊。

女孩子们开始争先恐后地去倒水，然后一个个都脸红红地回来。轮到去倒水的女生甚至会有点儿心跳，她们总是害羞地走到那位"最有风度"的母亲面前，轻轻地加满水，红着脸听人家说一声"谢谢"。那个时候的她们，还不会说"不客气"。

那次家长会后，那个转学来的同学成为所有同学羡慕的对象。大家都认为，她拥有一个最最幸福的家庭。从那次家长会后，那些窃窃私语的女孩子们学会了一个极温暖的词汇：谢谢。

大哲理
da zhe li

在人和人之间，最容易建立起亲近感觉的方法就是礼貌。当我们每个人都开始使用那最最简单但也最最温暖的词汇时，我们就能够得到最大限度的尊重。

29．让话语如春风般宜人

做人正直很有必要，但说话一味正直就不太可取了，因为不适当的直言如同反面说话一样，是一种消极和否定的语言暗示，不是使人抵触反感，就是使人顾虑重重，增加心理压力，而恰当得体地委婉说话意味着进行积极的语言暗示，防止消极的语言暗示。

如医生给人看病，遇到病情较严重而又诊治不及时的病人，就直言道："你怎么这么瘦哇！脸色也很难看！""你知道你的病已经到了什么地步了吗？""哎呀！你是怎么搞的？你这个病为什么不早点来看哪！"这些说法里所包含的消极作用会使病人怎么想呢？作为医生，这是治病还是致病呢？

相反，如果换一种方式医生说："幸好你及时来看病，只要你按时吃药，多注意休息，放下思想包状，相信你很快就会好起来的。"这将给病人很大的鼓舞。

又如，当妻子买了一件衣服征求丈夫的意见，丈夫觉得妻子穿这件衣服不太合适，如果丈夫不尊重体贴妻子的心情，就会直露地批评说："你看你的审美观真成问题，一把年纪了还穿这么鲜艳的衣服，岂不成老妖婆了？"这样生硬、贬损的话必定会伤害妻子的自尊心。如果丈夫尊重体谅妻子的心情，就会把否定的意见说得委婉得体，给予暗示："不错，颜色真鲜艳，给女儿穿，那是很漂亮的。"

当你去拜访朋友，主人热情地拿出水果、零食招待你，而你却直言说："不吃，不吃，我从来就不喜欢吃零食，再说我刚吃完饭，肚子饱得很，哪还有胃口吃这些东西。"这样不仅让人扫兴，而且还伤了主人的自尊心。你应该体谅到主人的一片热情和好意，委婉地说："谢谢，谢谢！多新鲜的水果，多香的糖，只可惜刚吃完饭，没有胃口吃了，太遗憾了！"

大哲理
da zhe li

委婉说话不仅是一种策略，也是一门做人的艺术。说话委婉含蓄是做人有"心机"的一个必要条件，也是待人圆滑的表现。作为一个现代人，应当有这种文明意识，掌握这一有利于人际交流的语言表达方式。

30．永远避免正面冲突

第二次世界大战刚结束的一天晚上，美国人戴尔·卡耐基在伦敦得到了一个极有价值的教训。当时他是罗斯·史密斯爵士的私人经纪。大战期间，史密斯爵士曾任澳大利亚空军战斗机飞行员，被派在巴勒斯坦工作。欧战胜利，缔结和约后不久，他以30天旅行半个地球的壮举震惊了全世界。没有人完成过这种壮举，这引起了很大的轰动。澳大利亚政府颁发给他5000美元奖金，英国国王授予了他爵位。有一天晚上，戴尔·卡耐基参加一次为推崇他而举行的宴会。宴席中，坐在戴尔·卡耐基右边的一位先生讲了一段幽默，并引出了一句话，意思是"谋事在人，成事在天"。

他说那句话出自《圣经》，他错了。戴尔·卡耐基知道，且很肯定地知道出处，一点疑问也没有。为了表现出优越感，戴尔·卡耐基很讨人嫌地纠正他。他立刻反唇相讥："什么？出自莎士比亚？不可能，绝对不可能！那句话出自《圣经》。"他自信确定如此！

那位先生坐在右边，戴尔·卡耐基的老朋友弗兰克·格蒙在卡耐基左边，他研究莎士比亚的著作已有多年。于是，戴尔·卡耐基和那位先生都同意向他请教。格蒙听了，在桌下踢了戴尔·卡耐基一下，然后说："戴尔，这位先生没说错，《圣经》里有这句话。"

那晚回家路上，戴尔·卡耐基对格蒙说："弗兰克，你明明知道那句话出自莎士比亚。"

"是的，当然，"他回答，"哈姆雷特第五幕第二场。可是亲爱的戴尔，我们是宴会上的客人，为什么要证明他错了？那样会使他喜欢你吗？为什么不给他留点面子？他并没问你的意见啊！他不需要你的意见，为什么要跟他抬杠？应该永远避免跟人家正面冲突。"

天底下只有一种能在争论中获胜的方式，那就是避免争论。十之八九，争论的结果会使双方比以前更相信自己绝对正确。你赢不了争论。要是输了，当然你就输了；即使赢了，但实际上你还是输了。为什么？如果你的胜利，使对方的论点被攻击得千疮百孔，证明他一无是处，那又怎么样？你会洋洋自得，但他呢？他会自惭形秽，你伤了他的自尊，他会怨恨你的胜利。而且——"一个人即使口服，但心里并不服。"

正如明智的本杰明·富兰克林所说的："如果你老是抬杠、反驳，也许偶尔能获胜，但那只是空洞的胜利，因为你永远得不到对方的好感。"

因此，你自己要衡量一下，你宁愿要一种字面上的、表面上的胜利，还是要别人对你的好感？

威尔逊总统任内的财政部长威廉·肯罗以多年政治生涯获得的经验，说了一句话："靠辩论不可能使无知的人服气。"

拿破仑的家务总管康斯坦在《拿破仑私生活拾遗》中曾写到，他常和约瑟芬打台球："虽然我的技术不错，我总是让她赢，这样她就非常高兴。"

我们可从中得到一个教训：让我们的同事、朋友、丈夫、妻子，在琐碎的争论上赢过我们。

林肯有一次斥责一位和同事发生激烈争吵的青年军官，他说："任何决心有所成就的人，绝不会在私人争执上耗时间，争执的后果，不是他所能承担得起的。而后果包括发脾气、失去自制。要在跟别人拥有相等权利的事物上，多让步一点；而那些显然是你对的事情，就让得少一点。与其跟狗争道，被它咬一口，不如让它先走。因为，就算宰了它，也治不好你的咬伤。"

大哲理
da zhe li

争辩不可能消除误会，而只能靠技巧、协调、宽容，以及同情的眼光去看别人的观点。

31．似是而非解决两难问题

　　说话本应准确、清楚，但在语言的实际运用中，许多话是具有模糊性的。因为现实生活中有些话不必要、也不便于说得太实太死。

　　王元泽是宋朝著名政治家、文学家王安石的儿子，在他刚几岁时，有一个客人把一头獐和一头鹿放一个笼子里，问王元泽哪一头是獐，哪一头是鹿。王元泽回答说："獐旁边的那头是鹿，鹿旁边的那头是獐。"王元泽的回答固然没有错。但是，王元泽的回答是含糊其词的，因为他没有确切地指明哪头是獐，哪头是鹿。然而妙也就妙在这"含糊其词"上，王元泽如果老老实实地回答"不知道"，那就显示不出他的聪颖和机智，也不可能引起客人对他的才华的赞赏了。

　　一个财主晚年得子，不胜高兴。生日那天，大家都来祝贺。财主问客人说："这孩子将来怎么样？"客人甲说："这孩子将来能当大官！"财主大喜，给了赏钱。财主又问第二个客人说："这个孩子将来怎么样？"客人乙说："这个孩子将来要发大财！"财主又赏了钱。财主又问第三个客人说："这个孩子将来怎么样？"客人丙说："这个孩子将来要死的。"财主气极了，把他打了一顿。说假话的得钱，说真话的挨打。既不愿说假话，又不愿挨打，怎么办？只好说："啊呀，哈哈，啊哈，这孩子，哈哈……"

　　法国著名的革命家、空想共产主义者弗朗斯瓦·诺埃尔·巴贝夫，1797 年在凡多姆高等法院法庭上受审时辩护说："当我第一次受审时，我曾隆重地提出保证，我要伟大地、庄严地来维护我们的事业，这样，我才对得起法国的真诚朋友，我才对得起自己。我一定会遵守我的诺言……"

　　"自由的精神，我是多么感激你！因为你使我处于比所有其他的人更为自由的地位。我之所以更为自由，正是因为我身上背着铁链。我所要完成的任务是多么美好！我所维护的事业是多么崇高！它只许我说出真理——这也正是我要的。即使我的内心感觉没有对我指点出真理，这项事业会迫使我说纯粹的真理。正是因为我身上背着铁链，我在无数被压迫者和受难者之前有发表自由意见的优先权……"

"我们虽然关在人笼里，并受残酷的折磨，但只要我们还能得到那崇高的事业的支持，我们便有责任公开宣布我们所热爱的真理……"

大哲理
da zhe li

巴贝夫就这样在法庭宣扬了革命理想，这种充满战斗激情的语言，人人都知所讲内容，但也没有明说，不失雄辩的力量。

32．说话会拐弯儿

理论上讲，待人处世中应该做到坦诚，不说假话，直来直去。而且在现实中，人们口头上也一向把直来直去的性格，作为一种美德，倍加赞赏。如果你随便问一个朋友：你喜欢什么样性格的人？他往往会回答：性格豪爽、直来直去。人们在称颂某人时，也往往说："他性格爽直，说话从不拐弯抹角，直来直去。"

做老实人说老实话，应该是待人处世的一条准则，但直炮筒子未必受欢迎。中国人的行为模式很特殊，最明显的一点就是，表面上一套，实际上可能是"意在言外"。换句话说，就是嘴上说喜欢"直来直去"，内心深处却并不喜欢"直来直去"。当对方回答"不"的时候，未必真的是"不"，很可能只是碍于面子；第一次需要拒绝来拿拿架子，摆摆谱，或是客套的礼貌性回答。而第二次再恳求时，对方可能就同意了。反过来说，当对方说好的时候，也未必就表示同意，或许只是不愿当面给你难堪而已！

明白了这个道理，也就知道为什么在待人处世中，为什么许多事上司说"研究研究"之后便没了下文；为什么对上司提意见"直来直去"的人，却不仅难以获得上司的满意，反而会因此遭到打击报复。

有一个单位，上司在会议上，提了一项改革计划。在上司的长篇大论之后，照例问问各级主管有没有意见。正当众人都静默无声的时候，却有一个不识相的家伙，立刻站起来，提出他的看法，并针对计划的弊病，说得口沫横飞，最后还提出了另一项改革计划。几天之后，他被调职了。不久，又因为犯了一点小错，被上司连降三级，下放到一个最偏僻的仓库当了一名"超配"的副主任。

上司既然会在会议中先提出计划，就是摆明了要大家等一下表决时，全部没意见通过。表决当然也只是走走形式而已，否则在计划公布之前，他自会先私下征询部属的意见。如果是公开要各级主管做评估时，可别当真，他只是给大家面子而已。换句话说，上司问大家有没有意见，实际上就是要告诉大家——不准有意见。

《厚黑学》认为，要想获得待人处世的成功，必须懂得察言观色，善加分辨，认清对方是真要你开口，抑或只是礼貌性的客套。最好在说话时巧妙地拐个弯儿，千万不要"乱放炮"。因为每个人都需要自尊，需要面子。直来直去，实际上就是"不给面子"，使对方心中不快，以至造成双方关系破裂，甚至反目成仇。事后想想，仅仅因为区区小事，非原则性问题而失去"头儿"的赏识，真是毫无意义，后悔晚矣！

朱元璋称帝后，要册封百官，可当他看完花名册时，心里又犯起了愁。因为功臣有数，但亲朋不少。封吧？无功受禄，群臣不服；不封？面子上过不去。军师刘伯温看出朱元璋的难处，又不敢直谏，一来怕得罪皇亲国戚，惹来麻烦，二来又怕朱元璋受不了，落下罪名。但想到国家大事，不能视而不见，最后，他想出一个方法，画了一幅人的头像，人头上长着束束乱发，每束发上都顶着一顶乌纱帽，献给了朱元璋。朱元璋接过画，细品其味，忽然哈哈大笑道："军师画中有话，乃苦口良药。真可谓人不可无师，无师则愚；国不可无贤，无贤则衰！"原来，刘伯温画的意思是，"官（冠）多法（发）乱！"刘伯温此举，不但未伤害到朱元璋的面子，不犯龙颜，还道出了谏言：官多法必乱，法乱国必倾，国倾君必亡。画中有话，柔中有刚，也算是待人处世高明的"说话会拐弯儿"，使听者懂得话外之音，达到预期的目的。

另外，说话会拐弯儿，还体现在巧妙劝说上司改正自己所做出的错误决定上，让上司从你拐弯儿的话中，自己悟出应该如何去做。

　　春秋时的晋国，自晋文公即位后，发愤图强，使得国家迅速兴盛起来，成为春秋时的一大强国，晋文公也成了一代霸主。可接下来，晋襄公、晋灵公却不思振作，只图享乐。晋国的霸主地位也不知不觉地被楚庄王代替。晋灵公即位不久，不思进取，大兴土木，修筑宫室楼台，以供自己和嫔妃们享乐游玩。有一年，他竟挖空心思，想要建造一个九层高的楼台。可以想见，在当时那种科学水平、建筑材料、建筑技术等条件下，如此宏大复杂的工程，要耗费多少人力、物力！无疑会给老百姓造成沉重的负担，使国力衰竭。因此，大臣和老百姓都反对建九层楼台。但是晋灵公固执己见。并且在朝堂之上严厉地对大臣说："敢有劝阻建楼台的，立即斩首！"气氛十分紧张。一些想保全身家性命的大臣，都吓得噤若寒蝉，谁愿意去送死呢？再没有人敢说反对的话！

　　一天，有个叫荀息的大夫求见。晋灵公以为他是来劝谏的，便命人拉开弓，搭上箭，只要荀息开口劝说，他就要射死荀息。谁知荀息进来后，像是没看见他这架势一样，非常轻松自然，笑嘻嘻地对晋灵公说："我今天特地来表演一套绝技给国君看，让国君开开眼界，散散心。国君您感兴趣吗？"晋灵公一听有玩的就来神儿了，忙问："什么绝技？别卖关子了，快表演给我看看。"荀息见晋灵公上钩了，便说："我可以把九个棋子一个个叠起来以后，再在上面放九个鸡蛋。"

　　晋灵公听到这事十分新鲜，不相信荀息会有这么高的技艺，但是又急于一饱眼福，便急急说道："我从未听过和见过这种事，今天就请你给我摆摆看！"荀息当然清楚，如果国君认为是欺骗了他，就会有杀头的危险。当晋灵公叫人拿来棋子和鸡蛋后，荀息便动手摆了起来。他先是小心翼翼地把九个棋子堆了起来，然后又慢慢地将鸡蛋放置在棋子上。只见他放上一个鸡蛋，又放第二个，第三个……战战兢兢，如履薄冰。

　　这时，屋子里的气氛十分紧张、沉寂，只能听到鸡蛋碰到棋子的声音，围观的大臣们全都屏住呼吸，生怕鸡蛋落下来。荀息也紧张得额头冒汗。晋灵公看到这情景，禁不住大声说："这太危险了！这太危险了！"晋灵公刚说完"危险"，荀息就从容不迫地说："我倒感觉这算不了什么危险，还有比这更危险的呢!"晋灵公觉得奇怪，因为对他来说，这样子已经是够刺激，够危险的了，还会有什么更惊险的绝招呢?便迫不及待地说："是吗?快让我看看!"这时，只听见荀息一字一句、非常沉痛地说："九层之台，造了三年，还没有完工。三年来，男人不能在田里耕种，女人不能在家里纺织，都在这里搬木头、运石块。国库的金子也快花完了。兵士得不到给养，武器没有金属铸造。邻国正在计划乘机侵略我们。这样下去，国家很快就会灭亡。到那时，国君您将怎么办呢?这难道不比垒鸡蛋更危险吗?"晋灵公听到这种十分合理又十分可怕的警告，不由得吓出一身冷汗，意识到了自己干了一件多么荒唐的事，犯了多么严重的错误，便对荀息说："搞九层之台，是我的过错。"立即下令停止筑台。

古语道，伴君如伴虎。一句不慎的话，都可能使臣民人头落地。因此，聪明的臣下总是直话不直说，说话会拐弯儿，委婉地表达自己的意思。荀息如果直接向晋灵公提出建议，不但达不到目的，而且很可能会引起晋灵公的不悦，到头来事与愿违，后果也很难设想。

大哲理
da zhe li

在待人处世中，有的时候，场面话想不说都不行，因为不说，会对你的人际关系有影响。当然，说好第一种场面话，需要具备厚脸的本领。而说好第二种场面话，则不仅需要厚脸，更要黑心。否则，场面话不好意思说出口，为难的还是你自己。

33. 认真分析场面话

无论谁，有时都会说或听到"场面话"，听者或言者切莫较真。

某甲在一公家单位服务，十几年没有升迁，于是透过朋友牵线，拜访一位经管调动的单位主管，希望能调到别的单位，因为他知道那个单位有一个缺儿，而且他也符合资格。

那位主管表现得非常热烈，并且当面应允，拍胸脯说："没问题！"

某甲高高兴兴地回去等消息，谁知半个月、一个月、两个月过去，一点消息也没有，打电话去，不是不在就是"正在开会"，问朋友，朋友告诉他，那个位置已经有人捷足先登了。他很气愤地问朋友："那他又为什么对我拍胸脯说没有问题？"他的朋友也不知如何回答才好。

这件事的真相是：那位主管说了"场面话"，而某甲相信了他的"场面话"。

"场面话"是人际交往中说话必具的应酬之一，而说"场面话"也是一种生存智慧，在社交中一些高手都懂得说，也习惯说。这不是罪恶，也不是欺骗，而是一种"必要"。

一般来说，"场面话"有以下几种：

——当面称赞人的话。诸如称赞你的小孩可爱聪明，称赞你的衣服大方漂亮，称赞你教子有方……这种场面话所说的有的是实情，有的则与事实有相当的差距，听起来虽然略显"恶心"，但只要不太离谱，听的人十之八九都感到高兴，而且旁人越多他越高兴。

——当面答应人的话。诸如"我全力帮忙""有什么问题尽管来找我"等。说这种话有时是不说不行，因为对方运用人情压力，当面拒绝，场面会很难堪，而且会马上得罪一个人；缠着不肯走，那更是麻烦，所以用"场面话"先打发，能帮忙就帮忙，帮不上忙或不愿意帮忙再找理由，总之，有"缓兵计"的作用。

所以，"场面话"想不说都不行，因为不说，会对你的人际关系有所影响。

不过，千万别相信"场面话"。

对于称赞或恭维的"场面话"，你要保持你的冷静和客观，千万别两句话就乐昏了头，因为那会影响你的自我评价。冷静下来，反而可看出对方的用心如何。

对于拍胸脯答应的"场面话"，你只能保留态度，以免希望越大，失望也越大；只能"姑且信之"，因为人情的变化无法预测，你既然测不出他的真心，只好抱持最坏的打算。要知道对方说的是不是场面话也不难，事后求证几次，如果对方言词躲闪，虚与委蛇，或避不见面，避谈主题，那么对方说的就真的是"场面话"了。所以对这种"场面话"，也要有清醒的头脑，否则可能会坏了大事。

34．不要忽视语言的力量

理发师傅带了个徒弟。徒弟学艺 3 个月后，这天正式上岗，他给第一位顾客理完发，顾客照照镜子说："头发留得太长。"徒弟不语。

师傅在一旁笑着解释："头发长，使您显得含蓄，这叫藏而不露，很符合您的身份。"顾客听罢，高兴而去。

徒弟给第二位顾客理完发，顾客照照镜子说："头发剪得太短。"徒弟无语。

师傅笑着解释："头发短，使您显得精神、朴实、厚道，让人感到亲切。"顾客听了，欣喜而去。

徒弟给第三位顾客理完发，顾客一边交钱一边笑道："花时间挺长的。"徒弟无言。

师傅笑着解释："为'首脑'多花点时间很有必要，您没听说：'进门苍头秀士，出门白面书生吗'？"顾客听罢，大笑而去。

徒弟给第四位顾客理完发，顾客一边付款一边笑道："动作挺利索，20 分钟就解决了问题。"徒弟不知所措，沉默不语。

师傅笑着抢答："如今，时间就是金钱，'顶上功夫'速战速决，为您赢得了时间和金钱，您何乐而不为？"顾客听了，欢笑告辞。

晚上打烊。徒弟怯怯地问师傅："您为什么处处替我说话？反过来，我没一次做对过。"

师博宽厚地笑道："不错，每一件事都包含着两重性，有对有错，有利有弊。我之所以在顾客面前鼓励你，作用有二：对顾客来说，是讨人家喜欢，因为谁都爱听吉言；对你而言，既是鼓励又是鞭策，因为万事开头难，我希望你以后把活做得更加漂亮。"

徒弟很受感动，从此，他越发刻苦学艺。日复一日，徒弟的技艺日益精湛。

大哲理
da zhe li

成为最会说话的人，是生命中最基本、最重要的一件头等大事。会说话的人，将左右逢源，如鱼得水；不会说话的人，将处处受限，寸步难行。

第九章
做人做事要懂谋略

做人难，难做人。很多时候，不仅要给别人
留有余地，还要给自己铺个台阶。如果不具备一
点"心机"，做人就会陷入死胡同，既没有退
路，也没有出路，只能堵在死路上，哀叹绝路。

1．己所不欲，勿施于人

有一天，孔子的学生子贡问老师："有没有一个字可以作为终生奉行不渝的法则呢？"孔子回答："其恕乎！己所不欲，勿施于人。"

这里的"恕"是凡事替别人着想的意思。其意是，自己不喜欢做的事，不要加在别人身上。这句话可视作待人处事的基本修养，如能做到这一点，在交往中，你会给自己和他人都留下进退的余地，这样就可以建立良好的人际关系。

战国时魏国与楚国交界，两国在边境上各设界亭，亭卒们也都在各自的地界里种了西瓜。魏亭的亭卒勤劳，锄草浇水，瓜秧长势极好，而楚亭的亭卒懒惰，不事瓜事，瓜秧又瘦又弱，与对面瓜田的长势简直不能相比。楚亭的人觉得失了面子，有一天乘夜无月色，偷跑过去把魏亭的瓜秧全给扯断了。

魏亭的人第二天发现后，气愤难平，报告给边县的县令宋就，说我们也过去把他们的瓜秧扯断好了！宋就说："这样做显然是很卑鄙的！可是我们明明不愿他们扯断我们的瓜秧，那么为什么再反过去扯断人家的瓜秧？别人不对，我们再跟着学，那就太狭隘了。你们听我的话，从今天起，每天晚上去给他们的瓜秧浇水，让他们的瓜秧长得好，你们这样做的时候，一定不可以让他们知道。"魏亭的人听了宋就的话后觉得有道理，于是就照办了。

楚亭的人发现自己的瓜秧长势一天好似一天，仔细观察，发现每天早上地都被人浇过了，而且是魏亭的人在黑夜里悄悄为他们浇的。楚国的边县县令听到亭卒们的报告，感到十分惭愧又十分的敬佩，于是把这件事报告了楚王。楚王听说后，也感于魏国人修睦边邻的诚心，特备重礼送魏王，既以示自责，亦以示酬谢，结果这一对敌国成了友好的邻邦。

宋就在智慧谋略方面的"心机"，显然高于那些亭卒，正是因为他懂得"己所不欲，勿施于人"的道理。

宽恕别人就是宽恕自己。这样可以造成一种重大局、尚信义、不计前嫌、不报私仇的氛围，以及成就双方宽广而又仁爱的胸怀。

降至日常生活的处理，又何尝不是这样？尤其是对初涉世事的青年来说，由于一切茫然无知，总是时时处处小心翼翼，左顾右盼地想找出人事上的参照物来规范自己，约束自己，这种反应当然是正常的。

但殊不知有时以此处世，反而会导致初衷与结果的南辕北辙。因为在各人的眼中，自己的位置是各不相同的，并没有统一的标准可以提供给你。所以，不妨就按照"己所不欲，勿施于人"的原则，反求诸己，推己及人，则往往会有皆大欢喜的结果。

反求诸己，则易入情，由情入理，自然会生羞恶之心而知义，生辞让之心而知礼，生是非之心而知耻。自私自利之人，往往不懂得推己及人的道理，往往毫无顾忌地损害他人的利益，把苦转嫁到旁人身上。以这种方式处世，走到哪里，被人骂到哪里，真正是既损人又损己。

给别人留退路是一种人情味。做人要有人情味，真正的强者，都是最善顺人情人意的人。人们喜欢把成熟的人比作一块鹅卵石，它是由生活的潮水长年累月地冲刷，把种种的棱角都磨得光滑了而生成的。

大哲理
da zhe li

只有把雨花石浸入放了清水的白磁盘里，它才会陡然晶莹，荡漾出奇妙的图案、斑斓的色彩、精美的花纹。这清水和磁盘，就是一种人生不可缺少的凭借——人生修养和做人的"心机"。

2．自持自制，走在规则线上

也许你会认为自持和自制太限制自我发挥，是一种自设牢笼，自我封闭的方式。但是今天，人们有了越来越大、越来越多的自由，有了更多的机会和表现自己的空间，也正是在这种情况下，自持和自制作为一种"心机"显得更加重要。

如果我们要明确规定什么是自持和自制，那么，这就是自己给自己立法，并以这种自己为自己颁布的法来自觉地约束自己，提高自己的自持与自制力，这便是这一原则的内涵。

古代人之所以要讲究什么"慎独"，实际上是说在那时候人们往往都是被一些客观的因素和伦理法则所被动地约束自己，而不能在独自一人、无他人在场监督时也自觉地遵守严格的律条。他所要求的也就是不仅在公共场合，而且在独处时都能够服从某种伦理观念和法律规范。

而现代社会所要求的自持和自制则是一种对自我立法的服从，是一种自己对自己的规定。对这种自我立法的服从程度，反映了一个人自制力的大小。

不难发现，大凡"守矩"，无非都是出于某一种规则或律令。由于这种规则或律令的要求，我们才决定止步不前，或接受某种自己不愿接受的事实。然而，作为这些规则和律令来说，一般可分为两类：一类便是外在的，一类则是内在的。前者是别人为自己订立的，后者是自己为自己订立的。

大哲理
da zhe li

真正的"守矩"则不是那样，它是一种自我立法、自我约束之下的"克制自己"，是真正地由衷地出于一种自我本身的需要，它不像传统的社会那样，"守矩"是一种自我牺牲、是殉道或是一种所谓的忠诚。它是一种自我实现的方式，是对自己有利的。

3．欣赏生活

在亚里桑那沙漠过第一个夏天时，斯蒂芬想自己会被热死的。华氏112度（约44℃）的高温快把人烤熟了。

第二年4月，斯蒂芬就开始为过夏天担忧，3个月的地狱生活又要来了。有一天，当他在凤凰城的一个加油站给车加油时，和主人希普森先生聊起这里可怕的夏天。

"哈哈，你不能这样为夏天担忧，"希普森先生善意地责备斯蒂芬，"对炎热的害怕只能使夏天开始得更早、结束得更晚。"

当斯蒂芬付钱时，他意识到希普森先生说对了。在自己的感觉中，夏天不是已经来了吗？开始了它为期5个月的肆虐。

"像迎接一个惊人的喜讯那样对待酷暑的来临，"希普森先生说着找给斯蒂芬零钱，"千万别错过夏天带给我们的最美好的礼物，而夏天的种种不适躲在装有空调的房间里就过去了。"

"夏天还有最美好的礼物？"斯蒂芬急切地问。

"你从不在清晨五六点起床。我发誓，6月的黎明，整个天际挂着漂亮的玫瑰红，就像少女羞红的脸。8月的夜晚，满天繁星就像深蓝色的海洋里漂浮的海星。一个人只有当他在华氏114度的高温里跳进水里，他才能真正体会到游泳的乐趣！"当希普森先生去给另一辆车加油时，站在一旁的一位加油工轻声对斯蒂芬说："好啊！你得到了希普森的特别服务——免费传授他的人生哲学。"

使斯蒂芬惊奇的是，希普森先生的话果然有效。他不怕夏天了，4月和5月也就自动与炎炎夏季区分开了。当高温天气真的到来时，清晨，斯蒂芬在天堂般的凉爽中修剪玫瑰花；下午，他和孩子们舒舒服服地在家里睡觉；晚上，他们在院子里玩棒球游戏，做冰激凌吃，痛快极了，整个夏天，他还欣赏了沙漠日出特有的壮观景象。

几年之后，斯蒂芬一家搬到北部的克来兰德，不到9月，邻居们就为过冬担忧了。当12月的大雪真的落下时，他们的孩子，10岁的大卫和12岁的唐真是兴奋极了，他们忙活着滚雪球，邻居们都站在一旁盯着看"这两个从没见过雪的愣头愣脑的沙漠小子"。

后来孩子们坐着雪橇上山滑雪去湖面滑冰，回来以后，大人、小孩都围坐在斯蒂芬家的壁炉旁，津津有味地吃热巧克力。

一天下午，一位中年邻居感慨地说："多年来，雪只是我们铲除的对象，我都忘了它能带给我们这么多快乐呢！"

几年之后，他们又搬回沙漠。斯蒂芬开车到加油站，新主人告诉他希普森先生因年事已高把加油站卖了，在不远处又经营了一个小型加油站。

斯蒂芬开车到那儿，拜访希普森先生，并让他给自己加油。他更瘦了，满头银发，但是他那愉快的笑容依旧。斯蒂芬问他感觉怎么样。

"我一点儿也不担心变老，"他说着从车篷下走出来，"在这里光欣赏生活的美都欣赏不过来呢！"

他边擦手边说："我们有三棵果实累累的桃树，卧室窗外还有一个蜂鸟窝，想想还没有我指头大的美丽的小鸟，看上去真像一只小企鹅。"

他开着发票，继续说："黄昏时，长耳大野兔奔跑跳跃；月亮升起来时，小狼在山坡上成群出现。我从来没有看到有这么多野生动物在春天活动。"斯蒂芬开车离开时，他向斯蒂芬喊道："去观赏吧！"

回家的路上，希普森这位可爱的老人的幸福秘诀一直回荡在斯蒂芬的脑际。是呀，尽管生活会给人带来种种烦恼，但重要的是，你要学会发现和欣赏生活中的美。

大哲理
da zhe li

尽管生活会给人带来种种烦恼，但重要的是，我们要学会发现和欣赏生活中的美。

4. 暂时的让步是为了更好的选择

公元 616 年，李渊被诏封为太原留守，北边的突厥用数万兵马多次冲击太原城池。李渊遣部将王康达率千余人出战，几乎全军覆灭。后来巧使疑兵之计，才勉强吓跑了突厥兵。更可恶的是，在突厥的支持和庇护下，郭子和等纷纷起兵闹事，李渊防不胜防，随时都有被隋炀帝借口失职而杀头的危险。

在当时的人们看来，李渊当时是内外交困，必然会奋起反击，与突厥决一死战。不料李渊竟派遣谋士刘文静为特使，向突厥屈节称臣，并愿把金银珠宝统统送给始毕可汗！

李渊为什么这么做呢？原来李渊根据天下大势，已决定起兵反隋。要起兵成大气候，太原虽是一个军事重镇，但不是理想的发家基地，必须西入关中，方能号令天下。西入关中，太原又是李唐大军万万不可丢失的根据地。那么用什么办法才能保住太原，顺利西进呢？

当时李渊手下兵将不过三四万人马，即使全部屯驻太原，应付突厥的随时出没，同时又要追剿有突厥撑腰的四周盗寇，已是捉襟见肘。而现在要进伐关中，显然不能留下重兵把守。唯一的办法是采取和亲政策，让突厥"坐收宝货"。所以李渊不惜俯首称臣。

李渊的退步策略获得了大丰收，始毕可汗果然与李渊修好。后来，李渊派李世民出马，不费多大力气便收复了太原。

而且，由于李渊甘于让步，还得到了突厥的不少资助。始毕可汗一路上送给李渊不少马匹及士兵，李渊又乘机购来许多马匹，这不仅为李渊拥有一支战斗力极强的骑兵奠定了基础，而且因为汉人素惧突厥兵的英勇善战，李渊军中有突厥骑兵，自然凭空增加了声势。

李渊让步的行为，虽然有很大牺牲，不管是从名誉还是物质，但在当时的情况下，不失为一种明智的策略，它使弱小的李家军既平安地保住后方根据地，又顺利地西行打进了关中。如果再把眼光放远一点看，突厥在后来又不得不向唐求和称臣，突厥可汗还在李渊的使唤下顺从地翩翩起舞哩！这当初的让步可谓是九牛一毛了。

大哲理
da zhe li

明谋善略者暂时的让步，往往是赢取对手的资助，最后不断走向强盛，伸展势力再反过来使对手屈服的一条有用的妙计。

5．与人快乐就是与己快乐

英国《太阳报》曾以"什么样的人最快乐"为题，举办了一次有奖征答活动，从应征的八万多封来信中评出四个最佳答案：

（1）作品刚刚完成，吹着口哨欣赏自己作品的艺术家；

（2）正在用沙子筑城堡的儿童；

（3）为婴儿洗澡的母亲；

（4）在千辛万苦开刀后，终于挽救了危重病人的外科医生。

要使自己成为快乐的人，从第一个答案中，我们知道必须工作，有工作，就会使人快乐；第二个答案告诉我们，要学会快乐，必须充满想象，对未来充满希望；第三个答案告诉我们，要学会快乐，一定要心中有爱，那种无私的、不计报酬的爱；第四个答案告诉我们，要学会快乐，一定要有能力，要有助人为乐的技能。只有这样的人，世人才会给他最美妙的报偿，正所谓与人快乐自己快乐。

给予是快乐的源泉，为别人带来快乐的同时，我们自己也会处于快乐的包围之中。快乐是可以分享的，你给别人带来了快乐，你分享给别人的东西越多，你获得的东西就会越多。你把幸福分给别人，你的幸福就会更多。但是，如果你把痛苦和不幸分给别人，那你得到的也只能是痛苦和不幸。生活中你如果整天愁眉苦脸的待人，那别人会以同样的面孔对你，你将看到更多的愁容；相反，如果你以笑脸相迎，你会看到更多的笑脸，你的快乐加倍了。

从前有个国王，非常疼爱他的儿子，总是想方设法满足儿子的一切要求。可即使这样，他的儿子却总是整天眉头紧锁，面带愁容。于是国王便悬赏找寻能给儿子带来快乐的能士。

有一天，一个大魔术师来到王宫，对国王说有办法让王子快乐。国王很高兴地对他说："如果你能让王子快乐，我可以答应你的一切要求。"

魔术师把王子带入一间密室中，用一种白色的东西在一张纸上写了些什么交给王子，让王子走人一间暗室，然后燃起蜡烛，注视纸上的一切变化，快乐的处方会在纸上显现出来。

王子遵照魔术师的吩咐而行，当他燃起蜡烛后，在烛光的映照下，他看见纸上那白色的字迹化作美丽的绿色字体："每天为别人做一件善事！"王子按照这一处方，每天做一件好事，当他看见别人微笑着向他道谢时，他开心极了。很快，他就成了全国最快乐的人。

大哲理
da zhe li

朋友，把你的快乐和幸福和别人分享吧，你分给别人的快乐就越多，你获得的快乐就越多。

6. 没有比坚持更强的困难

如果有谁向我们说：一个中枢神经残废，肌肉严重衰退，失却了行动能力，手不能写字，话也讲不清楚，终生要靠轮椅生活的青年，凭借一个小书架，一块小黑板，还有一个他以前的学生做助手，竟然在天文学的尖端领域——黑洞爆炸理论的研究中，通过对"黑洞"临界线特异性的分析，获得了震动天文界的重大成就，对此，你一定会感到惊奇。然而，这却是不容置疑的事实，他为此荣获了 1978 年度的爱因斯坦奖金。

他的名字叫史蒂芬·霍金，是个英国人，当时只有 35 岁。更有趣味的是，作为天文学家，他从不用天文望远镜，却能告诉我们有关天体运动的许多秘密。他每天被推送到剑桥大学的工作室里，干着他饶有兴味的研究工作。

我们常常惊叹那些专业知识的底子甚薄、然而在某些或某一个特殊方面、特殊领域成就卓著的"鬼才"们。其实，奇人霍金的研究方式和研究手段，以及他借此而获得的高度成就，说明世间还有另一类"鬼才"，即由于残疾之类不幸的折磨和求生意愿的炽烈而激发的特殊洞察力或特异才能。他们是一种聪明人。他们知道，只要人的精华——思维着的大脑依然蓬勃地工作着，就有无可限量的人生希望和创造潜力，就不存在不能克服的困难。

霍金赢得了科学界公认的理论物理学研究的最高荣誉。就是体魄健全、研究工作条件一流的理论物理学的研究工作者们，又能有几个获得这样的殊荣？

大哲理
da zhe li

在这里，悲观或者乐观，坚强或者懦弱，前进还是退却，依附还是自立，像效率可靠的阀门一样，给残疾人的生存智慧开启着成功之路或自弃的际遇。

7. 真正的生活很简单

同事们都很羡慕雪梅，因为她丈夫时常接她下班。这是人们所共知的事实。然而，人们所不知的事实是：她丈夫宁可在"堵车场"里练车技，也不愿意自己做一顿晚餐。她和超市里的蔬菜、牛肉、大米一起被接了回去，以便按她丈夫的要求做出荤素搭配的三菜一汤。

朋友们参观完雪梅的家后评价：真干净。这是他们所眼见的事实。然而，他们所不见的事实是：储藏室里堆满了杂物箱，箱子里有落着灰尘的旧报刊，有换了季没来得及洗的脏衣服，有门铃响起时还扔在地上的饮料瓶，储藏室的门背后藏着刚刚用完还没顾得上淘洗的拖把。

人们都看到了雪梅衣着光鲜、笑靥如花地出现于聚会上。她裙裾飘摇，慢声细语，姿态从容，这是大家所共认的事实。然而，大家所不知的事实是：聚会前，她灰头土脸地趴在地上，手脚并用擦地板；在办公室楼上楼下奔走，忙得四脚朝天；电话里气急败坏地同人论争；聚会后，她衣服扔得满地都是，躺倒在沙发上；冰箱里空空如也，只能稀溜溜吃方便面；喝完八杯咖啡，依然无法敲完一篇稿子急得到处跺脚。

再来看这样一个故事：

一位人到中年、容颜渐老、经历过沧桑岁月的妻子，面对青春逼人、才情出众、执著无悔的丈夫的倾慕者，良久无语。最后，她沉默着取出纸笔，对女孩儿说：我们一起来写写那个我们都爱的人是什么样的吧。

女孩儿不假思索地在纸上写道：高大、英俊、体贴人、上进、有事业心……所有成功才俊的影像都在里面了。

妻子却让岁月的印痕留在了纸上：有些胆小，害怕打雷；胃不好，不能吃过硬的东西；记性差，时常丢三落四；晚上睡觉会磨牙，打小呼噜；生活不规律，吸烟、饮酒、早出晚归；动手能力差，不会做饭、修理电器……

接下去的还有：每天要人接送的孩子，年事已高身体不好的双亲，日复一日、年复一年的一日三餐，永远清理不干净的地板，洗不完的脏衣服，做不完的家务等等。

这些，是别人所不知的生活。这些，让年轻女孩儿的如水柔情一点点变冷。

她在女孩的诧异里沉静似水："是的，我们写的都是他。只不过，你看到的远远不是他的全部，也不是你们未来生活的全部。"

有些日子是给人看的，可是这样的日子并不多，更多的则是那些不为人所知的日子。在生活中，那些为人所知道的生活，是用来观看的；那些不为人所知的生活，才是我们真正的生活。

8. 主宰自己的情绪

要想控制与选择自己的情绪意味着树立一个健康、乐观的世界观、生活观。这件事说来容易，但是人们往往会受到外界的错误思想的干扰。

生活中有许多消极的思维定式由来已久，而我们常常不自觉地受到它们的影响。例如有关聪明与智慧的问题。人们常说，聪明与智慧是以解决复杂问题的能力来衡量的。如果一个人能迅速地解出复杂的方程式，轻而易举地进行阅读和写作，人们便说他是聪明的。这种给智慧和聪明的定义表现的是传统的教育观念和死啃书本的能力。某人在学校奖状得的多，在某个学科上有专长，或者是阅读速度快、记忆力强，就是聪明人。这种观念太狭隘了，它使许多人盲目地自信，也使一些人产生偏见。

然而，精神病院里，既有许多没有受到良好教育的病人，也有许多受过良好教育的病人。事实上，衡量智力更切实的标准在于：能否每天以至于每时每刻都真正幸福地生活。

实际上，真正的聪明与智慧是不论遇到何种情况，都能保持乐观的人生态度，保持健康的心理状态，任何时候都感受到生活赐予的幸福。把握自己的生命，创造幸福的人生，这才是真正的大智慧。

假如你是个乐观的人，而且每时每刻都能为值得去做的事而生活着，那么你便是个聪明的人。能够顺利地解决问题，当然能为自己的生活增添光彩。但如果你无法解决某个特别的问题时，你仍然能够为自己的选择感到无怨无悔，那么你同样是个聪明人。因为你知道怎样尊重自己的生命。

聪明人的精神是不会垮掉的，因为它们能够主宰自己，控制自己的情绪。

他们懂得如何在失意时寻找快乐，懂得如何对待生活中出现的任何问题。在这里我们不是说"解决"问题，因为聪明人不以解决问题的能力来衡量自己是否聪明。

你可以根据不同环境所产生的感觉来辨别自己是否真正聪明。我们每个人在一生中所遇到的困难都大同小异，非常相似。人生中充满争执、冲突和无可奈何的妥协。同样，金钱、疾病、衰老、死亡、天灾和意外事故等等都是每个人需要面对的问题。不过，有的人坦然地对待这些事情，在它们面前不消沉、不忧郁；而有的人则精神崩溃，对生活失去了信心。正视已出现的问题，把问题当做人生内容的一部分，不以问题的多少作为是否幸福的衡量标准，这样的人才是最难得的，也是真正有智慧的人。

你也许从小到大都认为，自己的情感是无法控制的；愤怒、恐惧、怨恨、爱慕、喜悦、欢乐等情感是自然而然产生的，个人对它无能为力，不能控制，只能接受；你还可能认为，每当发生悲伤的事情，你就会自然地感到悲伤，并希望出现一些愉快的事情使你的情绪好起来。你可能不知道，这就是妨碍你获得快乐的错误的思维方式。

想要主宰自己，就需要培养一种新的思维方式，你应该首先抛弃已有的错误观念。

学会完全主宰自己，控制自己的情绪，要经过一个学习过程。在这个过程中，你需要抛弃许多沿袭已久的习惯的思维方式。这些思维方式是你在成长过程中，社会、文化以及周围人渐渐灌输给你的，要想改变需要勇气和毅力。这可能是一件困难的事，因为我们社会中的许多因素都妨碍个人支配自己。你一定要确信，你每时每刻都能够做出情感上的选择。

我们都有学习某项技能的经验，如学习驾驶汽车、学习游泳，这些学习都需要我们一遍一遍练习，从而养成习惯，最终才能自如地进行。新的思维方式也是这样。你现在所熟悉的各种习惯是通过一遍又一遍地重复逐步养成的，因而你会自然而然地不愉快、生气、伤心或苦恼。因为你从小便开始学习这种思维方式，你一直是在接受着自己的行为，而从未对它提出过质疑。然而，既然你能够学会选择精神不愉快、生气、伤心或苦闷，你也同样可以学会不去选择这些自我挫败的情感。

要想主宰自己，仅凭好奇心理去接触新的思想是不够的。你还必须下决心保持精神愉快，对使你产生惰性的思想提出质疑并彻底加以摒弃。

主宰自己，不仅包含了尝试新的思维方式；还需要下决心去寻求快乐，以及向一切引起烦恼的思想和情绪挑战。

乐观是人的一种自然本性，因此快乐是容易得到的。但怎样才能避开烦恼的干扰呢？或者说怎样改变你以往已经习惯了的思维方式呢？这的确是个不容易解决的问题。

首先你要明确，你应该对自己的情绪负起相当的责任。尽管你无法主宰外面的世界，无法改变周围的环境；但你完全可以主宰你自己，你可以改变你对事物的看法。只有把握了自己，你才能把快乐留在身边。

感情和情绪不仅仅是人的正常的心理本能，而且是人们对事物做出的反应。要是你能对这些反应有意识地进行控制和选择，那么你就可以控制自己的情绪。这时候，你就开始具备了人生的大智慧。

有些人宁愿发疯也不愿控制自己的情感，还有些人则干脆放弃努力、苟且偷安；因为在他们看来，祈求别人施舍和怜悯要比自己控制情感来得容易。

大哲理
da zhe li

你可以选择精神愉快，摒弃精神上的痛苦。同样道理，在日常生活中，你也可以选择自我充实行为，摒弃自我挫败行为。

9. 培养不出的优点

20岁的少女詹妮对他一见钟情。他文质彬彬，生就一副运动员的体魄。只有一条缺点气死人：他一点儿也不爱詹妮。而詹妮极想成为他的意中人。由于爱他，詹妮决心培养自己具有他的优点。

詹妮先从本职工作着手。仅用一周时间，就制订出完善的财会统计体系，这在全世界是史无前例的。单位把她树为榜样，并发给她一大笔奖金。唯有他平静如初，并对詹妮说："我对追求个人名利的女人不感兴趣。"

于是，詹妮决定把自己打扮得花枝招展。为了爱情，她把钱都花在买衣服和鞋帽上。因为詹妮给自己做了好多套衣服，结果所有的女朋友都和她断绝了来往。她们由于妒火中烧，竟然恨起她来。可不管是詹妮的牛仔工作服，或是鞋跟最高的皮鞋，都没给他留下任何印象。只是他好像说了句："时髦女人不会赢得我的信任。"

詹妮只好把自己装扮成一个爱好广泛的女人了。下班后她天天去图书馆，读了许多地理、历史、文学和艺术等方面的书。她还研究一些哲学著作和伟大作曲家的作品，又学习了几门外语，参观了所有的博物馆和展览会。周围的人们都开始把詹妮称作"百科辞典"。如果有人想知道天上有多少颗星星或者新西兰最小的湖泊的深度，这是任何地图上都找不到的，而詹妮都能张口即来。

但有一天，詹妮和他单独相处谈论起毕加索创作盛期的作品时，詹妮看到他脸上露出了明显的不耐烦的神情。他对詹妮说："'女学究'远不是我理想的伴侣。"

詹妮最后从事的只有体育运动了，以前她对此毫不感兴趣。可为了爱情，她加入了体育俱乐部。通过超负荷训练，詹妮学会了一切可能掌握的体操技巧，推铅球，做健美操。但这次她又是一败涂地。他无动于衷地对詹妮说："女运动员对我的影响并不亚于赛马，而我对赛马一点也不感兴趣。"

于是，詹妮又做了一次尝试。她想起他是一名轧制专家，为了爱情，她也研究起了这方面的书籍。为了更好地弄清有关问题，她甚至参观了几家冶金工厂。当她跟他在"冶金工人乐园"的咖啡馆相遇时，詹妮给他讲起了轧制金属管的奥妙。5分钟后，他说他想用车送她回家。路上他打着哈欠对詹妮说："轧制工作显然不是女人所应关心的问题。"

这是对詹妮在感情上最沉重的一次打击。她内心痛苦异常，决定从此以后永远忘记他。毕竟自己做得够多了！

一个月后，他竟同她认识的一位姑娘结了婚。詹妮对此简直难以置信，因为这个姑娘没有一点儿他所具有的长处。于是詹妮问她如何成功地俘虏了那样的一个没感情的男人，并且如此之快。

她傻乎乎地笑着回答詹妮的问题："他说他喜欢我会烧一手美味的红焖牛肉。"

大哲理
da zhe li

相爱的人往往需要的是兴趣和爱好的互补，而不是完全相同。在追求别人的时候，要敢于表现自我本来的面目，而不要刻意改变自己迎合对方。

10．学会掌控自己的意志

柏克斯顿曾经是一个头脑简单四肢发达的顽童，他的与众不同之处就在于他坚强的意志力，这种意志力在他幼年曾表现为喜欢暴力、飞扬跋扈和固执己见。他自幼丧父，所幸的是他母亲很有见识。她敦促他磨炼自己的意志，在强迫他服从的同时，对一些可以让他自己去做的事，她总是鼓励他自拿主意自作主张。他母亲坚信如果加以正确引导，形成一个有价值的目标的坚强意志，对一个人来说是最难能可贵的品质。当有人向她谈及儿子的任性时，她总是淡然地说："没关系的，他现在是固执任性，你会看到最终会对他有好处的。"当柏克斯顿处于形成正义还是邪恶的人生目标这一个人生历程的紧要关头，他幸运地与一个以良好的社会品行著称的姑娘结了婚。

他的意志的力量，在他小时候使他成为一个难以管束的顽童，但现在却使他从事什么工作都不知疲倦并且精力充沛。当时身为酿酒工的他不无得意地说："我可以先酿一个小时的酒，再去做数学题，再去练习射击，而且每件事都能聚精会神地去做。"

当他成为一个酿酒公司的经理后，事无巨细他都过问，使公司的生意空前兴隆。即便是在工作非常繁忙的情况下，他仍然每天晚上坚持勤奋自学，研究和消化孟德斯鸠等人关于英国法律的评论。他读书的原则是："看一本书绝不半途而废""对一本书不能融会贯通熟练运用，就不能说已经读完""研究任何问题都要全身心地投入。"

后来，柏克斯顿幸运地跻身于英国议会。在他刚刚步入社会时，他目睹奴隶贸易和奴隶制度的种种黑暗，便下定决心把解决奴隶的问题作为自己最大的人生目标，在他进入英国议会后，他更是把在英国的本土及殖民地上彻底实现奴隶的解放作为自己的奋斗目标，并矢志不渝地努力、奋斗。废除英国本土及其殖民地上的奴隶贸易及奴隶制度，既要与传统势力斗争，又要与维护自身利益的贵族斗争，这项推动历史进程的工作，其艰难可想而知，但柏克斯顿做到了。

事实上，在每一种追求中，作为成功的保证，与其说是才能，不如说是不屈不挠的意志。

大哲理 *da zhe li*

意志力可以定义为一个人性格特征中的核心力量，概而言之，意志力就是人本身。意志是人的行动的动力之源。真正的希望以它为基础，而且，它就是使现实生活绚丽多彩的希望。

11．勇于承担责任

人们可以接受外貌、身高、收入、地位上的差距，却很少能接受智力上的差距。当西奥多·罗斯福入主白宫的时候，他承认：如果他的决策能有75%的正确率，那么，就达到他预期的最高标准了。像罗斯福这样的杰出人物，最高的希望也只是如此，那么，你我呢？

如果你有 55% 得胜的把握，那你可以到华尔街证券市场一天赚个 100 万元，买下一艘游艇，尽情地游乐一番。如果没有这个把握，你又凭什么说别人错了？

每个人都执著地相信自己的能力和判断力，如果你明显地对别人说：你错了，你以为他会同意你吗？绝对不会！因为这样直接打击了他的智慧、判断力和自尊心。这只会使他反击，绝不会使他改变主意。即使你搬出所有柏拉图或康德式的逻辑，也改变不了他的意见，因为你伤害了他的感情。

有"心机"的人绝对不会这样说："好！我要如此证明给你看！这话大错特错！"这等于是说："我比你更聪明。我要告诉你一些道理，使你改变看法。"无疑断了自己的后路。

那是一种刺激人的挑战。那样会引起争端，使对方远在你开始之前，就准备迎战了。

即使在最融洽的情况下，要改变别人的主意都不容易，如果你要证明什么，就要讲究方法，要使别人对你的证明感兴趣，使对方在无意中接受你的证明。也就是说：

必须用若无实有的方式教导别人，提醒他不知道的好像是他忘记的。

正如英国 19 世纪政治家查士德·斐尔爵士对他的儿子所说的：

要比别人聪明——如果可能的话，却不要告诉人家你比他聪明。

如果有人说了一句你认为错误的话——即使你知道是错的，你一定这么说更好："噢，这样的！我倒有另一种想去，但也许不对，我常常会弄错，如果我弄错了，我很愿意被纠正过来。我们来看看问题的所在吧。"

用"我也许不对""我常常会弄错""我们来看看问题的所在"这一类句子，确实会收到神奇的效果。

遗憾的是，很少有人这样说。但只有这样，才是积极有效的方法。有一次记者访问著名的探险家和科学家史蒂文森。他在北极圈内生活了 11 年之久，其中 6 年除了食兽肉和清水之外别无他物。他告诉记者他做过的一次实验，于是，记者就问他打算从该实验中证明什么。他说："科学家永远不会打算证明什么，他只打算发掘事实。"

也许科学一点的思考方式会改变这些事实。

不管遇到什么事，都不要跟你的顾客、丈夫或反对者争辩，别老是指责他错了，也不要刺激他，而要有一点"心机"，采取必要的让步，讲究一点方法才能改变他人的意见。

在耶稣出生的 2000 年前，埃及阿克图国王，曾给予他儿子一个精明的忠告——这项忠告在我们今天仍极为重要。4000 年前的一天下午，阿克图国王在酒宴中说：

"谦虚一点，它可以使你有求必得。"

大哲理
da zhe li

你承认自己也许会弄错，就绝不会惹上烦恼。因为那样的话，不但会避免所有争执，而且还可以使对方跟你一样宽容大度；并且，还会使他承认他也可能弄错。

12．低调稳健人格成就高度

麦克唐纳快餐馆的董事长克罗克没读完中学就出来做工，以维持生存。后来，他在一家工厂当上了推销员，生活有了明显的改善；另外，他在推销产品过程中也交了许多朋友，积累了大量有关经营管理方面的宝贵经验。后来，他决定创办自己的公司。

通过市场调查，克罗克发现当时美国的餐饮业已远远不能满足已变化了的时代要求，亟待改革，以适应亿万美国人的快餐需求。但是，克罗克面临的首要问题就是资金问题，对于一贫如洗的克罗克来说，自己开办餐馆根本就不可能。

最后，他终于想出了一个好办法，他在做推销员工作时，曾认识了开餐馆的麦克唐纳兄弟，自己可以到他们的餐馆中学习，最后实现自己的理想。

于是，克罗克找到麦氏兄弟，讲述自己目前的窘境，最后博得了对方的同情，恳请麦氏兄弟帮忙，答应他留在餐馆做工。

克罗克深知这两位老板的心理特点，为了尽早实现自己的目标，他又主动提出在当店员期间兼做原来的推销工作，并把推销收入的5%让利给老板。

为取得老板的信任，克罗克工作异常勤奋，起早贪黑，任劳任怨；他曾多次建议麦氏兄弟改善营业环境，以吸引更多的顾客；并提出配制份饭、轻便包装、送饭上门等一系列经营方法，从而扩大了业务范围，增加服务种类，获取更多的营业收入；还建议在店堂里安装音响设备，使顾客更加舒适地用餐；他还大力改善食品卫生，狠抓饮食质量，以维护服务信誉；认真挑选店堂服务员，尽量雇佣动作敏捷、服务周到的年轻姑娘到前方招待；而那些牙齿不整洁、相貌平常的人则安排到后方工作，做到人尽其才，确保服务质量，更好地招待顾客。

克罗克为店里招徕了不少顾客，老板对他更是言听计从了。

餐馆名义上仍是麦氏兄弟的，但实际上餐馆的经营管理、决策权完全掌握在克罗克的手中。

不知不觉，克罗克已在店里干了6个年头。

时机终于成熟了，他通过各种途径筹集到了一大笔贷款，然后跟麦氏兄弟摊牌。

起初，克罗克先提出较为苛刻的条件，对方坚决不答应，克罗克稍作让步后，双方又经过激烈的讨价还价，最终克罗克以270万美元的现金买下了麦氏餐馆，由他独自经营。

第二天，该餐馆里发生了引人注目的主仆易位事件，店员居然炒了老板的鱿鱼，这在当时可以说是当地特大的新闻，引起了巨大的轰动，而快餐馆也借众人之口，深入人心，大大提高了其在美国的知名度。

克罗克入主快餐馆后，经营、管理更加出色，很快就以崭新的面貌享誉全美，经过20多年的苦心经营，总资产已达42亿美元，成为国际十大知名餐馆之一。

有很多成功人士都是从最底层做起的，他们开始时都会低调做人，低调做事，他们会把自己的目标隐藏起来。当时机成熟时，他们则会做出令别人不敢相信的决定或行为，去大胆地实现他的目标。

13．君子之交，责人要含蓄

俗话说："打人不打脸，揭人不揭短。"在《呻吟语》中说："责人要含蓄。"意即在指责他人过失时，最好不要一次把心中想要说的话完全表达出来。这是从政治生涯中总结出来的名训。《菜根谭》中也有"攻人之恶，毋太严"的教训。

此外，《呻吟语》还具体地指出："指责他人之过，需要稍作保留，不要直接地攻击，最好采用委婉暗示的譬喻，使对方自然地领悟，切忌露骨直言。"即使是父子关系，有时挨了父亲的骂，也会无法忍受而顶嘴，更何况是别人呢？父子有血缘关系，无论如何不能割舍，但朋友就不是这样了，过激的言词很可能会断送友谊。不揭短，不打脸就是给别人，给自己都留下了退路。

《韩非子》中说："夫龙之为虫也，柔可狎而骑，然其喉下有逆鳞径尺，若人有婴之者，则必杀人。人主亦有逆鳞，说者能无婴人主之鳞则几矣！"

龙在温驯的时候，人可以骑在它的背上，如果你摸它咽喉下直径一尺左右逆生的鳞，它必定会吃掉你。如人与人之间的交往，对方的短处就是逆鳞，如果你抓住这个加以苛责，必然会令对方感到无地自容，那么你就应当小心了，因为对方总有一天会报这一箭之仇的。因此，即使应该指责对方时，也要为其留一点退路。

与人争辩时也一样，以严密的辩论将对方驳倒固然令人高兴，但也未必非将对方批驳得体无完肤才行。因为只要略想就可知道，这样做其实是很愚蠢的，不但对自己毫无好处，甚至有时还会适得其反，得不到对方的认可，而且终究有一天会自食恶果，受到对方的攻击。

在人际交往中，要想应付自如，在这方面就得留心。所谓"君子之交绝不出恶声"。即在这个世界上，与人亲密地交往时，需诚意待人，纵使交恶断绝往来，也不可口出恶言，说对方的不是。

大哲理
da zhe li

当我们和他人发生摩擦时，首先要了解他的想法，然后在顾及对方颜面的前提下，陈述自己的意见，给对方留有余地。这一点在处理人际关系时必须记住。

14．"走"并不是逃避

《三十六计》最后一计是"走为上"，原计曰："全师避敌，左次无咎，未失常也。"今译为，全军退却，避开敌人，以退为进，待机破敌，这不违背正常的用兵法则。

走，表面看来是退，实际是最高的战法，它具有切实的实用性，令人有"与其卖弄小聪明，倒不如退为佳"的感觉。

苏东坡《与程秀才书》中讲道："我将自己整个人都交付给了老天爷，听其运转，顺流而行，遇到低洼就停止，这样不管是行，还是止，都没有什么不好的了。"苏东坡主张，人应当顺天意，进退不强求。这就像大自然有阴晴，月亮有圆缺，季节有冬夏，天气有冷暖。万事如意只是人们的美好愿望，人生难得一帆风顺。

庄子曾讲，穷通皆乐；苏轼则言，进退自如。无论是庄子的穷通，还是东坡的进退，同指一种做事的策略。穷通是指人实际的境况遭遇，进退是指人主观的态度和行动。

庄子认为，凡事顺应自然，不去强求，才能过着自由安乐的生活。苏轼认为，人只有安于时代的潮流，因任自然法则，才能进退自如，穷通皆乐。如此看来，进退即是做人的大道理、大智慧。

我们常说："做人不要做绝，说话不要说尽。"廉颇曾顽固不化，蔑视蔺相如，到最后，不得不肉袒负荆，登门向蔺相如谢罪。郑庄公说话太尽，无奈何掘地及泉，遂而见母。

故俗言道："凡事留一线，日后好见面。"凡事都能留有余地，方可避免走向极端。特别在权衡进退得失的时候，务必注意适可而止，尽量做到见好便收。

春光虽好，但总有尽时。人生也是如此，每个人都有高潮和低潮。人无千日好，花无百日红。就像搓牌一样，一个人不能总是得手，一副好牌之后往往就是坏牌的开始。所以，见好就收便是最大的赢家。做人的真谛就在于此，与人相交，不论是同性知己还是异性朋友，都要有适可而止的心情。

君子之交淡如水，既可避免势尽人疏、利尽人散的结局，同时友谊也只有在平淡中方能见出真情。越是形影不离的朋友越容易反目为仇。因此，古人告诫说："受恩深处宜先退，得意浓时便可休。"即使是恩爱夫妻，天长日久的耳鬓厮磨，也会有爱老情衰的一天。

北宋词人秦少游所谓"两情若是长久时，又岂在朝朝暮暮"，这不止是劳燕两地的分居夫妻之心理安慰，更应为做人交友的处世之道。

大哲理
da zhe li

走的计策，在做人做事上，则有"随退随进"一说。随退随进，不是懦弱的象征，而是有"心机"的表现。

15．走出另一条路

19 世纪中期，美国加利福尼亚州发现了金矿，很多淘金者都闻讯而来。蜂拥而至的淘金者开始了艰难的采掘。他们都希望能够挖到金矿一夜暴富。尤其是那些很贫穷的人，都希望从这次淘金热中大赚一笔。虽然淘金的条件很艰苦，很多贫苦人甚至在艰苦的劳动中活活累死了，但是，人们淘金的热情仍然有增无减。

所有去淘金的人都不肯放弃希望，他们都认为自己将会是命运的宠儿，能够发现金矿。一位名叫亚默尔的农夫生活很贫穷，他听说了这件事之后，也东拼西凑借了路费，来到了加州，想要碰碰运气。可是，和无数狂热的淘金者一样，他经过艰苦的挖掘之后，一无所获。带来的钱已经花完了，如果他还找不到金矿，他连饭都吃不起了，更不要说回家的路费。亚默尔不知道怎么办，就坐在那里苦苦地想办法。他发现，所有的淘金者在炎热的天气都很容易口渴，但是他们需要从很远的地方打水来喝，一来一去就会花费上大量的时间，所以，很多淘金者在抱怨怎么附近没有水。

亚默尔灵机一动，觉得也许自己可以打水来卖给这些淘金者，即使赚钱不多，也能够让自己糊口。于是，第二天，亚默尔就弄了两个大桶，从远处打水来到淘金的地方，将水卖给那些不愿意走远路去取水的淘金者。很多和亚默尔一起来淘金的朋友开始嘲笑他，水能够卖几个钱，又耽误了淘金，也就是耽误了发财的机会。

但是，亚默尔丝毫不理会他们的嘲笑，照旧打来水卖。很多人来买他的水，亚默尔发现虽然卖水赚钱不多，但是只要自己能够不怕辛苦多打几趟，还是能够攒下一笔钱的。于是，亚默尔就不再去淘金，而是一趟一趟地运水。凭借自己的努力，他赚下了一笔钱，尽管不是一夜暴富，但是还是能够风风光光地回家了。而和他同来的那些人，却都无功而返，有的甚至在钱花完之后，不得不流落异乡，靠给别人打零工维持生活。

而另一位和亚默尔一样能够换一条路走的人，不但在狂热的淘金潮里赚了钱，而且发明了风靡世界的牛仔裤。那同样是一个淘金不成的人。他想出的办法是为淘金的人提供各种日用品和杂物。在听到很多次淘金者们抱怨衣服不结实的时候，他灵机一动用自己卖不出去的帆布做了一件衣服给一位淘金者，立即受到了欢迎。后来，他做出的衣服不但被淘金者哄抢一空，还受到了世界人民的欢迎。

大哲理
da zhe li

在创业过程中懂得另辟蹊径是一种智慧，因为对于创业者来说，真正的创业之路不是一哄而上，跟随别人的脚步走，而是能够成为领路人，开创出属于自己的事业来。当一条路上走了很多人时，成功就需要付出更大的努力；而一个创业者成为事业的领先者时，便有了更广阔的发展空间。

16．距离产生美

据报载，一位待业女青年去南方某地走亲，与一位很有气质的中年男士坐在一起。那男子十分热情和蔼，言称自己是广东某中外合资企业的中方经理，到内地招工，并拿出名片给她看。姑娘眼下正为待业而焦急，当即表示愿前往报考。中年男子允诺荐举她当秘书。听罢此言，姑娘感激不尽，遂跟他下车，住进一家旅店。就在这天夜里，姑娘身上所带的钱物被洗劫一空。原来这位自称经理的人是个流氓诈骗犯。

行骗者是"心理专家"，可以说很会"做人"，他们十分注意研究人们的心理，并善于利用其心理弱点，如爱慕虚荣、急功近利、贪图享乐等，采取投其所好的伎俩把自己伪装成事业的强者、职位上的优者、经济上的阔者，以唬人的名片、风雅的谈吐、诱人的许诺，借以构成心理上的"障眼法"，巧妙地解除人们的心理防卫体系，为行骗成功扫清道路。因此，我们说，麻痹轻信是骗子们成功行骗的心理助手和帮凶。

俗话说："害人之心不可有，防人之心不可无"。在社会上还存在着不法之徒的情况下，"防人之心"是少不得的，与陌生人交往的时候，要退开一步。特别是涉世不深的青少年更应保持警觉，完善自己的积极心理防卫机制。如何与陌生人保持距离，具体说来起码应注意以下几点：

（1）不要以外表来判断人

在同陌生人打交道时，人们很自然比较重视外表，对风度潇洒、仪表堂堂的人易于产生好感。骗子们就善于利用人们这种爱慕虚荣、追求美貌的心理而用华美庄重的服饰精心包装自己，借以蒙蔽他人，诱使你上当。因此，在同陌生人打交道时，要提高警惕，绝不要被其外表所蒙骗。

（2）不要被莫名的殷勤打动

殷勤的言行易于使人感动，因为人心都是肉长的。骗子们自然也懂得这一点。他们善献殷勤、套近乎，以图骗取信任和好感，使你把他们当成自己人，最终落入圈套。特别是当人们处于困境或苦闷孤独时，最希望得到同情、关怀和帮助，此时也正是骗子们易得手之时。所以，在此时尤其要提高警觉，在殷勤面前不妨多长一个心眼，对献殷勤者保持一定距离。

（3）不要为轻率的许诺所诱惑

人们还容易对他人的承诺表示感激，产生信赖感。这时，也是防卫心理失效的当口。本文开头记述的那位姑娘就是如此。因此，对于自己并不了解的人的承诺，要有所警惕。一般情况下，萍水相逢之人张口就承诺往往是靠不住的，承诺谁都会做，轻信就会上当。

当然，加强积极防卫心理并不是要人们把自己封闭起来拒绝与人交往，也不能风声鹤唳，草木皆兵，闹到"谈虎色变"、谨小慎微的地步。只要我们在与陌生人打交道时，头脑中装上防骗这根弦，做到热情而不失控，真诚而不轻信，那么形形色色的骗局在你面前都将无法得逞。

没有人会对一个陌生人进行毫无目的的许诺，不要被眼前看似信誓旦旦的承诺所诱惑。有时候，即便是自己的眼睛也会出现失误，在这看似完美的外表下，谁都不知道隐藏着怎样的内心。

17. 尊重有经验的人

有一个博士分到一家研究所，成为学历最高的一个人。

有一天他到单位后面的小池塘去钓鱼，正好正副所长在他的一左一右，也在钓鱼。他只是微微点了点头，这两个本科生，有啥好聊的呢？

不一会儿，正所长放下钓竿，伸伸懒腰，噌噌噌从水面上如飞地走到对面上厕所。博士眼睛睁得都快掉下来了。水上漂？不会吧？这可是一个池塘啊。

正所长上完厕所回来的时候，同样也是噌噌噌地从水上漂回来了。怎么回事？博士生又不好去问，自己是博士生哪！过了一阵，副所长也站起来，走几步，蹭蹭蹭地飘过水面上厕所。这下子博士更是差点昏倒：不会吧，到了一个江湖高手集中的地方？博士生也内急了。这个池塘两边有围墙，要到对面厕所非得绕十分钟的路，而回单位上又太远，怎么办？

博士生也不愿意去问两位所长，憋了半天后，也起身往水里跨：我就不信本科生能过的水面，我博士生不能过。只听"咚"的一声，博士生栽到了水里。

两位所长将他拉了出来，问他为什么要下水，他问："为什么你们可以走过去呢？"

两所长相视一笑："这池塘里有两排木桩子，由于这两天下雨涨水正好在水面下。我们都知道这木桩的位置，所以可以踩着桩子过去。你怎么不问一声呢？"

学历代表过去，只有学习力才能代表将来。尊重事业上有经验的人，才能少走弯路。

18. 留下回旋的余地

现实生活中，许多人说话做事总是不会给人留下余地，搞得对方经常尴尬。其实想想如果你自己处在这种状况会怎样。很显然，人一旦处于这种窘境，则不仅仅是气别人，也气自己，气自己无能、无力，甚至会怀疑自己生存的价值和意义，从而萌生很强烈的人生挫折感和失落感。那么，有过这种体验和经历的人就应当设身处地地为对方想一想，一旦自己通过努力证明自己比对方强，完全有能力收拾对方，那么就应当适可而止，别再以牙还牙，以毒报毒，把对方完全置于屈辱的地位，不然只会使对方蒙受如自己当初一样的打击与屈辱，从而为自己树立一个仇敌。

（1）冤家宜解不宜结，问题解决了就要给对方一个台阶下，否则对方记了你的仇，将来还会给你气受。

在人际交往中，特别是求人的时候，如果受了气。你放开眼界，把立足点放在寻找解决对策上而不是斗气上。

和人家斗气，一来未必能够斗得过，二来浪费了时间和精力，对于解决问题没有什么补益，因此换一种视角，换一套思路，另辟蹊径解决问题是最重要的。一旦问题解决了，你受气的根源也自然消失了，这时候你还不解气，还让那些本来已经很尴尬的部门工作人员下不来台，那就太没有"心机"了。你应当想到，这一次人家阻挠了你，给你气受，也许下次你还要求人家，要是人家记了仇，你就还会有更大的气要受。相反，如果你能够适当给他一个台阶下，他感怀你的宽容大量，下一次办事时也许就能给你帮上大忙。

（2）在人际交往中注意不把事情做绝，甚至可以化敌为友。

每个人受了气后都会产生一种报复心理。于是奋发向上，寻找时机。这是十分不可取的，因为说不定你哪天还会有更大的气受。相反，如果一个人在有了实力，或是抓住了对方的把柄，完全有能力收拾对方时，能够恰当的利用这种优势，以一种大度宽容的方式来对待对方，博得他的信任与感激，再进一步通过其他方式来增进彼此的感情，那么就不但排除了树敌的可能性，而且多了一个很可信赖的朋友。

大哲理
da zhe li

朋友多了，社会性实力就会强大，同时能够弥补个人能力的种种不足，那就更不容易受气了。对于矛盾的双方而言，这样结局无疑是最为理想的。

19．释放才华，切记留住人格

故事发生在1887年的一个很小的蔬菜店里。一位60岁左右、相貌不凡的绅士买了一些香菜后，递给店员20美元并等着找回零头。店员接过钱放入钱匣，接着开始找零钱。突然，她发现拿过菜而弄湿了的手上粘有钞票的墨水痕迹。她惊讶地停了下来，想想该怎么办。经过几秒钟的激烈思考，她认为，作为她的老朋友、老邻居、老顾客——伊曼纽尔·尼戈先生一定不会给她一张假钞。于是她如数找回零钱，伊曼纽尔·尼戈先生便离开了蔬菜店。

后来，店员还是有些怀疑，便把那张钞票送到了警察局。毕竟，在1887年，20美元不是一个小数目。一名警察确认钞票是真的，另一名则对擦掉了的墨迹大为怀疑。怀着好奇心与责任心，他们持搜查证去了尼戈先生的家里。在他的阁楼上，他们最后找到了一架伪造 20 美元钞票的机器。实际上，他们是发现了一张正在伪造的 20 美元钞票。同时，他们也看到了尼戈先生绘制的 3 幅肖像画。尼戈先生是一名很杰出的艺术家。他熟练地运用名家的手笔，细致地一笔一笔描绘了那些 20 美元假钞。他骗过了几乎每一个人，但最后命运安排他不幸地暴露在一双湿手上。

尼戈被捕后，他的肖像画被拍卖了一万六千多美元，每幅画均超过 5000 美元。这个故事的讽刺之处在于，尼戈几乎用了同样的时间来画一张 20 美元假钞和一幅价值超过 5000 美元的肖像画。无论从什么角度看，这个卓越的天才人物都是一个窃贼。不过，可悲的是他从自己身上偷走的东西最多。如果他合法地发挥自己的才华，他不仅会成为一个富有的人，而且能在此过程中为他的朋友带来无数的快乐和利益。没有正确的价值观，空有一身才华，也不能成功，甚至给自己带来麻烦。

追求乐趣而愧对良知的最后代价；在于损失时间、金钱和名誉，而且也让他人的心灵受到伤害。背离自然法则又缺乏自知之明，是很危险的。良知是真理与原则的储藏所，也是自然法则的内在监视器。比缺乏学识更危险的是，拥有丰富学识，却缺少强有力、有原则的人格。人们不应只注重知识上的发展，必须注重在人格上的修炼和进步。

大哲理
da zhe li

才华与人格好比是人生这套马车的两个轮子，与其用才华作自杀性的进攻，不如守好你人格的阵地。

第十章
感受生命的极致

　　生命是生活的主体，是人生的载体。生命可以美丽，也可以丑陋；生活可以多彩，也可以无华；人生可以伟大，也可以平凡。但生命的美与丑，多彩和无华，伟大与平庸却取决于你自己。

1. 生命中的长跑

一位看上去体魄很健壮的异域青年，正满怀信心地行进在不知何处的征途之中。长跑是他的业余爱好，与往常不同的是，这一次出发，他已没有归途。他是在医生确诊他患了绝症无药可治之后，还毅然作出这一"环球长跑"的决定的。这已是一桩"旧闻"了。十余年前，我在一家报纸上看到了这一则报道，青年的名字已记不得，他叫麦克或约翰，此刻对我来说已不重要，清晰记得的是那张照片，虽然看不出很健壮的体魄，但是坚毅的面容、前瞻的目光却让我每每想起便顿生敬畏。

一个人的生命，无论多长，对于无始无终的岁月，都是极短暂的瞬间。生与死，两点之间极短的线段，犹如跑道的起点与终点。认可了这一比喻，接下去，顺理成章的结论是：跑得慢一些，可以延长到达终点的时间；而跑得快，则无疑要缩短到达终点的时间了。

这个逻辑推论显然要让人困惑，因为众生们都在起步之后奔啊跑啊，不甘人后哩！难道我们奔啊跑啊的结果是加速到达死亡的终点？在人生的跑道上，我们究竟是跑快些好，还是慢些好？

原来，人的生命的长短，不只是生死两点之间的物理时间距离，还有人在运动过程中两点之间能动的时间距离。爱因斯坦在《相对论》中论述："量度时间进程时，运动的时钟要比静止的时钟行驶得慢。"在人生的跑道上，你行进得愈快，即把短的时间相对地拉长——延长了生命；反之，你畏惧终点，踟蹰不前，则时间相对地缩短——减短了生命。一个人出生的第二天便被冷冻起来，70 年后将他复活。这个"70 岁"的人其实仅仅活了 1 天，人 1 天做出了 3 天的成绩，他的生命账单上便增值了 2 天。巴尔扎克 20 年间写出了 94 部小说，他只活了 64 岁，你完全可以说他活了 300 岁。故而，人们将那些成绩超越常人的人称作"走在时间前面的人"，就如那个环球长跑的青年，假如医学能准确判断他只能活 100 天，他若坐以待毙，或借助冬眠以昏睡减轻痛苦，那他实际的苟活还不值 100 天，然而，他离开病房在无归的征途上奔跑了，这 100 天的壮举，健康的常人也不易做到，这最后的冲刺是如此潇洒，死神也要为之惊叹的。

芸芸众生每日都在奔跑，熙熙攘攘，不绝于途。在这条跑道上，最强大的对手是无边无际、无始无终的时空，尽管，每个个体的生命最后都将一一被消灭，但我们毕竟在一个属于个体的段落里赢得了胜局。正如海明威笔下的渔人桑地亚哥——"你可以把他消灭，但就是打不败他"。

让生命在奔跑中延长并闪耀光彩！

大哲理
da zhe li

一切美好的东西都是从奋斗中获得的，人生的道路不是宽阔平坦的水泥大道，有泥泞，有沼泽，不迎头搏击，绝不会前进。

2．生命的极致

他颈椎以下的部位全部瘫痪，四肢已经变形、僵硬、泛黑。在木床上躺了 23 年的身体，只有头部还听使唤。但他还是庆幸自己能拥有一天又一天。

他叫林豪勋，48 岁，台湾台东卑南人。23 年前，姐姐为了照顾中风的母亲，决定将旧平房改建为有阳台的两层楼房。25 岁的林豪勋从台北赶来帮忙。没想到，一脚踩空从二楼摔下，摔断了颈椎。

卧床的头两年，林豪勋几乎绝望。但姐姐告诉他："自怨自叹只不过是在践踏自己，真正的男子汉应该有勇气开创未来。"

1990 年底，朋友送他一台淘汰的 286 电脑。从此，林豪勋开始成为"啄木鸟"——躺在床上，咬着加长的筷子敲击键盘。尽管门牙咬得缺了半截，舌头经常磨破了皮，但他仍然顽强地在电脑上"啄"着生命的乐章。

他从整理自家族谱开始，陆续为二百六十多位亲友写出家谱。接着又编写了《卑南字典》，以 16 个子音、4 个母音，完成了 5000 个族语的记录。1993 年接触电脑音乐后，便又以饱满的热情投入卑南交响乐的创作。

林豪勋首先将祖先流传下来的乐章输入电脑，让卑南遗音点点滴滴地保留下来，再以曹族的旋律为基础，加入布依族的杵音、泰雅族的口簧琴。令他兴奋的是，电脑不但可以通过硬件和软件"软硬兼施"地合成交响乐，还可以把键盘当钢琴琴键，满足自己学琴的夙愿。

林豪勋说，自己一副破皮囊不知道还能够用多久，但只要活着，他就会认真地过好每一天。当生命被生活推向极致时，往往展现出一分从容之美。临乱世而不惊，处方舟而不躁，喜迎阴晴圆缺，笑傲风霜雨雪，生命才会更有意义。

大哲理
da zhe li

　　生命是生活的主体，是人生的载体。生命可以美丽，也可以丑陋；生活可以多彩，也可以无华；人生可以伟大，也可以平凡。但生命的美与丑，多彩和无华，伟大与平庸却取决于你自己。取决于你的勇气、力量、智慧和对苦难的承受力。把生命推向极致，尽力展现生命的辉煌吧！

3. 简单生活，真实感受

天上为何只有一轮明月，却有数也数不清的点点繁星？

每当夜幕降临，皓月当空，我就喜欢在寂寥的黑夜中守着月亮望星空，偶尔也会有一闪即逝的璀璨流星划过天际，那流星既点缀着厚重的苍穹又给大地上的生灵带来些许意外的惊喜。

农民说撒下种子就能收获希望，恋人说守候爱情就能得到幸福，我们也从小就知道了只要挥动翅膀就能飞到梦想的彼岸。越过丛林，渡过小溪，攀过高山，就能见到心中梦寐以求的世外桃源。为了心中这美好的愿望，从懂事开始我们就不懈努力想早早看到传说中的香巴拉（和平的净土）。

日出日落，晨曦暮霭，生活需要我们用心去触摸，用心去欣赏。随着皱纹的堆积，你会发现时间才是自然界最伟大的艺术家，而风就是时间的使者。春暖花开日，跟随着风的影子聆听树的低语，花的哼唱，心境也会随之祥和而安宁。

生活中，只要有一颗细腻的心，你就时刻能感触到生命的美。哪怕只是天际那抹无名的蓝，哪怕只是路边一株不起眼的草，或者只是草丛里一只小小的蜗牛在慢慢地爬，都能深深打动你的心，让你不由自主地为之驻足停留。

风追云，云在天，云卷云舒云在舞。云追月，月在夜，月盈月缺月在变。风起云涌中，潮汐起伏间，万物进行着代代相传的神圣使命。

或许你展眉间的春花还在思念着回眸里的秋月，却不知岁月蹉跎平添烦恼，斗转星移物是人非。那些不知名的涓涓细流早已奔腾到海不复还，那些昔日不起眼的毛毛虫也早已化作彩蝶飞过了海，嬉戏在花丛深处。生活的舞台上，日日上演着简单却又真实的画面，只要你用心去观察，用心去体会，你就会发现心有多大，生活的舞台就有多大。不为得到而付出，只为付出而付出。心有多真诚，生活就会给予你更多的真诚。生活的简单，在于只需要你认真做好每件事情。生命的快乐，在于只需要你有勇气去面对生活的简单。

大哲理
da zhe li

生活中，只要有一颗细腻的心，你就时刻能感触到生命的美。哪怕只是天际那抹无名的蓝，哪怕只是路边一株不起眼的草，或者只是草丛里一只小小的蜗牛在慢慢地爬，都能深深打动你的心，让你不由自主地为之驻足停留。

4. 迈出一步并不需多大勇气

海曼斯 49 岁那年秋天，在一次交通事故中，失去了左腿，一只眼睛也几乎完全丧失了视力，并因此失去了那份不错的工作。

经历了短暂的伤感后，海曼斯决定重新设计一下自己未来的生活。他首先想到了写作，尽管他谈不上有任何的文学天赋和基本功底，此前他几乎没认真读过几部文学作品，也从未写过任何与文学有关的东西，但他还是满怀激情地拿起笔来，开始跋涉于一个陌生的领域。

最初的两年间，海曼斯收到了超过七百封的退稿信后，才在一家发行量非常小的刊物上发表了一篇不足千字的小小说。就是这一小小的成功，却给了他极大的鼓舞，他继续勤奋地笔耕不辍，终于在文学上赢得了世人瞩目的成就——在他二十多年的文学创作中，先后出版了 28 部作品，并数十次获得各类文学大奖。

在海曼斯 60 岁生日那天，他迈动重新安装的假肢，站到墙上的一幅世界地图前面，突然，一个强烈的愿望在他心头坚定起来。他要从六十岁这一年开始，以伤残之躯，徒步周游世界。

毫无疑问，他的这一极具冒险性的想法，受到了来自亲人和朋友的一致反对，但决心已定的海曼斯还是做了简单的准备，便毅然地踏上了艰难与危险相伴的漫漫征途。

在一路风霜雪雨的艰苦跋涉后，他的足迹遍及了整个美洲大陆，并在 1952 年踏上了欧洲的土地。在瑞士，他结识了一位著名的登山家，向其虚心地求教了许多有关登山的知识。然后，他兴致勃勃地开始了又一个人生的挑战——攀登几座世界著名的山峰。

1956 年，在他 69 岁那年，他竟然拖着一条假腿，令人不可思议地独自登上了非洲终年积雪的最高峰——乞力马扎罗山的顶峰。当时欧美的许多报刊在报道他的这一壮举时，都不约而同地称他是"又一个海明威似的美国英雄"。

　　环球跋涉归来,《纽约时报》的一位著名记者追问年近八旬的海曼斯如何创造了一连串神奇的成功,老人满面微笑,平静地说出了一句耐人寻味的至理名言:"其实,就像平常走路一样,迈出一步并不需要多大的勇气,只要懂得一步接一步地往前迈,谁都会遇到成功的。"没错,遥遥的征程和高高的巅峰,常常会让我们不由自主地停下向前的步履,但如果能够把远方和顶峰藏在心底,把目光盯住脚下的"这一步",许多事情就会立刻变得十分容易起来。因为对于绝大多数人来说,像平时走路一样轻轻松松地迈出一步,并不是多么艰难的事,并不需要付出多大的勇气和努力……

大哲理
da zhe li

　　高山巍峨之巅,起自微尘;遮云蔽日之木,始于青葱。荀子道:"不积跬步,无以至千里;不积小流,无以成江河。"老子说:"合抱之木,生于毫末;九层之台,起于垒土。"而我要说:"成功的道路再漫长,都要一步一步迈出。"

5．给自己一面心情的旗帜

　　人的一生,就像一趟旅行,沿途中有数不尽的坎坷泥泞,但也有看不完的春花秋月。如果我们的一颗心总是被灰暗的风尘所覆盖,干涸了心泉、黯淡了目光、失去了生机、丧失了斗志,我们的人生轨迹岂能美好?而如果我们给自己一面心灵的旗帜,保持一种健康向上的心态,即使我们身处逆境,四面楚歌,也一定能看到未来的美景。

　　有两个重病人同住在一家大医院的小病房里。房子很小,只有一扇窗子可以看见外面的世界。其中一个病人的床靠着窗,他每天下午可以在床上坐一个小时，另外一个人则终日都得躺在床上。

靠窗的病人每次坐起来的时候，都会描绘窗外的景致给另一个人听。从窗口可以看到公园的湖，湖内有鸭子和天鹅，孩子们在那儿撒面包片，放模型船，年轻的恋人在树下携手散步，在鲜花盛开、绿草如茵的地方人们玩球嬉戏，后头一排树顶上则是美丽的天空。

另一个人倾听着，享受着每一分钟。他听见一个孩子差点跌到湖里，一个美丽的女孩穿着漂亮的夏装……朋友的诉说几乎使他感觉到自己目睹了外面发生的一切。

在一个天气晴朗的午后，他心想：为什么睡在窗边的人可以独享外面的权利呢？为什么我没有这样的机会？他觉得不是滋味，他越是这么想，就越想换位子。他一定得换才行！这天夜里，他盯着天花板想着自己的心事，另一个忽然惊醒了，拼命地咳嗽，一直想用手按铃叫护士进来。但这个人只是旁观而没有帮忙——他感到同伴的呼吸渐渐停止了。第二天早上，护士来时那人已经死了，他的尸体被静静地抬走了。

过了一段时间，这人开口问，他是否能换到靠窗户的那张床上。他们搬动他，将他换到了那张床上，他感觉很满意。人们走后，他用肘撑起自己，吃力地往窗外望……窗外只有一堵空白的墙。

如果他不起恶念，在晚上按铃帮助另一个人，他还可以听到美妙的窗外故事。可是现在一切都晚了，他看到的是什么呢？不仅是自己心灵的丑恶，还有窗外一无所有的白墙。几天之后，他在自责和忧郁中死去。

一个人只有心存美的意象，才能看到窗外的美景。命运对每一个人都是公平的，窗外有土也有星，就看你能不能磨砺一颗坚强的心，一双智慧的眼，透过岁月的风尘寻觅到辉煌灿烂的星星。

大哲理
da zhe li

摆正自己的心态，一个心存美好的人，才会活得快乐、幸福，才会感到阳光灿烂、春光明媚，才能放松身心、享受人生。

6．力量之源

进入新兵连的第一项任务是理发，按规定，统一是小平头。这我能够理解，因为上战场，头部受了伤，留长发会延误救治。

但接下来还有越来越多的"统一"。晚上，班长说："现在学习叠被子。"被子居然有如此深奥的叠法：先在床上铺平，用两臂反反复复、反反复复地擀，直至像面饼一样厚薄均匀，且表面无大皱纹；然后横三折，再竖三折，成为方块形，这还只是初步；最后得平心静气地用手指，掏、拧、捋、捏、抠，在"勾画"边角线时，甚至要学会用指甲划啊、挑啊……

这是男人做的事吗？这是军人做的事吗？烦不胜烦，却不敢不做。

早晨洗漱过后，立即整理内务，叠被子仅是其中一项。帽子得放在被子正中，腰带置于被子外侧。毛巾折成十厘米宽，挂铁杆上，与相邻的毛巾距离十厘米。牙缸手把朝外，偏右；而牙刷头朝上，偏左。鞋子统一放在左床腿边，绿鞋、黑鞋的顺序不能颠倒……

数日下来，新兵们叫苦连天，因为稍有不慎，就会招致批评。大家的神经在这些杂碎事上都快绷断了！

一天，召开全连士兵大会，指导员要新兵们谈谈想法，提提意见。我终于忍不住发言了："……冲锋枪沿墙整齐排列，弹匣统一朝右，那样显得威风，我赞成；但是，牙刷何必非得头朝上，偏左？我们都是军营男子汉，是来练武杀敌的，不是做针线活儿的……"

指导员呵呵笑了，停顿片刻，忽然喊道："张小失！"我迅速立正，答："到！"他又喊："李勇！""到！""王飞！""到！"李勇和王飞与我坐在一排，分别隔一个人。指导员对我说："现在，请你观察一下，你与李勇和王飞是否站在一条直线上，姿势是否统一？"我看了看，没错。指导员说："你们分别是三个排的战士，来自不同的省份，性格相异，高矮有别，但现在作为军人，你们从里到外都很统一……牙刷在战场上是没用的，但是，当战士们能将牙刷日日做到头朝上，偏左，那么，未来的战场上，你们就是同一个人，同一股力量……"

大哲理
da zhe li

高度的整齐划一，高度的协调一致，会使一个个散沙似的个体，凝聚成一股巨大的力量。所以，有些看似苛刻的严格、统一的要求，往往可以造就一个极富战斗力的团队，从而发挥出巨大的能量。

7. 本 色

柏林是美国历史上著名的作曲家。他刚出道的时候，一个月的收入只有120美元。当时在音乐界正如日中天的奥特雷很欣赏柏林的能力，就问柏林是否愿意做他的秘书，每月的薪水有800美元。

"如果你接受的话，你可能会变成一个二流的奥特雷；但如果你坚持自己的本色，总有一天会出现一个一流的柏林。"奥特雷忠告他。柏林最后接受了忠告，没有去做奥特雷的秘书，而是继续执著地走着自己的音乐道路，并最终成为了著名的音乐家。

其实，每一位成功者，不外乎就是保持自己的本色，并把它发挥得淋漓尽致。伟大的喜剧演员卓别林刚踏入影坛时，导演坚持要他学当时非常有名的一位德国喜剧演员，但卓别林不为所动，潜心创造出属于自己的表演方式，终于成为一代喜剧大师。这大千世界，有许多美妙的东西，可是，除非你耕作一块属于自己的田地，否则是绝无好收成的。

一个人有一个人的天性，一个人有一个人的活法。这个世界上独一无二的你，需要保持本色。

桃子好在自己有苹果、梨子所没有的味道，假若苹果的味道同桃和梨子相同，那就没有人再去栽植苹果树了，假若桃子的味道和苹果相同，那也就没人再去栽植桃树了。

8. 最出色的地方

有一个流亡海外的女孩子，因为能讲一口流利的英语和法语而被英国特工组织看中，加入了英国的特工，她其实并不适合特工工作，性情急躁，所有的同事都不看好她，认为她做间谍，无疑是为敌国送上一座秘密的宝矿。

果然，几乎所有的训练过程都对她没有用处。组织上让她拿一份敌国驻军图送给地下交通员。她到了接头地点后，怎么也想不起接头暗号，情急之下，索性把地图展开，对着来来往往的人群进行试探："你对这张地图感兴趣吗?"幸运的是，她很快遇上了两位地下交通员，他们扮作精神病人迅速地掩盖了这个可怕而致命的错误。

不仅如此，她认为越是繁华的地段越是安全，于是自作主张把秘密电台搬到了巴黎的闹市区，可她不知道，盖世太保的总部就在离她一街之远的地方。终于在一天夜里，盖世太保们把这个胆大妄为正在发报的间谍逮捕了。英国特工都后悔不已，如果这个天真的姑娘在盖世太保的刑具下毫无保留地说出一切，那么对在法国的特工组织将是一个重创。出乎意料的是，盖世太保们用尽了种种残酷的刑罚，都无法撬开她的嘴。

她的名字叫努尔，曾是一位印度王族的娇贵女儿。二战结束后，英国政府追授她乔治勋章和帝国勋章。这样一个不称职的间谍获得英国政府的最高奖赏，官方的解释是：对敌国而言，梦寐以求的是间谍的背叛，这等于无形的巨大宝藏。但这个很笨的女孩儿，至今都没有吐露一个字。一个人需要技巧和智慧，但最不能缺少的，是原则和信念。这就是一个间谍最本位最出色的地方，所以我们从没怀疑她是一位优秀的间谍。

大哲理
da zhe li

就像这世界上没有完全相同的两片叶子一样，每个人都有一份自己独特的优秀。善于宽容别人的缺点，善于更多地欣赏别人出色之处，不仅体现为开阔的胸襟，还体现为一种为人处世的智慧。而能够越早地发现自己最出色的地方，则越能充分发挥自己的潜能，越能够拥抱成功。

9. 毅力是人生至宝

麦当劳的创立者克罗克在他的自传《快乐时光》中有这样一段话：世上没有任何事物可以取代毅力的地位。才华不行，因才华横溢却一事无成的人多如牛毛；天分也不行，因经纶满腹而怠忽职守的人也无以计数。唯独毅力和决心具有通天彻地的能力。

现存世界上最大最纯的天然钻石"自由者"的寻获可说是一次毅力的见证。当年，委内瑞拉钻石开采工人索拉诺耗费了几十个月的工夫，在干涸的矿床中捡拾了 999 999 颗石子，但却一无所获。这期间，体力不支者走了，沮丧者走了，识时务者也走了，所有的人都放弃了，只有他咬定青山，不轻言退。当他拾起第一百万颗石子时，希望向他走来，幸运向他走来，成功向他走来！他欣喜若狂，感慨万千。没有最后一刻的坚持，没有坚韧不拔的毅力，没有奋战到底的信念，这一颗美钻就不会属于自己！

成败在此一线间。当我们艳羡别人的美钻时，不妨想一想，自己在寻获人生美钻的过程中，到底付出了多大决心、多少努力、多少坚持？

有句老话"识时务者为俊杰"至今仍被不少人奉为佳话，于是天下攘攘，皆为利往，耐不得寂寞，守不住清贫，搞不清方向，在江湖上东蹿西跳，哪里有利哪里去，就是不肯下力气把手头的事做实做好。这样聪明反被聪明误的人我们见得少吗？

每一座山都有顶峰，每一条路都有终点，只要我们看准目标，毅然前行，一定能到达人生的至境。

大哲理
da zhe li

有人说：顽强的毅力可以征服世界上任何一座高峰。是的，任何时候任何人，如果没有锲而不舍就没有金石可镂。生活也有偏爱，生活更喜欢那些勤奋刻苦、持之以恒、拥有毅力的人。也只有他们才往往能够最终抵达成功的彼岸，领略更多的人生乐趣、成功风景。

10．成功来自信誉

1835 年，摩根先生成为一家名叫"伊特纳火灾"的小保险公司的股东，因为这家公司不用马上拿出现金，只需在股东名册上签名字就可成为股东。这正符合当时摩根先生没有现金却想获得收益的情况。

很快，有一家在伊特纳火灾保险公司投保的客户发生了火灾。按照规定，如果完全付清赔偿金，保险公司就会破产。股东们一个个惊慌失措，纷纷要求退股。

摩根先生斟酌再三，认为自己的信誉比金钱更重要，他四处筹款并卖掉自己的住房，低价收购了所有要求退股的股份，然后他将赔偿金如数付给了投保的客户。

一时间，伊特纳火灾保险公司声名鹊起。

已经身无分文的摩根先生成为保险公司的所有者，但保险公司已经濒临破产。无奈之中他打出广告，凡是再到伊特纳火灾保险公司投保的客户，保险金一律加倍收取。

不料客户很快蜂拥而至。原来在很多人的心目中，伊特纳公司是最讲信誉的保险公司，这一点使它比许多有名的大保险公司更受欢迎。伊特纳火灾保险公司从此崛起。

许多年后，摩根主宰了美国华尔街金融帝国。而当年的摩根先生，正是他的祖父，是美国亿万富翁摩根家族的创始人。

成就摩根家族的并不仅仅是一场火灾，而是比金钱更有价值的信誉。

大哲理
da zhe li

诚信是金，信誉无价。这样耳熟能详的哲言警句，我们体会不到它的实质内涵。摩根家族的故事，让我们真真正正体会到了信誉的价值——它是一个人、一个家族致富的秘诀。

11．上帝的忧愁

一天，闲着无事的上帝来到了人间。

看着人间处处高楼林立、车来车往，一派喧嚣繁华、欣欣向荣的景象，上帝心里顿时涌起了一股自豪感。上帝想，原先大地上寥无人烟，一片萧瑟，现在有了人类，才这样繁华，人类的力量真是无穷无尽。想到这里，上帝觉得自己作为人类的创造者，似乎应该再奖励一下人类，以激发他们更多的力量。

正当上帝这样打算时，一个人出现在他的视野里，看着那个人，上帝说："你好！我是上帝，今天你很幸运遇见了我。从现在起，我可以满足你的任何一个愿望，但是有一个条件，那就是在我满足你愿望的时候，你必须得把你愿望的双份，同时给予你的邻居。"

听过上帝的话之后，那个人顿时显现出满心欢喜的样子。那个人想，我要拥有一家属于自己的公司，这样我就不必每天在上班时看老板的脸色了。

刚想到这里，那个人欢喜的神情又立即变得僵硬了，因为他突然想到了上帝所说的那个条件，如果我拥有一家资产上亿元的公司，那么现在比我贫穷许多的邻居，不是就拥有了两家资产上亿元的公司吗？如果我拥有一辆豪华的小轿车，我的邻居不是就拥有了两辆豪华的小轿车……这怎么行呢？我怎么能够让我的邻居超过我呢！况且他的富有还是我带给他的。最后，那个人咬了咬牙，看着上帝说："尊敬的上帝，请你将我的一只手锯掉吧！"

看着眼前的这个人，上帝害怕地惊呼道："天哪，这就是我创造出来的人类！"上帝越想越害怕，满脸忧愁地离开了人间。

现实生活中，上帝肯定是不存在的，可是像那个要锯掉自己一只手的人，却无处不在。

大**哲理**
da zhe li

有人说：别人的失败，往往比自己的成功更加振奋人心。也有人说：幸福与否，取决于你的邻居们过得幸福与否。多么荒唐可笑的理论，可是谁敢说这不是事实呢？就像文中那个为了怕别人富有而宁愿自己受穷的人，就像那个宁愿锯掉自己的一只手，目的是为了让别人失去两只手的人。多么可悲的人啊！难怪连上帝也要忧愁了。

12．把命运转换成使命

　　在古希腊神话中，有一个关于西齐弗的故事。西齐弗因为在天庭犯了法，被天神惩罚，降到人世间来受苦。天神对他的惩罚是：要西齐弗推一块石头上山。

　　每天，西齐弗都费了很大的劲才把那块石头推到山顶，然后回家休息。可是，在他休息时，石头又会自动地滚下来。于是，西齐弗就要不停地把那块石头往山上推。这样，西齐弗所面临的是：永无止境的失败。天神要惩罚西齐弗的，也就是要折磨他的心灵，使他在"永无止境的失败"命运中，受苦受难。

　　可是，西齐弗不肯认输。每次，在他推石头上山时，他就想：推石头上山是我的责任，只要我把石头推上山顶，我的责任就尽到了，至于石头是否会滚下来，那不是我的事。

　　再推进一步，当西齐弗努力地推石头上山时，他心中显得非常的平静，因为他安慰着自己：明天还有石头可推，明天还不会失业，明天还有希望。天神因为无法再惩罚西齐弗，就放他回了天庭。

大哲理
da zhe li

　　西齐弗的命运可以解释我们一生中追求成功所遭遇的许多事情。如果我们能把命运转换成使命，那么，在很大程度上，我们就能控制自己的命运。我们能控制了自己的命运，那还有什么做不成的呢？

13．奋斗的另一面

最后一课，社会心理学教授在讲台上告诉他的学生们："奋斗通常是指一种强硬的人生态度，主张不屈不挠，勇往直前。但事实上，人面对社会乃至整个自然界，是极其渺小的。因此，不要因为年轻的激情而被'奋斗'这个词误导。"

学生们很惊奇，这样的话竟然由敬爱的导师讲出来，活像某个小品中的场景。教授显然看懂了台下的情绪，笑呵呵地说："在我看来，奋斗包含两个层面——积极斗争和消极适应。请大家随我走一趟。"

数十号人来到教授家门前的草坪上。教授指着一棵老槐树说："这里有一窝蚂蚁，与我相伴多年。"学生们凑上前观看：树缝里有小洞，小蚂蚁们东奔西跑，进进出出，很热闹。教授说："近些日子，我常常想办法堵截它们，但未能取胜。"学生们发现，树周围的缝隙、小洞大多被泥巴、木楔给封住了。"可它们总是能从别处找到出路。"教授说，"我甚至动用樟脑丸、胶水，但是，它们都成功地躲过了劫难。有一段时间，我发现它们唯一的进出口在树顶，这是很不方便的，而一周后，我发现它们重新在树腰的空虚处开辟了一个新洞口。"

学生们表示钦佩。教授说："蚂蚁们的生存环境不比你们广阔，它们的奋斗舞台实在很狭窄，更重要的是，它们深深理解自己的力量。因此，它们没有与我这个'命运之神'对抗，而是忍让与适应。当它们知道自己无法改变洞口被堵死这一事实时，它们就很快地适应了。而自然界中那些善于拼搏、厮杀的猛兽，如狮子、老虎、熊，目前的生存境况大多岌岌可危，因为它们与蚂蚁相比，似乎不太懂得奋斗的另一层力量——适应。"

教授说："适应环境本身就是奋斗的组成部分，只有在此基础上开辟战场去对抗，生活才有胜算的光明。好了，祝你们奋斗成功。"

物竞天择，适者生存。

适应不是退缩，不是委曲求全，而是另一种形态上的进取。就如一条河，如果不九曲斗折，它将不会奔出峡谷，它将不会汇入大海。在漫长的人生中，总有一些东西是我们所不能去改变的，那么我们就去适应它，去积极地应和它。

14．明哲保身

我的一位留学生朋友给我讲了一个故事。一辆公共汽车上，一位男士忽然发现有个小偷正把手伸进一位妇女的手提包中。他大声咳嗽了一声，以期引起那位妇女的警觉，不料那小偷回过头来恶狠狠地瞪了他一眼，吓得他赶紧将目光移向别处。小偷见他如此害怕自己，趁势又蹭到他身边，半偷半抢地把他的钱包也给拿走了。男人一边压住"怦怦"的心跳，一边心中暗自庆幸：幸好今天包里没装多少钱，就当送给这小子了。

讲完这个故事，他又讲了一件他亲身经历的事。一天他到华人朋友开的餐厅去帮忙。快到关门时，闯进两个抢匪，把柜台中的钱洗劫一空。抢匪一走，他立即打电话报警，奇怪的是朋友反而劝他算了。他不解，朋友说：过会儿你就知道了。

警察迅速赶到了，并询问他们事发经过。他绘声绘色地把经过描述了一番，警察在小本上随便记了一番，便开车走了。朋友说，认倒霉吧，准没结果。他不相信：当地警察的认真及效率是很有口碑的，为什么如此悲观呢？

原来，刚开始遇上此类情况时，华人必是积极报案，警察也认真高效地处理，可临到需要证人出庭作证时，华人往往害怕报复，而不愿出庭作证，这就使警察的努力前功尽弃。时间长了，警察对华人的类似小案件便应付了事，而罪犯们也就专爱抢华人。朋友讲完这其中缘由，半天都说不出话来。

大哲理
da zhe li

明哲保身，往往保不了自己。安全不是祈祷来的，不是躲灾避祸来的，有时，就是要挺身而出，与不安全的因素作斗争。关心别人的安全，才能让自己更安全，大家携手，才能筑起安全的长城。

15. 离成功有多远

有两位陌生人，一个生活在长白山下，另一个生活在黄山附近。他们在当地的生活都很穷困，不得不外出谋生。就在山海关的一个车站，他们相遇了，两人在一起，谈得很投机。

但他们都不想让对方知道自己穷，穷是被人瞧不起的，于是一个对另一个说："我们长白山，富裕得很哪，别说关东三宝，就是细辛五味子之类的药材，满山遍野都是，足够让你大富大贵。"

另一个也不甘受贬："我们黄山，别说那风景，单是灵芝、黄山茶，只要盯上了，足够让你吃穿不尽。"

说者都无心，听者都有意。

北方人乘车去了南方。果然，黄山好。在长白山钻老林子，可受够苦了，这儿不冷不热，风景宜人。再一看，果然有灵芝、有茶，心里一热，便在黄山种灵芝、贩茶叶，几年间就腰缠数十万。

而南方人乘车去了北方。确实，长白山名不虚传。单那细辛，在南方上哪找去！看着细辛，他突发奇想，将山上的细辛挖来，进行种植，想不到他竟将细辛栽培成功。接着他开始大面积栽种，不久便成为远近闻名的细辛栽培大户。

人们看了这则故事，也许会认为是环境改变了两位陌生人的命运，其实，真正改变他们命运的，不是环境，而恰恰是他们自己，是他们自己的心境在变，是他们热爱生活、渴望创造、追求成功的激情，赢得了命运的转机。

成功，不在遥远的南方，也不在遥远的北方，它就在我们每一个人的身边，就在我们自己的心里。

大哲理
da zhe li

成功有大小，追求无止境。人活在这个世界上，只要按着自己的理想和目标，认认真真地活着，踏踏实实地做着，无愧于心地说着，快乐充实地追求着，无论结果如何，收获大小，都是一种成功——人生旅途的成功。

16．成功的位置

迈克在求学过程中一直遭遇打击与失败，高中毕业时，校长对他的母亲说："迈克或许并不适合读书，他的理解能力差得让人无法接受，他甚至弄不懂两位数以上的计算。"

母亲很伤心，她把迈克领回家，准备靠自己的力量把他培养成才。可是迈克对读书不感兴趣，为了安慰母亲，他也曾试着努力学习，但是不行，他无论如何也记不住那些需要记忆的知识。

一天，当迈克路过一家超市时，他发现有人正在超市门口雕刻一件艺术品，迈克对此产生了兴趣，他凑上前去，好奇而又用心地观看起来。

不久，母亲发现迈克无论看到什么材料，必定会认真地按照自己的想法去打磨和塑造它们，直到它们的形状让他满意为止。母亲很着急，他不希望迈克玩弄这些东西而耽误学习。迈克不得不听从母亲的吩咐继续读书。

然而，迈克还是让母亲彻底失望了，没有一所大学肯录取他，哪怕是本地并不出名的学校。母亲对迈克说："你走自己的路吧，没有人会再对你负责，因为你已经长大了！"

迈克知道在母亲眼中他是一个彻底的失败者，他很难过，决定远走他乡去寻找自己的事业。

许多年以后，市政府为了纪念一位名人，决定在市政府门前的广场上塑一尊名人雕像。众多的雕塑大师献上自己的作品，期望自己的名字能与名人联系在一起，这将是难得的荣耀和成功。

最终，一位远道而来的雕塑师获得了市政府专家的认可。在开幕式上，这位雕塑大师说："我想把这座雕塑献给我的母亲，因为我读书时没有获得她期望中的成功，我的失败令她伤心、失望。现在我要告诉她，大学里没有我的位置，但生活中总会有我的一个位置，而且是成功的位置。我想对母亲说的是，希望今天的我至少不会让她再次失望。"

这个人当然是迈克。人群中，迈克的母亲喜极而泣，她知道迈克并不笨，当年只是她没有把他放对位置而已。

大哲理

成功的位置，就是适合自己的位置。成功没有固定的准则与模式，在生活中，只要你有一项能拿得出手，你就是一位成功者。其实，每个人的智力水平是不同的，对环境的适应能力和工作能力也不尽相同，即各有其长处和短处。因此，有些人在稳定的工作环境中能如鱼得水，而有些人则只有从事富有挑战性的职业，才能发挥专长，得心应手。人贵有自知之明。是否对自己的工作感到满意，关键是为自己定好位，换句话说，只有正确地估计自己，认识自己，脚踏实地地去寻求自己的发展，才能找到自己最好的"位置"所在。

17．最美的声音

　　大学时，同寝室有一个家住哈尔滨的同学，他从不给家里打电话。问他，他说家里没有电话，写信就可以了。我们有些奇怪：他家住大城市，生活条件也不错，家里怎么不安电话呢？

　　那次暑假回来后，他每天晚上都躲在被窝里听一盘从家带来的磁带，有几次还哭出了声。我们提出借他的磁带听一听，他说什么也不肯。有一天趁他不在，我们从他枕头下翻出了那盘磁带，放在录音机里听，好久也没听到声音。我们很是纳闷儿：他每天晚上听这盘空白带干什么呢？

　　快毕业时，他才告诉我们原因。原来他的父母都是聋哑人，为了生活，他们吃尽了苦也受尽了别人的白眼冷遇。为了他能好好上学读书，父母的心都放在他身上，给他创造最好的条件，从不让他受一点委屈。后来日子好了，他却要离开父母去远方上大学。他说："我时常想念家中的爸爸妈妈，是他们用无言的爱塑造了我的今天。那次暑假回家，我录下了他们呼吸的声音，每天晚上听着，感觉父母好像就在我身边一样。"

　　我们的心灵被深深震撼了。亲情是世界上最灿烂的阳光。无论我们走出多远、飞得多高，父母的目光都在我们的背后，我们永远是他们心中最最牵挂的孩子。大爱无言，而那份无言的爱，就是人世间最美的声音。

大哲理
da zhe li

　　"可怜天下父母心"这句话中包含了些许的感慨和无奈。又有多少子女能够体谅父母的良苦用心呢？"谁言寸草心，报得三春晖"这句话又一次萦绕于我的脑海之中……

◎无论头上是怎样的天空，我准备承受任何风暴。

——拜伦

◎只有爱你所做的，你才能成就伟大的事情。如果你没找到自己所爱的，继续找，别停下来。就像所有与你内心有关的事情，当你找到时你会知道的。

——乔布斯

◎当你征服一座山峰时，它已经在你脚下了，你必须再找一座山峰去征服，否则，你只有下山，走下坡路了。

——俞敏洪

◎要想成功，必须具备的条件就是，用你的欲望提升自己的热忱，用你的毅力磨平高山，同时还要相信自己一定会成功。

——戴尔·卡内基